高等学校教材

# 无机化学实验

Inorganic
Chemistry
Experiment

肖洪平 主 编

时 茜 潘跃晓 副主编

化学工业出版社

·北京·

## 内容简介

本书共十章内容，包含实验室基本知识、无机实验室常用仪器的介绍和规范操作、常用测量设备的介绍和使用，以及系列实验实践内容。实验部分分成基本操作练习、化学原理、元素性质、化合物制备以及探究性实验五大板块展开叙述。本书重视基本操作技能的训练、实验内容的合理编排、技能训练的递进性、重视教学改革与学科发展的成果，突出实验教学与科学研究的联系，有助于培养学生的独立思考能力和严密的逻辑思维，有助于将来更好地进行科学研究。

本书可供化学（师范）、应用化学、化工、制药、生物科学与生物工程、食品、环境、材料、医药等专业的学生使用，也可供相关人员参考。

**图书在版编目（CIP）数据**

无机化学实验/肖洪平主编；时茜，潘跃晓副主编.—北京：化学工业出版社，2024.2
ISBN 978-7-122-45192-7

Ⅰ.①无…　Ⅱ.①肖…②时…③潘…　Ⅲ.①无机化学-化学实验-高等学校-教材　Ⅳ.①O61-33

中国国家版本馆 CIP 数据核字（2024）第 049409 号

责任编辑：李　琰　宋林青　　　　文字编辑：杨玉倩　朱　允
责任校对：王鹏飞　　　　　　　　装帧设计：韩　飞

出版发行：化学工业出版社
　　　　　（北京市东城区青年湖南街 13 号　邮政编码 100011）
印　　刷：北京云浩印刷有限责任公司
装　　订：三河市振勇印装有限公司
787mm×1092mm　1/16　印张 14¼　字数 350 千字
2024 年 6 月北京第 1 版第 1 次印刷

购书咨询：010-64518888　　　　售后服务：010-64518899
网　　址：http://www.cip.com.cn
凡购买本书，如有缺损质量问题，本社销售中心负责调换。

定　　价：38.00 元

## 《无机化学实验》

## 编写人员名单

**主　　编**　肖洪平

**副 主 编**　时　茜　潘跃晓

**其他编写人员**

王稼国　葛景园

苗婷婷　吴　芬

张卫兵　陈忠研

彭成栋　陈　凯

# 前　言

随着化学实验教学改革不断深入，无机化学实验课程在教学内容、方法和手段上发生了很大变化。为了适应新时代中国特色社会主义高等教育事业的发展和无机化学实验教学改革的需要，进一步提高我国高等院校无机化学实验的教学水平，我们通过总结多年无机化学实验教学实践的经验，编写了这本教材。本书可作为高等院校化学（师范）、材料科学与工程、化学工程与工艺、能源化学、应用化学、环境科学、生物技术、医药、食品等专业的教师和学生用书，也可供从事无机化学实验的相关人员参考。

无机化学实验是一门实践性很强的课程。通过无机化学实验的教学，学生可以巩固并加深对无机化学基本概念和基本理论的理解，掌握无机化学实验安全知识、基本操作技能及一些无机化合物的制备、提纯和检验方法，熟悉常见仪器的规范使用、实验数据的正确处理、实验结果的准确表达和实验报告的规范书写。在实验过程中，注重培养学生的实验操作能力，实验现象观察能力，独立思考、分析问题和解决问题的能力；注重培养学生实事求是、严谨认真的科学态度和敢为人先的创新意识与创新能力，为学生更好地进行科学研究打下良好的基础。

本书主要包含实验室基本知识、无机化学实验室常用仪器及基本操作、常用测量设备的介绍和使用，以及系列实验实践内容。实验部分既吸收了同类无机化学实验教材的优点，又结合编写教师的科研内容设计了新实验，分成基本操作练习、化学原理、元素性质、无机化合物制备以及探究性实验五大板块展开叙述。在实验顺序上遵循由浅到深、由简单到复杂的渐进原则，从实验操作技能和实验思维上对学生进行强化训练，使其达到化学专业本科生的基本要求。通过探究性实验的开展，拓宽学生的科学视野，让学生更好地了解无机化学的前沿研究领域，激发学生的科学创造力，有助于学以致用、学用相长。

在本书的编写过程中，拟突出以下特色：

1. 重视基本操作技能的训练。在第四章中，详细介绍了无机化学实验中常用玻璃仪器和基本操作，方便学生查阅学习。同时，通过无机化合物的制备和提纯、元素性质等实验内容，多次对基本操作进行强化训练，以期达到预期的教学目标。

2. 重视实验内容的合理编排。注意实验内容的内在联系和相互渗透，减少不必要的重复。在无机化合物制备实验中，有机地将元素性质的实验内容融入产物检测部分，既丰富了制备实验的内容，又避免了性质实验的无的放矢。

3. 重视技能训练的递进性。在实验顺序上，注重前后实验内容的关联性和实验技能训练的递进性。在无机化合物制备实验中，前一个实验得到的产物作为后一个实验的原料。同时，前一个实验注重实验室常用仪器的操作训练，后一个实验则注重在化合物的结构表征和性质测试中大型仪器的规范操作训练。

4. 重视教学改革与学科发展的成果。突出实验教学与科学研究的联系，共设探究性实验 11 个，占了总项目的 26%。通过相关实验训练，培养学生的独立思考能力和严密的逻辑思维，有助于其将来更好地进行科学研究。

在编写本教材的过程中，我们参考了兄弟院校已正式出版的教材，从中借鉴了许多有益的内容，一并表示感谢。

由于编者水平有限，书中难免存在不足之处。我们真诚地希望读者能提出宝贵意见和建议，以便再版时改进。

编者
2023 年 6 月

# 目 录

# 第一章

## 绪 论

### 1.1 无机化学实验的学习目的

　　化学是一门以实验为基础的科学。无机化学实验是无机化学课程的重要组成部分，也是学习无机化学的一个重要环节。通过本课程的学习，学生可以巩固并加深对无机化学基本概念和基本理论的理解；掌握无机化学实验的基本操作和技能，学习基本仪器的规范使用、实验数据的正确处理和实验结果的准确表达；掌握一些无机物的制备、提纯和检验方法。在实验过程中，要注重培养学生独立思考、分析问题、解决问题和创新的能力；培养实事求是、严谨认真的科学态度；养成整洁、卫生的良好习惯，为后继课程（如分析化学、物理化学、有机化学以及相应实验课程等）的学习以及今后工作和科学研究的顺利开展奠定良好基础。

### 1.2 无机化学实验的学习方法

　　学好无机化学实验，除了要有明确的学习目的、端正的学习态度之外，还要有好的学习方法。学习无机化学实验大致分为以下三个步骤：

　　（1）预习

　　① 认真钻研实验教材和理论课教材中的有关内容。

　　② 明确实验目的，弄懂实验原理。

　　③ 熟悉实验内容、步骤、基本操作和实验注意事项。

　　④ 认真思考实验前应准备的内容。

　　⑤ 撰写预习报告（包括实验目的、实验原理、实验步骤、实验注意事项及有关的安全问题等）。

　　（2）开展实验

　　① 按实验教材上规定的方法、步骤、试剂用量和操作规程进行实验，要求做到以下几点：

　　a. 认真操作、仔细观察并如实记录实验现象。

　　b. 遇到问题要善于分析，力求自己解决。若自己解决不了，可请教指导老师（或同学）。

　　c. 如果发现实验现象与理论不相符，应认真查明原因，经指导教师同意后重做实验，直到得出正确的结果。

　　② 要严格遵守实验室规则（详见2.1）：

　　a. 严守纪律，保持肃静。

　　b. 爱护国家财产，规范使用仪器和设备，节约药品、水、电和煤气。

c. 保持实验室整洁、卫生和安全。实验后要认真清扫地面，检查台面是否整洁，关闭水、电、煤气开关及门窗，经指导教师允许后再离开实验室。

（3）写实验报告

实验报告是每次实验的记录、概括和总结，也是对实验者综合能力的考核。每个学生在做完实验后都必须及时、独立、认真地完成实验报告，交给指导教师批阅。一份合格的报告应包括以下内容：

① 实验名称。通常作为实验题目出现。

② 实验目的。简述该实验所要达到的目的要求。

③ 实验原理。简要介绍实验的基本原理和主要反应方程式。

④ 实验所用的仪器、药品及装置。要写明所用仪器的型号、数量、规格，药品的名称、规格，主要实验装置的示意图。

⑤ 实验内容、步骤。要求简明扼要，尽量用表格、框图、符号表示，不要全盘抄书。

⑥ 实验现象和数据的记录。在仔细观察的基础上如实记录，依据所用仪器的精密度，保留正确的有效数字。

⑦ 解释、结论和数据处理。化学现象的解释最好用化学反应方程式，如还不完整，应另加文字简要叙述；结论要精练、完整、正确；数据处理要有依据，计算要正确。

⑧ 问题与讨论。对实验中遇到的疑难问题提出自己的见解。分析产生误差的原因，对实验方法、教学方法、实验内容、实验装置等提出意见或建议。

实验报告要做到文字书写工整、图表清晰、形式规范。实验报告格式示例见 1.3。

# 1.3 实验报告格式示例

## 无机化学原理实验或无机化合物制备实验报告

实验名称：＿＿＿＿＿＿＿＿＿＿＿＿＿＿＿＿＿＿＿＿＿＿＿

实验室：＿＿＿＿＿＿ 桌号：＿＿＿＿＿ 日期：＿＿＿＿／＿＿＿＿／＿＿＿＿

一、实验目的

二、实验原理

三、仪器装置

四、实验步骤及现象

五、产品检验和产率或数据处理和记录

六、问题与讨论

指导教师_____

## 无机化学元素性质实验报告

实验名称：_____

实验室：_____ 桌号：_____ 日期：_____/_____/_____

一、实验目的

二、实验步骤及现象

| 步骤及现象 | 化学反应方程式及解释 |
| --- | --- |
|  |  |

三、问题与讨论

指导教师_____

## 1.4 仪器和实验装置的简易画法

在实验报告中有关于仪器、实验装置和操作的叙述，若能引入一幅清晰的示意图，不仅能大大减少文字叙述，而且直观具体，一目了然。

（1）常见仪器的分步画法（见图1-1）

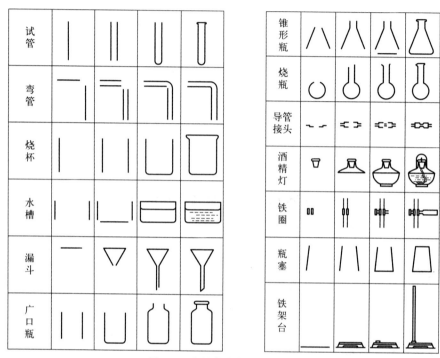

图1-1 常见仪器的分步画法

（2）成套装置图的画法

先画主体图，后画配件图，分步完成。例如，画实验室制取和收集氧气的装置图（见图1-2），应首先画出带塞的试管、导管和集气瓶，然后画出图中其他配件，最后，在悬空的酒精灯下，可补画上木垫。

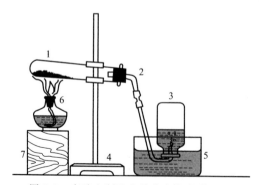

图1-2 实验室制取和收集氧气的装置图

1—试管；2—导管；3—集气瓶；4—铁架台；5—水槽；6—酒精灯；7—木垫

（3）一些常用仪器的简易画法（见图1-3）

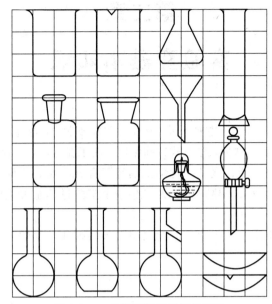

图1-3　一些常用仪器的简易画法

（4）平视图和立体图

图1-4中（A）是平视图，（B）是立体图。绘制仪器和装置示意图时，一般要注意以下几点：

① 在同一幅图中，必须采用同一透视法（平视图或立体图），其中以易画的平视图较为常用；

② 若采用立体图，透视方向必须统一；

③ 布局应照顾各个部位，以便清晰地表现出来；

④ 图中各部分的相对位置和彼此比例要求应与实际相符；

⑤ 要力求线条简洁，图形逼真。

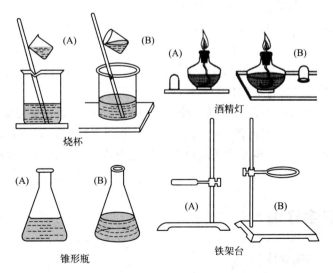

图1-4　几种常见化学仪器的平视图（A）和立体图（B）

# 第二章

## 实验室基本知识

化学实验室是开展实验教学的主要场所。在化学实验教学中，学生是主体，而教师则发挥主导作用。为了使学生尽快适应这种教学方式并确保教学秩序规范，必须制定相关的规则制度。

化学实验室涉及众多仪器、设备、化学试剂甚至有毒药品。确保教学人员的安全与实验室设备的完好、安全防火以及环境保护，是贯穿整个实验过程至关重要的任务，也是学生必须掌握的重要课程内容。

本章将介绍无机化学实验室中常见问题以期引起教师和学生的重视。

### 2.1 实验室规则

① 实验前应认真预习，明确实验目的和要求，弄懂实验原理，了解实验方法，熟悉实验步骤，完成预习报告。

② 严格遵守实验室的各项规章制度。

③ 实验前应认真检查仪器和药品，如有破损或缺少，应立即向指导教师报告，并按规定程序进行补领。若实验中发生仪器损坏，应立即主动向指导教师报告，进行登记并按规定进行赔偿，然后更换新仪器，不要擅自拿别的位置上的仪器。

④ 学生在实验室应保持肃静，不得大声喧哗。应在规定的位置上进行实验，未经允许，不得擅自挪动。

⑤ 实验时要认真观察，如实记录实验现象。使用仪器时，应严格按照操作规程进行。药品应按规定量取用，无规定量的，应本着节约的原则，尽量少用。

⑥ 爱护公物，节约药品、水、电、煤气。

⑦ 保持实验室的整洁、卫生和安全。实验后应将仪器洗刷干净，将药品放回原处，摆放整齐；使用洗净的湿抹布擦净实验台；固体废物如废纸、火柴梗等应投放到废物桶内，严禁扔至水池或地面，以免堵塞水池或弄脏地面；规定回收的废液应倒入废液缸（或瓶）内，以便统一处理；严禁私自携带实验仪器和化学药品离开实验室。

⑧ 实验室内的所有药品不得携带到室外，用剩的有毒药品必须交还老师。

⑨ 实验结束后，由同学轮流值日，清扫地面和整理实验室，并将垃圾放入垃圾箱内，检查水龙头、煤气开关、门、窗是否关好以及电源是否切断。经指导教师许可后方可离开实验室。

### 2.2 实验室安全守则

（1）实验室安全的重要性

在化学实验室中工作或学习，往往会接触到各种化学药品、各种仪器设备及水、电、煤气。在这些化学药品中，有的有毒，有的有刺激性气味，有的有腐蚀性，有的易燃、易爆，还有的可能致癌；使用不当、操作有误、违反章程、疏忽大意，都可能造成意外事故。因此，安全教育是贯穿化学实验课始终的重要内容之一，是化学工作者要特别注意的大事。在化学实验室工作或学习的每一个人都必须高度重视实验安全问题，要认真阅读实验教材中有关的安全指导，了解实验的操作步骤和操作方法，了解有关化学药品的性能及实验中可能碰到的各种各样的危险。实践证明，只要实验者思想上高度重视，具备必要的安全知识，听从指导，严格遵守实验室操作规程，事故是可以避免的。即使发生了事故，只要事先掌握了一般的防护方法，就能够及时妥善地加以处理，而不致酿成严重后果。反之，若掉以轻心、马虎从事，或我行我素、不听从指导，或违反操作规程，则随时都可能发生事故。当然，与安全有关的因素是多方面的，除客观因素外，业务知识、操作技能也都与安全有关。为了防患于未然，确保实验安全顺利进行，实验室必须制定严格的规章制度、各项操作细则，完善安全措施。

（2）化学实验室安全守则

① 学生进实验室前，必须进行安全、环保教育。

② 熟悉实验室环境，了解与安全相关设施（如水、电、煤气的总开关，消防用品、急救箱等）的位置和使用方法。

③ 容易产生有毒气体和易挥发、有刺激性毒物的实验应在通风橱内进行。

④ 一切易燃、易爆物质的操作应在远离火源的地方进行，并尽可能在通风橱内进行，用后把瓶塞塞紧，放在阴凉处。

⑤ 金属钾、钠应保存在煤油或石蜡油中，白磷（或黄磷）应保存在水中，取用时必须用镊子，绝不能用手拿。

⑥ 使用强腐蚀性试剂（如浓 $H_2SO_4$、浓 $HNO_3$、浓碱、液溴、浓 $H_2O_2$、HF 等）时，切勿溅到衣服和皮肤上、眼睛里，取用时要戴胶皮手套和防护眼镜。

⑦ 应严防有毒试剂进入口内或触及伤口，实验后废液应回收，集中处理。

⑧ 用试管加热液体时，试管口不准对着自己或他人；不能俯视正在加热的液体，以免溅出的液体烫伤眼、脸；闻气体的气味时，鼻子不能直接对着瓶（管）口，而应用手把少量的气体扇向自己的鼻孔。

⑨ 不允许将各种化学药品随意混合，以防发生意外；自行设计的实验，须和老师讨论并经老师同意后方可进行。

⑩ 不准用湿手操作电气设备，以防触电。

⑪ 加热器不准直接放在木质桌面或地板上，应放在石棉板、绝缘砖或水泥地板上，加热期间要有人看管。大型贵重仪器应有安全保护设备。加热后的坩埚、蒸发皿应放在石棉网或石棉板上，不能直接放在木质台面上，以防烫坏台面或者引起火灾，更不能与湿物接触，以防炸裂。

⑫ 实验室内严禁饮食、吸烟、嬉戏打闹、大声喧哗。实验完毕应将双手洗净。

⑬ 实验后的废弃物，如废纸、火柴梗等固体物应放入废物桶（箱）内，不要丢入水池内，以防堵塞。

⑭ 贵重仪器室、化学药品库应安装防盗门，剧毒药品、贵重物质应贮存在专门的保险柜中，发放时应严加控制，剩余时必须回收。有机试剂库应安装防爆灯。

⑮ 每次实验完毕，应将玻璃仪器洗干净，按原位摆放整齐，台面、水池、地面打扫干

净，药品按序摆好。检查水、电、煤气开关及门、窗是否关好。

## 2.3 实验室事故的处理

实验室应配备医药箱，以便在发生意外事故时临时处置之用。医药箱应配备如下药品和工具。

① 药品。碘酒，红药水，紫药水，创可贴，止血粉，消炎粉，烫伤油膏，鱼肝油，甘油，无水乙醇，硼酸溶液（1%～3%，饱和），2%醋酸溶液，1%～5%碳酸氢钠溶液，20%硫代硫酸钠溶液，10%高锰酸钾溶液，20%硫酸镁溶液，1%柠檬酸溶液，5%硫酸铜溶液，1%硝酸银溶液，由20%硫酸镁、18%甘油、水、1.2%盐酸普鲁卡因配成的药膏，可的松软膏，紫草油软膏，硫酸镁糊剂及蓖麻油等。

② 工具。医用镊子、剪刀、纱布、药棉、棉签、绷带、医用胶布等。

医用药箱供实验室急救用，不允许随便挪动或借用。

（1）中毒急救

在实验过程中，若出现咽喉灼痛、嘴唇脱色或发绀、胃部痉挛、恶心呕吐、心悸、头晕等症状时，则可能是由中毒所致，经以下急救后，立即送医院抢救。

① 固体或液体毒物中毒。嘴里若还有毒物，应立即吐掉，并用大量水漱口。

a. 碱中毒，先饮大量水，再喝牛奶。

b. 误饮酸者，先喝水，再服氢氧化镁乳剂，最后饮些牛奶。

c. 重金属中毒，喝一杯含几克硫酸镁的溶液，立即就医。

d. 汞及含汞化合物中毒，立即就医。

用作金属解毒剂的药品如表2-1所示。

表 2-1 用作金属解毒剂的药品

| 有害金属元素 | 解毒剂 |
| --- | --- |
| 铅、铀、钴、锌等 | 乙二胺四乙酸钙钠 |
| 汞、镉、砷等 | 2,3-二巯基丙醇 |
| 铜 | 青霉胺 |
| 铊、锌 | 双硫腙 |
| 镍 | 二乙基二硫代氨基甲酸钠 |
| 铍 | 金黄三羧酸 |

② 气体或蒸气中毒。若不慎吸入煤气、溴蒸气、氯气、氯化氢、硫化氢等气体时，应立即到室外呼吸新鲜空气，必要时做人工呼吸（但不要口对口）或送医院治疗。

（2）酸或碱灼伤

① 酸灼伤。先用大量水冲洗，再用饱和碳酸氢钠溶液或稀氨水冲洗，然后浸泡在冰冷的饱和硫酸镁溶液中半小时，最后敷以20%硫酸镁、18%甘油、水、1.2%盐酸普鲁卡因配成的药膏。伤势严重者，应立即送医院急救。

酸溅入眼睛时，先用大量水冲洗，再用1%碳酸氢钠溶液冲洗，最后用蒸馏水或去离子水清洗。

氢氟酸能腐蚀指甲、骨头，溅在皮肤上会造成难以治愈的烧伤。皮肤若被氢氟酸烧伤，应用大量水冲洗 20min 以上，再用冰冷的饱和硫酸镁溶液或 70% 乙醇清洗半小时以上。或用大量水冲洗后，再用肥皂水或 2%～5% 碳酸氢钠溶液冲洗，接着用 5% 碳酸氢钠溶液湿敷局部，最后涂以可的松软膏或紫草油软膏或硫酸镁糊剂。

② 碱灼伤。先用大量水冲洗，再用 1% 柠檬酸或 1% 硼酸或 2% 醋酸溶液浸洗，接着用水洗，然后用饱和硼酸溶液洗，最后滴入蓖麻油。

（3）溴灼伤

溴灼伤一般不易愈合，必须严加防范。凡用溴时应预先配制好适量 20% 硫代硫酸钠溶液备用。一旦被溴灼伤，应立即用乙醇或硫代硫酸钠溶液清洗伤口，再用水冲洗干净，并敷以甘油。若起泡，则不宜把水泡挑破。

（4）磷烧伤

用 5% 硫酸铜溶液、1% 硝酸银溶液或 10% 高锰酸钾溶液清洗伤口，并用浸过硫酸铜溶液的绷带包扎，然后送医院治疗。

（5）其他意外事故处理

① 割（划）伤。化学实验中要用到各种玻璃仪器，若不小心就容易被碎玻璃划伤或刺伤。若伤口内有碎玻璃或其他异物，应先取出。轻者可用生理盐水或硼酸溶液擦洗伤处，并用 3% $H_2O_2$ 溶液消毒，然后涂上红药水，撒上些消炎粉，最后用纱布包扎。伤口较深且出血过多时，可用云南白药或扎止血带，并立即送医院救治。玻璃溅进眼里，千万不要揉擦，不转眼球，任其流泪，速送医院处理。

② 烫伤。一旦被火焰、蒸气、红热玻璃、陶器、铁器等烫伤，轻者可用 10% 高锰酸钾溶液擦洗伤处，撒上消炎粉，或在伤处涂烫伤药膏（如氧化锌药膏、獾油或鱼肝油药膏等），重者须送医院救治。

③ 触电。若向人体通以 50Hz、25mA 交流电时，触电者会感到呼吸困难，100mA 以上则会致死。因此，使用电气设备时必须制定严格的操作规程，以防触电。

a. 已损坏的接头、插座、插头，或绝缘不良的电线，必须更换。

b. 电线有裸露的部分，必须绝缘。

c. 不要用湿手接触或操作电气设备。

d. 接好线路后再通电，用后先切断电源再拆线路。

e. 一旦有人触电，应立即切断电源，尽快用绝缘物（如竹竿、干木棒、绝缘塑料管棒等）将触电者与电源隔开，切不可用手去拉触电者。

# 2.4 实验室三废的处理

在化学实验室中会遇到各种有毒的废渣、废液和废气（简称三废），如不加以处理，随意排放，就会造成污染。三废中的有用成分，应加以回收，通过处理，变废为宝、综合利用。

（1）废渣处理

有回收价值的废渣应收集起来统一处理，回收利用，少量无回收价值的有毒废渣也应集中起来分别进行处理或深埋于远离水源的指定地点。

① 钠、钾屑及碱金属、碱土金属氢化物、氨化物。悬浮于四氢呋喃中，在搅拌下慢慢滴加乙醇或异丙醇至不再放出氢气为止，再慢慢加水，澄清后倒入指定废液桶，集中回收

处理。

② 硼氢化钠（钾）。用甲醇溶解后，用水充分稀释，再加酸并放置，此时有剧毒硼烷产生，所以应在通风橱内进行，其废液用水稀释后倒入指定废液桶，集中回收处理。

③ 酰氯、酸酐、三氯化磷、五氯化磷、氯化亚砜。在搅拌下加入大量水后倒入指定废液桶，集中回收处理。五氯化磷加水，用碱中和后倒入指定废液桶，集中回收处理。

④ 沾有铁、钴、镍、铜催化剂的废纸、废塑料。其变干后易燃，不能随便丢入废纸篓内，应趁未干时，深埋于地下。

⑤ 重金属及其难溶盐。能回收的尽量回收，不能回收的收集起来深埋于远离水源的地下。

（2）废液处理

① 废酸、废碱液。将废酸（碱）液与废碱（酸）液中和至 pH＝6～8（如有沉淀先过滤）后，倒入指定废液桶，集中回收处理。

② 氰化物废液。少量含氰废液可加入硫酸亚铁使之转变为毒性较小的亚铁氰化物倒入指定废液桶，集中回收处理，也可用碱将废液调到 pH＞10 后，用适量高锰酸钾将 $CN^-$ 氧化。大量含氰废液则需用碱调至 pH＞10 后，加入足量的次氯酸盐，充分搅拌，放置过夜，使 $CN^-$ 转化为 $CO_3^{2-}$ 和 $N_2$ 后，再将溶液 pH 调到 6～8，倒入指定废液桶，集中回收处理。

$$2CN^- + 5ClO^- + 2OH^- \rightleftharpoons 2CO_3^{2-} + N_2 \uparrow + 5Cl^- + H_2O$$

③ 含砷废液

a. 石灰法。将熟石灰投入到含砷废液中，生成难溶的砷酸盐和亚砷酸盐。如：

$$As_2O_3 + Ca(OH)_2 \rightleftharpoons Ca(AsO_2)_2 \downarrow + H_2O$$
$$As_2O_5 + 3Ca(OH)_2 \rightleftharpoons Ca_3(AsO_4)_2 \downarrow + 3H_2O$$

b. 硫化法。用 $H_2S$ 或 NaHS 作硫化剂，使含砷废液生成难溶硫化物沉淀，沉降分离后，调节溶液 pH＝6～8，倒入指定废液桶，集中回收处理。

c. 镁盐脱砷法。在含砷废液中加入足够的镁盐，调节镁砷比为（8～12）∶1，然后利用熟石灰或其他碱性物质将废液中和至弱碱性，控制 pH＝9.5～10.5，利用产生的氢氧化镁与砷化物的共沉淀和吸附作用，将废液中的砷除去。沉降后，将溶液 pH 调到 6～8，倒入指定废液桶，集中回收处理。

④ 含汞废液处理

a. 化学沉淀法。在含 $Hg^{2+}$ 的废液中通入 $H_2S$ 或加入 $Na_2S$，使 $Hg^{2+}$ 形成 HgS 沉淀。为防止形成 $HgS_2$ 可加入少量 $FeSO_4$，过量的 $S^{2-}$ 与 $Fe^{2+}$ 作用生成 FeS 沉淀。过滤后残渣可回收或深埋，溶液 pH 调到 6～8，倒入指定废液桶，集中回收处理。

b. 还原法。利用镁粉、铝粉、铁粉、锌粉等还原性金属，将 $Hg^{2+}$、$Hg_2^{2+}$ 还原成单质 Hg（此法并不十分理想）。

c. 离子交换法。利用阳离子交换树脂把 $Hg^{2+}$、$Hg_2^{2+}$ 交换于树脂上，然后再回收利用（此法较为理想，但成本较高）。

⑤ 含铬废液处理

a. 铁氧体法。在含 Cr(Ⅵ) 的酸性溶液中加硫酸亚铁，使 Cr(Ⅵ) 还原为 Cr(Ⅲ)，再用 NaOH 溶液调 pH 至 6～8，并通入适量空气，控制 Cr(Ⅵ) 与 $FeSO_4$ 的比例，使生成难溶于水的组成类似于 $Fe_3O_4$（铁氧体）的氧化物（此氧化物有磁性），借助于磁铁或电磁铁可使其沉淀分离出来，达到排放标准（$0.5mg \cdot L^{-1}$）。

　　b. 离子交换法。含铬废液中，除含有 Cr(Ⅵ) 外，还含有多种阳离子。通常将废液在酸性条件下（pH＝2～3）通过强酸性 H 型阳离子交换树脂，除去金属阳离子，再通过大孔弱碱性 OH 型阴离子交换树脂，除去 $SO_4^{2-}$ 等阴离子。流出液为中性，可作为纯水循环再用。阳离子交换树脂用盐酸再生，阴离子交换树脂用氢氧化钠再生。

# 第三章

# 实验数据的处理

## 3.1 测量误差

为了巩固和加深学生对无机化学基本理论和基本概念的理解，使学生掌握无机化学实验的基本操作，学会一些基本仪器的使用以及实验数据记录、处理和结果分析，无机化学实验中安排有一定数量的物理常数测定实验。由实验测得的数据经过计算处理得到实验结果，而对实验结果的准确度通常有一定的要求。因此在实验过程中，除要选用合适的实验仪器和正确的操作方法外，还要学会科学地处理实验数据。为此，需要掌握误差和有效数字的概念，以及正确的作图法，并把它们应用于实验数据的分析和处理中去。

（1）误差的概念

测定值和真实值之间的偏离称为误差。误差在测量工作中是普遍存在的，即使采用最先进的测量方法，使用最先进的精密仪器，由技术最熟练的工作人员来测量，测定值和真实值也不可能完全符合。测量的误差越小，测量结果的准确度越高。根据误差性质的不同，可把误差分为系统误差、随机误差和过失误差三类。

① 系统误差（可测误差，包括仪器误差、环境误差、人员误差、方法误差）。系统误差是由某些比较确定的因素引起的，对测量结果的影响比较确定，重复测定时，会重复出现。它是由实验方法不完善、仪器不准、试剂不纯、操作不当、条件不具备等引起的。通过改进实验方法、校正仪器、提高试剂纯度、严格按照操作规程和改善实验条件等手段来减小这种误差。

② 随机误差（偶然误差和难测误差）。随机误差是由某些难以预料的偶然因素（如环境的温度、湿度、振动、气压以及测量者心理和生理状态变化等）引起的，它对实验结果的影响也无规律可循，一般可通过多次测量取算术平均值来减小这种误差。

③ 过失误差。过失误差是由工作失误造成的误差，如操作不正确、读错数据、加错药品、计算错误等。这种误差是人为造成的，只要严格按操作规程进行，加强责任心，是完全可以避免的。

（2）测量中误差的处理方法

① 准确度与精密度。准确度是指测定值与真实值之间的偏离程度，可以用误差来度量。误差越小，测量的结果准确度越高。精密度指的是测量结果之间相互接近的程度（再现性或重复性）。精密度高，不一定准确度就高，但准确度高一定需要精密度高。精密度是保证准确度的先决条件。

② 偏差。每次测量结果与平均值之差称为偏差。偏差有绝对偏差和相对偏差之分。绝对偏差等于每次测量值减去算术平均值；相对偏差等于绝对偏差占算术平均值的百分比。偏差的大小可以反映出测量结果的精密度。偏差越小，测量结果的重现性越好，即精密度高。

为了说明测量结果的精密度，最好以平均偏差（$\bar{d}$）来表示。

$$\bar{d} = \frac{|d_1| + |d_2| + \cdots + |d_n|}{n}$$

式中，$n$ 为测量次数；$d_1$ 为第一次测量的绝对偏差；$d_n$ 为第 $n$ 次测量的绝对偏差。

测量数据的波动情况也是衡量数据好坏的重要标志。在数理统计方法中，通常用多次测量结果的标准偏差（$s$）来表达，其计算公式为

$$s = \sqrt{\frac{\sum\limits_{i=1}^{n}(d_i)^2}{n-1}} = \sqrt{\frac{\sum\limits_{i=1}^{n}(x_i - \bar{x})^2}{n-1}}$$

用标准偏差比用平均偏差好，因为将每次测量的绝对偏差平方之后，较大的绝对偏差会更显著地显示出来，这样就能更好地说明数据的分散程度。

绝对偏差（$d$）和标准偏差（$s$）都是指个别测定值与算术平均值之间的关系。若要用测量的算术平均值来表示真实值，还必须了解真实值与算术平均值之间的偏差 $s_{\bar{x}}$ 以及算术平均值的极限误差 $\delta_{\bar{x}}$，这两个值可分别由下面两个公式求出。

$$s_{\bar{x}} = \frac{s}{\sqrt{n}} = \sqrt{\frac{\sum\limits_{i=1}^{n}(d_i)^2}{n(n-1)}}$$

$$\delta_{\bar{x}} = 3s_{\bar{x}}$$

这样，准确测量的结果（真实值）就可以近似地表示为

$$x = \bar{x} \pm \delta_{\bar{x}}$$

③ 绝对误差与相对误差。实验测得的值与真实值之间的差值称为绝对误差。

绝对误差＝测定值－真实值（二者单位相同）

当测定值大于真实值时，绝对误差是正的；测定值小于真实值时，绝对误差是负的。绝对误差只能显示误差变化的范围，而不能确切地表示测量的准确度，所以一般用相对误差表示测量误差。

$$相对误差 = \frac{绝对误差}{真实值} \times 100\%$$

例如，醋酸的解离常数真实值为 $1.76 \times 10^{-5}$，两次实验测得的算术平均值分别为 $1.80 \times 10^{-5}$ 和 $1.75 \times 10^{-5}$，则测量的绝对误差分别为

$$(1.80 - 1.76) \times 10^{-5} = 4 \times 10^{-7}$$
$$(1.76 - 1.75) \times 10^{-5} = 1 \times 10^{-7}$$

测量的相对误差分别为

$$\frac{4 \times 10^{-7}}{1.76 \times 10^{-5}} \times 100\% = 2.27\%$$
$$\frac{1 \times 10^{-7}}{1.76 \times 10^{-5}} \times 100\% = 0.57\%$$

显然，后一数值准确度较高。

由上述内容可知，误差和偏差、准确度与精密度的含义是不同的。误差是以真实值为标准，而偏差则是以多次测量结果的算术平均值为标准。由于真实值在一般情况下是不知道的，所以在处理实际问题时，在尽可能减小系统误差的前提下，把多次重复测量结果的算术

平均值近似当作真实值。

评价某一测量结果时，必须将系统误差和随机误差的影响结合起来考虑，把准确度和精密度统一起来要求，才能确保测量结果的可靠性。

要提高测量结果的准确度，必须尽可能地减小系统误差。通过多次实验，取其算术平均值作为测量结果，严格按照操作规程认真进行测量，就可以减小随机误差和消除过失误差。在测量过程中，提高准确度的关键就在于减小系统误差。通常采用如下三种措施减小系统误差：

① 校正测量方法和测量仪器。可用国标法与所选用的方法分别进行测量，将结果进行比较，校正测量方法带来的误差。对准确度要求高的测量，可对所用的仪器进行校正，求出校正值，以校正测定值，提高测量结果的准确度。

② 进行对照试验。用已知准确成分或含量的标准样品替代实验样品，在相同实验条件下，用同样的方法进行测定，来检验所用的方法是否正确、仪器是否正常、试剂是否有效。

③ 进行空白试验。空白试验是在相同测定条件下，用蒸馏水（或去离子水）代替样品，用同样的方法、同样的仪器进行实验，以消除由水质不纯所造成的系统误差。

## 3.2 有效数字及其运算规则

（1）有效数字位数的确定

有效数字是由准确数字与一位可疑数字组成的测量值。它除最后一位数字是不准确的外，其他各位的数字都是确定的。有效数字的有效位数反映了测量的精度。有效位数是从有效数字最左边第一个不为零的数字起，到最后一个数字止的数字个数。例如，用感量为千分之一的天平称一块锌片为 0.485g，这里 0.485 有 3 位有效数字，其中最后一个数字 5 是不确定的。用某一仪器测定物质的某一物理量，其准确度都是有一定限度的。测量值的准确度取决于仪器的可靠性，也与测量者的判断力有关。测量值的准确度是由仪器刻度标尺的最小刻度决定的。如上面这台天平的绝对误差为 0.001g，称量这块锌片的相对误差为

$$\frac{0.001}{0.485} \times 100\% = 0.21\%$$

在记录测量数据时，不能随意乱写，不然就会影响测量的准确度。如把上面的数字改为 0.4852，这样就可以把可疑数字 5 变成了确定数字 5，从而夸大了测量的准确度，这是和实际情况不相符的。

在没有搞清有效数字之前，有人错误地认为：测量时，小数点后的位数越多，准确度越高，或在计算中保留的位数越多，准确度就越高。其实二者间无任何联系。小数点的位置只与单位有关，如 135mg，可以写成 0.135g，也可以写成 $1.35 \times 10^{-4}$kg，三者的准确度完全相同，都是 3 位有效数字。注意：首位数字≥8 的数据，其有效数字的位数可多算一位，如 9.25 可作 4 位有效数字。常数、系数等有效数字的位数没有限制。

记录和计算测量结果都应与测量的准确度相适应，任何超过或者低于仪器精密度的数字都是不妥当的。常见仪器的精密度见表 3-1。

表 3-1　常见仪器的精密度

| 仪器名称 | 仪器精密度 | 例子 | 有效数字位数/位 |
| --- | --- | --- | --- |
| 台秤/g | 0.1 | 6.5 | 2 |
| 电光天平/g | 0.0001 | 15.3254 | 6 |
| 千分之一天平/g | 0.001 | 20.253 | 5 |
| 10mL 量筒/mL | 0.1 | 5.6 | 2 |
| 100mL 量筒/mL | 1 | 75 | 2 |
| 滴定管/mL | 0.01 | 35.23 | 4 |
| 容量瓶/mL | 0.01 | 50.00 | 4 |
| 移液管/mL | 0.01 | 25.00 | 4 |
| 吸量管/mL | 0.01 | 10.00 | 4 |
| PHS-3C 型酸度计 | 0.01 | 4.76 | 2 |

对于有效数字的确定，还有几点需要指出：

① "0" 在数字中是否是有效数字，与 "0" 在数字中的位置有关。"0" 在数字后或在数字中间都表示一定的数值，都算是有效数字；"0" 在数字之前，只表示小数点的位置（仅起定位作用）。如 3.0005 是 5 位有效数字，2.5000 也是 5 位有效数字，而 0.0025 则是 2 位有效数字。

② 对于很大或很小的数字，如 260000、0.0000025 采用指数表示法更简便合理，分别写成 $2.6 \times 10^5$、$2.5 \times 10^{-6}$。"10" 不包含在有效数字中。

③ 对化学中经常遇到的 pH、$\lg k$ 等对数数值，有效数字仅由小数部分数字位数决定，首数（整数部分）只起定位作用，不是有效数字。如 pH=4.76 的有效数字为 2 位，而不是 3 位有效数字。4 是 "10" 的整数次方，即 $10^4$ 中的 4。

④ 在化学计算中，有时还遇到表示倍数或分数的数字，如 $\dfrac{KMnO_4 \text{ 的摩尔质量}}{5}$，式中的 5 是个固定数，不是测量所得，不应当看作 1 位有效数字，而应当看作无限多位有效数字。

（2）有效数字的运算规则

① 有效数字取舍规则

a. 记录和计算结果所得的数值，均保留 1 位可疑数字。

b. 当有效数字的位数确定后，其余的尾数应按照 "四舍五入" 法或 "四舍六入五看齐，奇进偶不进"（当尾数≤4 时，舍去；尾数≥6 时，进位；当尾数=5 时，则要看尾数前一位数是奇数还是偶数，若为奇数则进位，若为偶数则舍去）的原则一律舍去。

一般运算通常用 "四舍五入" 法，当进行复杂运算时，采用 "四舍六入五看齐，奇进偶不进" 的原则，以提高运算结果的准确性。

② 加减法运算规则。进行加法或者减法运算时，所得的和或差的有效数字的位数，应与各数中的小数点后位数最少者相同。例如：

23.456＋0.000124＋3.12＋1.6874＝28.263524，应取 28.26。

以上是先运算后取舍，也可以先取舍，后运算，取舍时也是以小数点后位数最少的数为准。

23.456→23.46

$$0.000124 \rightarrow 0.00$$
$$3.12 \rightarrow 3.12$$
$$1.6874 \rightarrow 1.69$$
$$23.46 + 0.00 + 3.12 + 1.69 = 28.27$$

③ 乘除法运算规则。进行乘除运算时，其积或商的有效数字的位数应与各数中有效数字位数最少的数相同，而与小数点后的位数无关。例如：

$2.35 \times 3.642 \times 3.3576 = 28.73669112$，应取 28.7。

同加减法一样，也可以先以小数点后位数最少的数为准，四舍五入后再进行运算：

$2.35 \times 3.64 \times 3.36 = 28.74144$，应取 28.7。

当有效数字为 8 或 9 时，在乘除法运算中也可运用"四舍六入五看齐，奇进偶不进"的原则，将此有效数字的位数多加 1 位。

④ 将其乘方或开方时，幂或根的有效数字的位数与原数相同。若乘方或开方后还要进行数学运算，则幂或根的有效数字可多保留 1 位。

⑤ 在对数运算中，所取对数的尾数应与真数有效数字位数相同。反之，尾数有几位，则真数就取几位。例如：溶液 pH = 4.74，则其 $c(H^+) = 1.8 \times 10^{-5}\,mol \cdot L^{-1}$。

⑥ 在所有计算式中，常数 $\pi$、$e$ 的值及某些系数 $\sqrt{2}$、$1/2$ 的有效数字的位数，可认为是无限制的，在计算中需要几位就可以写几位。一些国际定义值，如摄氏温标的零度值为热力学温标的 273.15K、标准大气压 $1atm = 1.01325 \times 10^5\,Pa$、理想气体状态方程中气体常数 $R = 8.314J \cdot K^{-1} \cdot mol^{-1}$、标准自由落体加速度 $g = 9.80665m \cdot s^{-2}$ 被认为是严密准确的数值。

⑦ 误差一般只取 1 位有效数字，最多取 2 位有效数字。

## 3.3  无机化学实验中的数据处理

化学实验中测量一系列数据的目的是要找出一个合理的实验值并通过实验数据找出某种规律，这就需要我们将数据进行归纳和处理。数据处理包括数据计算处理和根据数据进行作图处理和列表处理。

对要求不太高的定量实验，一般只要求重复两三次，所得实验数据比较平行，用算术平均值作为结果即可。对要求较高的实验，往往要进行多次重复实验，所得的实验数据要进行较为严格的处理。

（1）数据的计算处理步骤

① 整理数据。

② 算出算术平均值 $\bar{x}$。

③ 算出各数与算术平均值的绝对偏差 $d_i$。

④ 算出平均偏差 $\bar{d}$，由此评价测量的精密度，若每次测量的值都落在（$\bar{x} \pm \bar{d}$）区间（实验重复次数≥15），则所得的实验值为合格值，若其中有某值落在上述区间之外，则该实验值应予以剔除。

⑤ 求出剔除后剩下数的 $\bar{x}$、$\bar{d}$，按上述方法检查，看还有没有要再剔除的数，如果有则还要剔除，直到所剩的数都落在相应的区间为止，然后求出剩下数据的标准偏差（$s$）。

⑥ 由标准偏差算出真实值与算术平均值的偏差 $s_{\bar{x}}$。

⑦ 算出算术平均值的极限误差（$\delta_{\bar{x}}$）。

⑧ 算出真实值。

（2）作图法处理实验数据

利用图形表达实验结果的好处如下：

① 显示数据的特点和数据变化的规律。

② 由图可求出斜率、截距、内插值、切线等。

③ 由图形可找出变量间的关系。

④ 根据图形的变化规律，可以剔除一些偏差较大的实验数据。

作图的步骤简略介绍如下：

① 作图纸和坐标的选择。无机化学实验中一般用直角坐标纸和半对数坐标纸。习惯以横坐标作为自变量，纵坐标作为因变量。坐标轴比例尺的选择一般应遵循以下规则：

a. 坐标刻度要表示出全部有效数字，从图中读出的精密度应与测量的精密度基本一致，通常坐标纸的最小格代表测量值中可靠数字的最后一位。

b. 坐标标度应取容易读数的分度，通常每单位坐标格子应代表 1、2 或 5 的倍数，而不采用 3、6、7、9 的倍数，数字一般标示在逢 5 或逢 10 的粗线上。

c. 在满足上述两个原则的条件下，所选坐标纸的大小应能包含全部所需数而略有宽裕。如无特殊需要（如直线外推求截距等），就不一定把变量的零点作为原点，可从略低于测量值的整数开始，以便于充分利用图纸，且有利于保证图的精密度；若为直线或近乎直线的曲线，则应安置在图纸的对角线附近。

② 点和线的描绘

a. 点的描绘。在直角坐标系中，代表某一常数的点常用○、⊙、×、△、■等不同的符号表示，符号的重心所在即表示读数值，符号的大小应能粗略地显示出测量误差的范围。

b. 曲线的描绘。根据大多数的点描绘出的曲线必须平滑，并使处于直线两边的点的数目大致相等。

c. 在曲线的极大、极小或转折点处，应尽可能地多测量几个点，以保证曲线所示规律的可靠性。

对于个别远离曲线的点，如不能判断被测物理量在此区域会发生什么突变，就要分析一下在测量过程中是否有偶然性的过失误差，如果属误差所致，描线时可不考虑这一点。否则就要重复实验，如仍有此点，说明曲线在此区间有新的变化规律。通过认真仔细测量，按上述原则描绘出此区间曲线。

如同一图上需要绘制几条曲线，那么不同曲线上的数值点可以用不同的符号来表示，描绘出来的不同曲线也可以用不同的线（虚线、实线、点线、粗线、细线、不同颜色的线）来表示，并在图上标明。

画线时，一般先用淡、软铅笔沿各数值的变化趋势轻轻地手绘一条曲线，然后用曲线尺逐段吻合手绘线，作出光滑的曲线。

③ 图名和说明。图形做好后，应注上图名，标明坐标轴所代表的物理量、比例尺及主要测量条件（温度、压力、浓度等）。

（3）列表法处理实验数据

把实验数据按顺序、有规律地用表格表示出来，一目了然，既便于数据的处理、运算，又便于检查。一张完整的表格应包含如下内容：表格的顺序号、名称、项目、说明及数据来源。表格的横排称为行，竖排称为列。列表时应注意如下几点：

① 每张表要有含义明确的完整名称。

② 每个变量占表格的一行或一列，一般先列自变量，后列因变量，每行或列的第一栏要写明变量的名称、量纲和公用因子。

③ 表中的数据排列要整齐，有效数字的位数要一致，同一列数据的小数点要对齐。若为函数表，数据应按自变量递增或递减的顺序排列，以显示出因变量的变化规律。

④ 处理方法和计算公式应在表下注明。

# 第四章

## 常用仪器及基本操作

## 4.1 无机化学实验常用仪器介绍

无机化学实验常用仪器见表 4-1。

表 4-1 无机化学实验常用仪器

| 仪器名称 | 规格 | 用途 | 注意事项 |
|---|---|---|---|
| 试管和离心试管 | 玻璃质。分硬质和软质,普通试管[无刻度,以管口外径(mm)×管长(mm)表示,有 12mm × 150mm、15mm × 100mm、30mm×200mm 等规格]和离心试管[以容积(mL)表示,有 5mL、10mL、15mL 等规格] | 普通试管用作少量试剂的反应器,便于操作和观察;也可用于少量气体的收集。离心试管主要用于少量沉淀与溶液的分离 | 普通试管可直接加热,硬质试管可加热到高温;加热时要用试管夹夹持,加热后不能骤冷;反应试液不宜超过试管容积的 1/2,加热时不宜超过 1/3;加热液体时要不断振荡,试管口不要对人;加热固体时,管口略向下倾斜 |
| 烧杯 | 玻璃质。分硬质、软质,普通型、高型,有刻度和无刻度。以容积(mL)表示,1mL、5mL、10mL 为微型烧杯,还有 25mL、50mL、100mL、200mL、250mL、400mL、500mL、1000mL、2000mL 等规格 | 用作反应物较多时的反应容器,可搅拌,也可用作配制溶液时的容器,或简便水浴的盛水器 | 加热时应放在石棉网上,加热前外壁应擦干,先放溶液后加热,加热后不可直接放在湿物上 |
| 锥形瓶 | 玻璃质。以容积(mL)表示,常见有 125mL、250mL、500mL 等规格 | 用作反应容器,振荡方便,适用于滴定操作 | 加热时应放在石棉网上,加热前外壁应擦干,先放溶液后加热,加热后不可直接放在湿物上 |
| 平底烧瓶 圆底烧瓶 | 玻璃质。有普通型、标准磨口型,圆底、平底之分。规格以容积(mL)表示,磨口烧瓶以标号表示其口径,如 10、14、19 等 | 反应物较多,且需较长时间加热时用作反应器 | 加热时应放在石棉网上,加热前外壁应擦干。圆底烧瓶竖放桌上时,应垫以合适的器具,以防滚动打坏 |
| 蒸馏烧瓶 | 玻璃质。规格以容积(mL)表示 | 用于液体蒸馏,也可用作少量气体的发生装置 | 加热时应放在石棉网上,加热前外壁应擦干,竖放桌上时,应垫以合适的器具,以防滚动打坏 |

| 仪器名称 | 规格 | 用途 | 注意事项 |
|---|---|---|---|
| 容量瓶 | 玻璃质。以刻度以下的容积（mL）表示，有的配以磨口瓶塞，也有的配以塑料瓶塞。有10mL、25mL、50mL、100mL、250mL、500mL、1000mL 等规格 | 用以配制一定体积准确浓度的溶液 | 不能加热，不能用毛刷洗刷；瓶的磨口与瓶塞配套使用，不能互换 |
| 量筒　量杯 | 玻璃质。上口大，下端小的称为量杯。以刻度所能量度的最大容积（mL）表示，有 5mL、10mL、25mL、50mL、100mL、200mL、500mL、1000mL 等规格 | 用以量取一定体积的溶液 | 不能加热，不能量热的液体，不能用作反应器 |
| 移液管　吸量管 | 玻璃质。以容积（mL）表示，有 1mL、2mL、5mL、10mL、25mL、50mL 等规格 | 用以较精确移取一定体积的溶液 | 不能加热或移取热溶液。管口若无"吹"或"快"字，使用时末端的溶液不允许吹出 |
| 滴定管 | 玻璃质。规格以容积（mL）表示。有酸式、碱式之分。酸式下端以玻璃旋塞控制流出液速度，碱式下端连接装有玻璃球的乳胶管来控制流液量 | 用以较精确移取一定体积的溶液 | 不能加热或移取热溶液；使用前应排除其尖端气泡，并检漏；酸式、碱式不能互换使用 |
| 长颈漏斗　普通漏斗 | 化学实验室使用的一般为玻璃质或塑料质。规格以口径表示 | 用于过滤等操作，长颈漏斗特别适用于定量分析中的过滤操作 | 不能用火加热 |
| 漏斗架 | 木质或塑料质 | 过滤时用于放置漏斗 | |

| 仪器名称 | 规格 | 用途 | 注意事项 |
|---|---|---|---|
| 吸滤瓶　布氏漏斗 | 布氏漏斗为瓷质,规格以容积(mL)和口径表示。吸滤瓶为玻璃质,以容积(mL)表示,有 250mL、500mL、1000mL 等规格 | 两者配套,用于沉淀的减压过滤(利用水泵或真空泵降低吸滤瓶中的压力而加速过滤) | 滤纸要略小于漏斗的内径才能贴紧;布氏漏斗斜端口对准吸滤瓶抽气口;抽滤完毕后,先断开抽气管与吸滤瓶的连接,再停泵,以防倒吸;不能直接加热 |
| 微孔玻璃漏斗 | 又称烧结漏斗、细菌漏斗、微孔漏斗。漏斗为玻璃质,砂芯滤板为烧结陶瓷。其规格以砂芯板孔的平均孔径($\mu$m)和漏斗的容积(mL)表示 | 用于细颗粒沉淀,以至细菌的分离。也可用于气体洗涤和扩散实验 | 不能用于含 HF、浓碱液和活性炭等物质的分离;不能用火直接加热;用后应及时洗净 |
| 分液漏斗 | 玻璃质。规格以容积(mL)和形状(球形、梨形、筒形、锥形)表示 | 用于互不相溶的液-液分离,也可用于少量气体发生器装置中控制加液 | 不能加热;漏斗和塞子必须配套使用,活塞处不能漏液 |
| 表面皿 | 玻璃质。以口径(mm)表示,如 60mm、90mm、120mm、150mm 等规格 | 盖在烧杯上,防止液体迸溅或其他用途 | 不能用火直接加热 |
| 蒸发皿 | 瓷质,也有的是玻璃、石英、金属制成的。规格以口径(mm)或容积(mL)表示 | 蒸发、浓缩用。随液体性质不同选用不同材质的蒸发皿 | 瓷质蒸发皿加热前应擦干外壁,加热后不能骤冷;溶液不宜超过容积的 2/3;可直接加热 |
| 坩埚 | 有瓷、石英、铁、镍、铂及玛瑙等材质,规格以容积(mL)表示 | 用于灼烧固体。随体性质不同选用不同的坩埚 | 可直接加热至高温;加热至灼热的坩埚应放在石棉网上,不能骤冷 |
| 称量瓶 | 玻璃质。规格以外径(mm)×高(mm)表示,如高型 25mm×40mm,扁型 50mm×30mm | 准确称量一定量的固体样品 | 不能加热;瓶和塞配套使用,不能互换 |
| 滴瓶　细口瓶　广口瓶 | 玻璃质,带磨口塞或滴管。有无色或棕色之分,规格以容积(mL)表示 | 滴瓶、细口瓶用以存放液体药品。广口瓶用以存放固体药品 | 不能直接加热;瓶塞配套,不能互换;存放碱液时要用橡胶塞,以防打不开 |

| 仪器名称 | 规格 | 用途 | 注意事项 |
|---|---|---|---|
| 干燥器 | 玻璃质。规格以外径(mm)表示,分普通干燥器和真空干燥器 | 内放干燥剂,可保持样品干燥 | 防止盖子滑动打碎;灼热的样品待稍冷后再放入 |
| 泥三角 | 用铁丝拧成,套以瓷管。有大小之分 | 加热时,坩埚或蒸发皿放在其上直接用火加热 | 铁丝断了不能再用;灼烧后的泥三角应放在石棉网(板)上 |
| 石棉网 | 由细铁丝编成,中间涂有石棉。规格以铁丝网边长(cm)表示,如16cm×16cm、23cm×23cm等 | 放在受热仪器和热源之间,使受热均匀缓和 | 用时检查石棉是否完好,石棉脱落者不能用;不能和水接触,不能折叠 |
| 三脚架 | 铁质。有大小、高低之分 | 放置较大或较重的加热容器,作石棉网及仪器的支撑物 | 要放平稳 |
| 研钵 | 用瓷、玻璃、玛瑙或金属制成。规格以口径(mm)表示 | 用于研磨固体物质及固体物质的混合。按固体物质的性质和硬度选用 | 不能直接加热;研磨时不能捣碎,只能碾压,放入量不宜超过研钵容积的1/3;不能研磨易爆炸物质 |
| 点滴板 | 瓷质、透明玻璃质。分黑釉和白釉两种。按凹穴多少分为四穴、六穴和十二穴等 | 用于生成少量沉淀或带色物质反应的实验。根据颜色的不同选用不同的点滴板 | 不能加热;不能用于含HF和浓碱的反应,用后要洗净 |
| 塑料洗瓶 | 塑料质。规格以容积(mL)表示,一般为250mL、500mL | 装蒸馏水或去离子水。用于挤出少量水洗涤沉淀或仪器 | 不能漏水;远离火源 |
| 水浴锅 | 铜或铝制品 | 用于间接加热,也用于控温实验 | 加热时,注意锅内水不可烧干;用完后将水倒掉,擦干,以防腐蚀 |

| 仪器名称 | 规格 | 用途 | 注意事项 |
|---|---|---|---|
| 玻璃棒　滴管 | 滴管(或吸管)由玻璃尖管和胶帽组成 | 玻璃棒用于搅拌。滴管用于吸取少量溶液 | 胶帽坏了要及时更换；防止玻璃棒和滴管掉地摔坏 |
| 坩埚夹 | 铁质。有大小不同规格 | 夹持热的坩埚、蒸发皿用 | 防止与酸性溶液接触导致的生锈、轴不灵活 |
| 持夹　单爪夹　铁圈　底座　铁架台 | 铁质,单爪夹也有铝质的 | 用于固定或放置反应容器。铁圈还可代替漏斗架使用 | 仪器固定在铁架台上时,仪器和铁架的重心应落在铁架台底座中部 |
| 多用滴管 | 塑料质。有容积4mL、8mL,径管直径分别为2.5mm、6.3mm,径管长度分别为153mm、150mm | 微型实验中用作滴液试剂瓶或反应器等 | |
| 井穴板 | 塑料质。有6孔、9孔、12孔和24孔等 | 微型实验中用作反应器 | 不能直接用火加热；不能盛装可与之反应的有机物 |
| 试管架 | 有木质、铝质和塑料质等,有大小不同、形状各异的多种规格 | 盛放试管用 | 加热后的试管应以试管夹夹好悬放在架上,以防烫坏木质、塑质架子 |
| (钢)　(木)　试管夹 | 有木质、钢质或塑料质 | 夹持试管用 | 防止烧损或锈蚀 |

续表

| 仪器名称 | 规格 | 用途 | 注意事项 |
|---|---|---|---|
|  毛刷 | 用动物毛(或化学纤维)和铁丝制成,以大小和用途表示,如试管刷、滴定管刷等 | 洗刷玻璃仪器用 | 防止刷子顶端的铁丝撞破玻璃仪器,顶端无毛者不能使用 |
|  药匙 | 用牛角或塑料制成 | 用来取固体(粉体或小颗粒)药品 | 用前擦净 |

# 4.2 玻璃仪器的洗涤与干燥

## 4.2.1 玻璃仪器的洗涤

无机化学实验仪器多数是玻璃制品。要想得到准确的实验结果,所用的仪器必须干净,这就需要洗涤。

玻璃仪器的洗涤方法很多,应根据实验要求、污物的性质及沾污的程度来选择。一般来说,附着在仪器上的污物,既有可溶性的物质,也有尘土及其他难溶性的物质,还有油污等有机物质。洗涤时应根据污物的性质和种类,采取不同的方法。

(1) 水洗

借助于毛刷等工具用水洗涤,既可使可溶物溶去,又可使附着在仪器壁面上不牢的灰尘及不溶物脱落下来,但洗不掉油污等有机物质。

对试管、烧杯等普通玻璃仪器,可先在容器内注入 1/3 左右的自来水,选用大小合适的毛刷蘸去污粉刷洗,再用自来水冲洗。容器内外壁能被水均匀润湿而不沾附水珠,证实洗涤干净。如有水珠或表面内壁、外壁仍有污物,应重新洗涤,必要时用蒸馏水或去离子水冲洗 2~3 次。

使用毛刷洗涤试管、烧杯或其他薄壁玻璃仪器时,毛刷顶端必须有竖毛,没有竖毛的不能用。洗试管时,将刷子顶端毛顺着伸入试管,用一只手捏住试管,另一只手捏住毛刷,把蘸去污粉的毛刷来回擦或在内壁旋转擦,注意不要用力过猛,以免铁丝刺穿试管底部。洗时应一支一支地洗,不要同时抓住几支试管一起洗。

(2) 洗涤剂洗涤

常用的洗涤剂有:去污粉、肥皂和合成洗涤剂。在用洗涤剂之前,先用自来水洗,然后用毛刷蘸少许去污粉、肥皂或合成洗涤剂在润湿的仪器内外壁上擦洗,最后用自来水冲洗干净,必要时用去离子(或蒸馏)水洗。

(3) 用洗液洗

常用的洗液是硫酸-重铬酸钾溶液,可根据需要配制成不同的强度。洗液具有很强的氧化能力，能将油污及有机物洗去。使用时应注意以下几点：

① 使用前最好先用水或去污粉将仪器预洗一下。

② 使用洗液前，应尽量把容器内的水弄干净，以防把洗液稀释。

③ 洗液具有很强的腐蚀性，会腐蚀皮肤和损坏衣服，使用时要特别小心，尤其不要溅到眼睛内。使用时最好戴橡胶手套和防护眼镜，万一不慎溅到皮肤或衣服上，要立即用大量水冲洗。

④ 洗液为深棕色，某些还原性污物能使洗液中 Cr(Ⅵ) 还原为绿色的 Cr(Ⅲ)，所以已变成绿色的洗液就不能使用了。未变色的洗液倒回原瓶可继续使用。用洗液洗后的仪器还要用水冲洗干净。

⑤ 用洗液洗涤仪器应遵守少量多次的原则，这样既节约，又可提高洗涤效率。

（4）特殊物质的去除

① 由铁盐引起的黄色可用盐酸或硝酸洗去。

② 由锰盐、铅盐或铁盐引起的污物，可用浓 HCl 洗去。

③ 由金属硫化物沾污的颜色，可用硝酸（必要时可加热）除去。

④ 容器壁沾有硫黄，可与 NaOH 溶液一起加热，或加入少量苯胺加热，或用浓 $HNO_3$ 加热溶解。

对于比较精密的仪器如容量瓶、移液管、滴定管，不宜用碱液、去污粉洗，不能用毛刷刷洗。

上述处理后的仪器，均需用水淋洗干净。

## 4.2.2　玻璃仪器洗涤干净的标准

玻璃仪器洗涤干净的标准包括以下几点：①凡洗净的仪器，应该是清洁透明的；②把仪器倒置时，器壁上只有一层均匀的水膜，不应挂水珠，器壁上的水不会成股流下，也不聚成水滴。

## 4.2.3　玻璃仪器的干燥

（1）晾干

不急用的仪器，洗净后倒置于仪器架上，让其自然干燥，不能倒置的仪器可将水倒净后任其干燥。

（2）烘干

洗净后的仪器可放在烘箱内烘干，温度控制在 105～110℃。仪器在放进烘箱之前，应尽可能把水甩净；放置时应使仪器口向上；木塞和橡胶塞不能与仪器一起干燥，玻璃塞应从仪器上取下，放在仪器的一旁，这样可防止仪器干燥后卡住拿不下。

（3）烤干

急用的仪器可置于石棉网上用小火烤干。试管可直接用火烤，但必须使试管口稍微向下倾斜，以防水珠倒流引起试管炸裂。

（4）吹干

用吹风机把洗净的仪器吹干。

（5）有机溶剂干燥

带有刻度的仪器，既不易晾干或吹干，又不能用加热的方法进行干燥，但可用与水互溶的有机溶剂（如乙醇、丙酮等）进行干燥。方法是：往仪器内倒入少量乙醇或乙醇与丙酮的混合溶液（体积比1∶1），将仪器倾斜、转动，使水与有机溶剂混溶，然后倒出混合液，尽量倒干，再将仪器口向上，任有机溶剂挥发，或向仪器内吹入冷空气使挥发快些。

## 4.3 加热及冷却方法

### 4.3.1 加热方法

在实验室中加热常用酒精灯、酒精喷灯、煤气灯、电炉、电热板、电热套、热浴、红外灯、白炽灯、马弗炉、管式炉、烘箱等。

（1）酒精灯

① 酒精灯的构造。酒精灯的构造如图4-1所示。酒精灯是缺少煤气（或天然气）的实验室常用的加热工具，加热温度通常在400~500℃。

图4-1 酒精灯的构造
1—灯帽；2—灯芯；3—灯壶

② 使用方法

a. 检查灯芯并修整。灯芯不要过紧，最好松些；灯芯不齐或烧焦，可用剪刀剪齐或把烧焦处剪掉。

b. 添加酒精。用漏斗将酒精加入酒精灯壶中，加入量为灯壶容积的1/2~2/3。

c. 点燃。取下灯帽，竖直放在台面上，不要让其滚动，擦燃火柴，从侧面移向灯芯点燃。燃烧时火焰不发嘶嘶声，并且火焰较暗时温度较高，一般用火焰外焰加热。

d. 熄灭。灭火时不能用嘴吹灭，而要用灯帽从火焰侧面轻轻罩上，切不可从高处将灯帽扣下，以免损坏灯帽。灯帽与灯身是配套的，不要搞混。灯帽不合适，酒精不但会挥发，而且还会由于吸水而变稀。因此灯口有缺损者不能用。

e. 加热。加热盛液体的试管时，要用试管夹夹持试管的中上部，试管与台面呈60°角倾斜，试管口不要对着他人或自己。先加热液体的中上部，再慢慢移动试管加热其下部，然后不时地移动或振荡试管，使液体各部受热均匀，避免试管内液体因局部沸腾而迸溅，引起烫伤。试管中被加热液体的体积不要超过试管高度的1/3。烧杯、烧瓶加热一般要放在石棉网上。

③ 注意事项

a. 长时间使用或在石棉网下加热时，灯口会发热，为防止熄灭时灯的冷帽使酒精蒸汽冷凝而导致灯口炸裂，熄灭后可暂时将灯帽拿开，等灯口冷却后再罩上。

b. 酒精蒸气与空气的混合气体的爆炸范围为3.5%~20%，夏天无论是在灯内还是酒精桶中都会自然形成达到爆炸界限的混合气体。因此点燃酒精灯时，必须注意到这一点。使用酒精灯时必须注意补充酒精，以免形成达到爆炸界限的混合气体。

c. 燃着的酒精灯不能补添酒精，更不能用点着的酒精灯对点。

d. 酒精易燃，其蒸气易燃易爆，使用时一定要按规范操作，切勿溢酒，以免引起火灾。

e. 酒精易溶于水，着火时可用水灭火。

（2）煤气灯

煤气灯是利用煤气或天然气为燃料气的实验室常用的一种加热工具。煤气和天然气一般由一氧化碳（CO）、氢气（$H_2$）、甲烷（$CH_4$）和不饱和烃等组成。煤气燃烧后的产物为二氧化碳和水。煤气本身无色无臭、易燃易爆，并且有毒，不用时一定要关紧阀门，绝不可使其逸入室内。为提高人们对煤气的警觉和识别能力，通常在煤气中掺入少量有特殊臭味的三级丁硫醇，这样一旦漏气，马上可以闻到气味，便于检查和排除。

煤气灯有多种样式，但构造原理是相同的。它由灯管和灯座组成，见图4-2，灯管下部有螺旋针与灯座相连。灯管下部还有几个分布均匀的小圆孔，为空气入口，旋转灯管即可完全关闭或不同程度地开启圆孔，以调节空气的进入量。煤气灯构造简单，使用方便，用橡胶管将煤气灯与煤气阀门连接起来即可使用。

点燃煤气灯步骤：①先关闭空气入口（因空气进入量大时，灯管口气体冲力太大，不易点燃）；②擦燃火柴，将火柴从斜下方向移进灯管口；③打开煤气阀门；④点燃煤气灯。最后调节煤气阀门或螺旋针，使火焰高度适宜（一般高度为4～5cm）。这时火焰呈黄色，逆时针旋转灯管，调节空气进量，使火焰呈淡紫色。

煤气在空气中燃烧不完全时会部分地分解产生碳质。火焰因碳粒发光而呈黄色，黄色的火焰温度不高。煤气与适量空气混合后燃烧完全可生成二氧化碳和水，产生正常火焰。正常火焰不发光而呈近无色，它由三部分组成（见图4-3）。内层（焰心）呈绿色，圆锥状，在这里，煤气和空气仅仅混合，并未燃烧，所以温度不高（约300℃）；中层（还原焰）呈淡蓝色，在这里，由于空气不足，煤气燃烧不完全，并部分地分解出含碳的产物，具有还原性，温度约700℃；外层（氧化焰）呈淡紫色，这里空气充足，煤气完全燃烧，具有氧化性，温度约1000℃。通常利用氧化焰来加热。在还原焰与氧化焰交界处为最高温度区（约1500℃）。

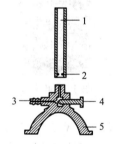

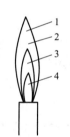

图4-2　煤气灯的构造　　　　　　图4-3　火焰的组成
1—灯管；2—空气入口；3—螺旋针；　　1—氧化焰；2—最高温度区；
4—灯座；5—煤气入口　　　　　　　3—还原焰；4—焰心

当煤气和空气的进入量调配不合适时，点燃时会产生不正常火焰，如图4-4中（b）和（c）。当煤气和空气进入量都很大时，由于灯管口处气压过大，容易造成以下两种后果：①用火柴难以点燃；②点燃时会产生临空火焰［火焰脱离灯管口，临空燃烧，见图4-4（b）］。遇到这种情况，应适当减少煤气和空气进入量。如空气进入量过大，则会在灯管内燃烧，这时能听到一种特殊的嘶嘶声，有时在灯管口的一侧有细长的淡紫色的火舌，形成侵入火焰［如图4-4（c）］，它将烧热灯管，一不小心就会烫伤手指。有时在煤气灯使用过程中，因某种原因煤气量会突然减小，空气量相对过剩，这时就容易产生侵入火焰，这种现象称为"回火"。产生侵入火焰时，应立即减少空气的进入量或增大煤气的进入量。当灯管已烧热时，应立即关闭煤气灯，待灯管冷却后再重新点燃和调节。

注意事项：

① 煤气中的一氧化碳有毒，且当煤气和空气混合到一定比例时，遇火源即可发生爆炸，

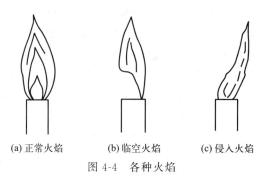

(a) 正常火焰　　　　(b) 临空火焰　　　　(c) 侵入火焰

图 4-4　各种火焰

所以不用时一定要把煤气阀门关好；点燃时一定要先擦燃火柴，再打开煤气阀门；离开实验室时，要再检查一下煤气阀门是否关好。

② 点火时要先关闭空气入口，再擦燃火柴点火，因空气入口太大，管口气体冲力太大，不易点燃，且易产生侵入火焰。

（3）电加热方法

实验室还常用电炉（图 4-5）、电热板（图 4-6）、电热套（图 4-7）、烘箱（图 4-8）、管式炉（图 4-9）和马弗炉（图 4-10）等加热。和煤气加热法相比，电加热具有不产生有毒物质和蒸馏易燃物时不易发生火灾等优点。因此，了解用于各种不同目的的电加热方法很有必要。

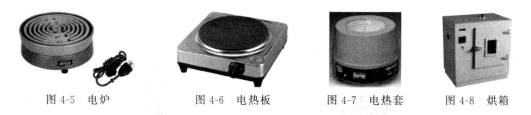

图 4-5　电炉　　　　　图 4-6　电热板　　　　图 4-7　电热套　　　　图 4-8　烘箱

① 电炉。根据发热量不同有不同规格，如 300W、500W、800W、1000W 等。有的带有可调装置。单纯加热，可以用一般的电炉。使用电炉时应注意以下几点：

a. 电源电压与电炉电压要相符；

b. 加热器与电炉间要放一块石棉网，以使加热均匀；

c. 炉盘的凹槽要保持清洁，要及时清除烧焦物，以保证炉丝传热良好，延长使用寿命。

② 电热板。电炉做成封闭式时称为电热板。如图 4-6，电热板加热是平面的，且升温较慢，多用作水浴、油浴的热源，也常用于加热烧杯、平底烧瓶、锥形瓶等平底容器。许多电磁搅拌附加可调电热板。

③ 电热套。专为加热圆底容器而设计的电加热源，特别适用于蒸馏易燃物品。有适合不同规格烧瓶的电热套，相当于一个均匀加热的空气浴，热效率最高。

④ 红外灯、白炽灯。加热乙醇等低沸点液体时，可使用红外灯和白炽灯。使用时受热容器应正对灯面，中间留有空隙，再用玻璃布或铝箔将容器和灯泡轻轻包住，既保温又能防止冷水或其他液体溅到灯泡上，还能避免灯光刺激眼睛。

⑤ 烘箱。如图 4-8，用于烘干玻璃仪器和固体试剂。工作温度从室温至设计最高温度，在此温度范围内可任意选择，有自动控温系统。箱内装有鼓风机，通过箱内空气对流保证温度均匀。工作室内设有两层网状隔板以放置被干燥物。

注意事项：

a. 被烘的仪器应洗净、沥干后再放入，且使口朝下，烘箱底部放有搪瓷盘承接仪器上滴下的水，不让水滴到电热丝上；

b. 易燃、易挥发物不能放进烘箱，以免发生爆炸；

c. 升温时应检查控温系统是否正常，一旦失效就可能造成箱内温度过高，导致水银温度计炸裂；

d. 升温时，箱门一定要关严。

⑥ 管式炉。高温下的气-固反应常用管式炉。管式炉是高温电炉的一种。

⑦ 马弗炉。又叫箱式电炉。高温电炉发热体（电阻丝），900℃以下时，可用镍铬丝；1300℃以下可用钽丝；1600℃以下可用碳化硅（硅碳棒）；1800℃以下可用铂锗合金丝；2100℃时则用铱丝，也有用硅钼棒的。所有这些发热体，都是嵌入由耐火材料制成的炉膛内壁中。电炉需要大的电流，通常和变压器联用，根据发热体的种类选用合适的变压器。

图 4-9 管式炉

图 4-10 马弗炉

（4）热浴

当被加热的物质需要受热均匀又不能超过一定温度时，用特定热浴间接加热。

① 水浴。要求温度不超过100℃时可用水浴加热（如图4-11）。水浴有恒温水浴和不定温水浴。不定温水浴可用烧杯代替。使用水浴锅应注意以下几点：

a. 水浴锅中的存水量应保持在总体积的 2/3 左右；

b. 受热玻璃器皿勿触及锅壁或锅底；

c. 水浴锅不能做油浴、沙浴用。

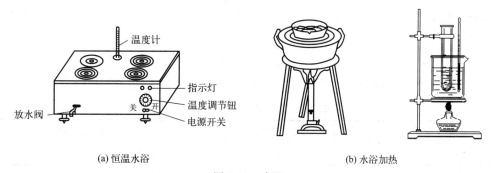

(a) 恒温水浴          (b) 水浴加热

图 4-11 水浴

② 油浴。油浴适用于100～250℃的加热。油浴锅一般由生铁铸成，有时也用大烧杯代替。反应物的温度一般低于油浴液温度20℃左右。常用作油浴液的有：

a. 甘油。可加热到140～150℃，温度过高分解。

b. 植物油。如菜籽油、豆油、蓖麻油和花生油，新加植物油受热到220℃时，有一部分分解而冒烟，所以加热以不超过200℃为宜，用久以后可以加热到220℃。为抗氧化常加入1%的对苯二酚等抗氧剂，它们温度过高会分解，达到闪点可能燃烧，所以使用时要十分小心。

c. 石蜡。固体石蜡和液体石蜡均可加热到200℃左右，温度再高，虽不易分解，但易着火燃烧。

d. 硅油。硅油在250℃左右时仍较稳定，透明度好，但价格较贵。

使用油浴时，要特别注意防止着火。当油受热冒烟时，要立即停止加热；油量要适量，不可过多，以免受热膨胀溢出；油锅外不能沾油；如遇油浴着火，要立即切断电源，用石棉布盖灭火焰，切勿用水浇。

③ 沙浴。在用生铁铸成的平底铁板上放入约一半的细沙而成。操作时可将烧瓶或其他器皿的欲加热部位埋入沙中进行加热（如图4-12所示），加热前先将器皿熔烧除去有机物。80～400℃加热可使用沙浴。但由于沙子导热性差，升温慢，因此沙层不能太厚；沙中各部位温度也不尽相同，因此测量温度时，最好在受热器附近测。注意受热器不能触及浴盘底部。

(a) 沙浴锅加热      (b) 电沙浴加热装置

图 4-12   沙浴加热

## 4.3.2 冷却方法

在化学实验中，有些反应、分离、提纯要求在低温下进行，这就需要选择合适的制冷技术。

① 自然冷却。热的物质在空气中放置一定时间，会自然冷却至室温。

② 吹风冷却。当实验需要快速冷却时，可用吹风机或鼓风机吹冷风冷却。

③ 水冷。最简便的冷却方法是将盛有被冷却物的容器放在冷水浴中。如果要求在低于室温下进行，可用水和碎冰的混合物作冷却剂，效果比单独用冰块要好，因为它能与容器更好地接触。如果水的存在不妨碍反应的进行，则可把碎冰直接投入反应物中，这能更有效地利用低温。

实验室中常用冰（雪）盐冷却剂（见表4-2）来维持0℃以下的低温。制冰（雪）盐冷却剂时，应把盐研细，将冰用刨冰机刨成粗砂糖状，然后按一定比例均匀混合。

表 4-2   常用冰（雪）盐冷却剂

| 盐类 | 100g碎冰(或雪)中加入盐的质量/g | 混合物能达到的最低温度/℃ |
| --- | --- | --- |
| $NH_4Cl$ | 25 | −15 |
| $NaNO_3$ | 50 | −18 |
| $NaCl$ | 33 | −21 |
| $CaCl_2 \cdot 6H_2O$ | 100 | −29 |
| $CaCl_2 \cdot 6H_2O$ | 143 | −55 |

用干冰（固体二氧化碳）和乙醇、乙醚或丙酮的混合物，可以达到更低的温度，见表4-3。操作时，先将干冰放在浅木箱中用木槌打碎（注意戴防护手套，以免冻伤），装入杜瓦瓶中至2/3处，逐次加入少量溶剂，并用筷子很快搅拌成粥状。注意：一次加入溶剂过多时，干冰气化会把溶剂溅出。由于干冰易气化，必须随时加以补充。另外干冰本身有相当的水分，加之空气中水的进入，溶剂使用一段时间后就变成黏结状而难以使用。

表 4-3　干冰在不同溶剂中的制冷最低温度

| 溶剂 | 制冷温度/℃ |
| --- | --- |
| 乙醇 | −72 |
| 乙醚 | −100 |
| 丙酮 | −78 |

## 4.4　固体物质的溶解、固液分离、蒸发（浓缩）和结晶

在无机制备、提纯过程中，常用到溶解、固液分离、蒸发（浓缩）和结晶（重结晶）等基本操作。现分述如下。

### 4.4.1　固体物质的溶解

将一种固体物质溶解于某一溶剂时，除了要考虑取用适量的溶剂外，还必须考虑温度对物质溶解度的影响。

一般情况下，加热可以加速物质的溶解过程。用直火加热还是用间接加热取决于物质的热稳定性。

搅拌可以加速溶解过程。用玻璃棒搅拌时，应手持玻璃棒并转动手腕使其在溶液中均匀地转圈，不要用力过猛，不要使玻璃棒碰到器壁上，以免发出响声、损坏容器。如果固体颗粒太大，应预先研细。

### 4.4.2　固液分离

固体与液体的分离方法有三种：倾析法、过滤法、离心分离法。

#### 4.4.2.1　倾析法

当沉淀的相对密度较大或晶体的颗粒较大，静置后能很快沉降至容器的底部时，常用倾析法进行分离或洗涤。倾析法是待沉淀静置沉降后将上层清液倾入另一容器中而使沉淀与溶液分离的过程。如要洗涤沉淀，只需向盛有沉淀的容器内加入少量洗涤液，再用倾析法，倾去清液（如图4-13所示）。如此反复操作两三遍，即可将沉淀洗净。

#### 4.4.2.2　过滤法

过滤是最常用的分离方法之一。当沉淀与溶液经过过滤器时，沉淀留在过滤器上，溶液通过过滤器进入接收容器中，所得溶液为滤液，留在过滤器上的沉淀称为滤饼。

过滤时，应根据沉淀颗粒的大小、状态及溶液的性质而选用合适的过滤器和采取相应的措施。黏度小的溶液比黏度大的过滤快，热的比冷的过滤快，减压过滤比常压过滤快。如果

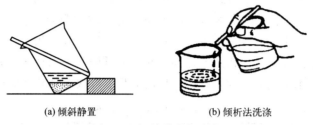

(a) 倾斜静置    (b) 倾析法洗涤

图 4-13　沉淀分离与洗涤

沉淀是胶状的，可在滤前加热破坏。

常用的过滤方法有常压过滤（普通过滤）、减压过滤和热过滤三种。

（1）常压过滤

① 用滤纸过滤

a. 滤纸的选择。滤纸分为定性滤纸和定量滤纸两种。在质量分析中，当需将滤纸连同沉淀一起灼烧后称质量时，就采用定量滤纸。在无机定性实验中常用定性滤纸。

滤纸按孔隙大小分为"快速""中速"和"慢速"三种；按直径大小分为 7cm、9cm、11cm 等。应根据沉淀的性质选择滤纸的类型，如 $BaSO_4$ 为细晶型沉淀，应选用"慢速"滤纸；$NH_4MgPO_4$ 为粗晶型沉淀，宜选用"中速"滤纸；$Fe_2O_3 \cdot nH_2O$ 为胶状沉淀，需选用"快速"滤纸。滤纸直径的大小由沉淀量的多少来决定，一般要求沉淀的量不得超过滤纸锥体高度的 1/3。滤纸的大小还应与漏斗的大小相适应，一般滤纸上沿应低于漏斗上沿约 1cm。

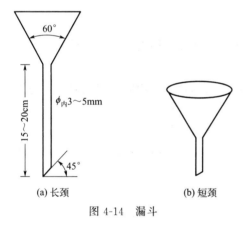

(a) 长颈    (b) 短颈

图 4-14　漏斗

b. 漏斗的选择。普通漏斗大多是玻璃做的，也有搪瓷、塑料做的，分长颈和短颈两种（如图 4-14）。长颈漏斗颈长 15～20cm，颈的直径一般为 3～5mm，颈口处磨成 45°，漏斗锥体角度应为 60°，如图 4-14(a) 所示。

普通漏斗的规格按半径划分，常用的有 30mm、40mm、60mm、100mm、120mm 等。使用时应根据溶液体积和沉淀量的多少来选择直径适当的漏斗。

c. 滤纸的折叠与安装。滤纸一般按四折法折叠，折叠时应先把手洗净擦干，以免弄脏滤纸。滤纸的折叠方法是先将滤纸整齐地对折，然后再对折。为保证滤纸与漏斗密合，第二次对折时不要折死，先把锥体打开，放入漏斗（漏斗内壁应干净且干燥），如果上边缘不十分密合，可以稍微改变滤纸的折叠角度，使漏斗与滤纸密合，此时可以把第二次的折叠边折死（如图 4-15）。

将折叠好的滤纸放在准备好的漏斗（与滤纸大小相适应）中，打开三层的一边对准漏斗出口短的一边。用食指按紧三层的一边（为使滤纸和漏斗内壁贴紧而无气泡，常在三层厚的外层滤纸折角处撕下一小块并保留以备擦拭烧杯中的残留沉淀），用洗瓶吹入少量去离子（或蒸馏）水将滤纸润湿，然后轻轻按滤纸，使滤纸的锥体上部与漏斗间无气泡，而下部与漏斗内壁形成缝隙。按好后加水至滤纸边缘。这时漏斗颈内应全部充满水，形成水柱。由于

(1) 对折　　　　(2) 折成合适角度　　　(3) 展开成锥形　　(4) 放进漏斗并撕去一角

图 4-15　滤纸的折叠和安装

液柱的重力可起抽滤作用，故可加快过滤速度。若未形成水柱，可以手指堵住漏斗下口，稍掀起滤纸的一边，用洗瓶向滤纸和漏斗的空隙处加水，使漏斗充满水，压紧滤纸边，慢慢松开堵住下口的手指，此时应形成水柱。如仍不能形成水柱，可能是由于漏斗形状不规范；漏斗颈不干净也影响水柱的形成，这时应重新清洗。

　　将准备好的漏斗放在漏斗架上，漏斗下面放一承接滤液的洁净烧杯，烧杯容积应为滤液总量的 5～10 倍，并斜盖一表面皿。漏斗颈口长的一边紧贴杯壁，使滤液沿烧杯壁流下。漏斗放置位置的高低，以漏斗颈下口不接触滤液为度。

　　d. 过滤和转移。过滤操作多采用倾析法，如图 4-16 所示。即待烧杯中的沉淀静置沉降后，只将上面的清液倾入漏斗中，而不是一开始就将沉淀和溶液搅浑后过滤。溶液应从烧杯尖口处沿玻璃棒流入漏斗中，而玻璃棒的下端对着三层滤纸处，但不要触到滤纸。一次倾入的溶液最多不要超过充满滤纸的 2/3，以免少量沉淀由于毛细管作用越过滤纸上沿而损失。倾析完成后，在烧杯内用少量洗涤液（如去离子水或蒸馏水）将沉淀作初步洗涤，再用倾析法过滤，如此反复 3～4 次。

　　为了把沉淀转移到滤纸上，先用少量洗涤液把沉淀搅起，立即按上述方法转移到滤纸上，如此重复几次，一般可将绝大部分沉淀转移到滤纸上。残留的少量沉淀，按图 4-17 所示方法全部转移干净。左手持烧杯倾斜着在漏斗上方，烧杯嘴向着漏斗。用食指将玻璃棒横架在烧杯口上，玻璃棒的下端向着滤纸的三层处，用洗瓶吹出少量洗涤液冲洗烧杯内壁，沉淀连同溶液沿玻璃棒流入漏斗中。

　　e. 洗涤。沉淀转移到滤纸上后，仍需在滤纸上进行洗涤，以除去沉淀表面吸附的杂质和残留的母液。其方法是用洗瓶吹出的洗涤液，从滤纸边沿稍下部位置开始，按螺旋形向下移动，将沉淀集中到滤纸锥体的下部（如图 4-18 所示）。注意：洗涤时切勿将洗涤液冲在沉淀上，否则容易溅出。

图 4-16　过滤　　　　　图 4-17　沉淀的转移　　　　图 4-18　沉淀的洗涤

为提高洗涤效率，应本着"少量多次"的原则，即每次使用少量的洗涤液，洗后尽量沥干，多洗几次。选用什么样的洗涤剂洗涤沉淀，应由沉淀性质决定。晶形沉淀，可用冷的稀沉淀剂洗涤，利用洗涤剂产生的同离子效应，可降低沉淀的溶解量；但若沉淀剂为不易挥发的物质，则只好用水或其他溶剂来洗涤。对非晶形沉淀，需要用热的电解质溶液为洗涤剂，以防止产生胶溶现象，多数采用易挥发的铵盐作洗涤剂。对溶解度较大的沉淀，可采用沉淀剂加有机溶剂来洗涤，以降低沉淀的溶解度。

② 用微孔玻璃漏斗（或坩埚）过滤。对于烘干后即可称量的沉淀可用微孔玻璃漏斗（或坩埚）过滤。微孔玻璃漏斗和坩埚如图4-19、图4-20所示。此种过滤器的滤板是用玻璃粉末在高温熔结而成。按照微孔的孔径，由大到小分为六级：G1～G6（或称1号至6号）。1号的孔径最大（80～1200μm），6号孔孔径最小（2μm以下）。在定量分析中一般用G3～G5规格（相当于"慢速"滤纸过滤细晶型沉淀）。使用此类过滤器时，需用抽气法过滤（如图4-21）。不能用微孔玻璃漏斗和坩埚过滤强碱性溶液，因它会损坏漏斗和坩埚的微孔。

  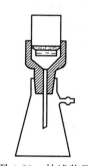

图4-19　微孔玻璃漏斗　　　　图4-20　微孔玻璃坩埚　　　　图4-21　抽滤装置

③ 用石棉纤维过滤。有些浓的强酸、强碱和强氧化性溶液，过滤时不能用滤纸，因为溶液会和滤纸作用破坏滤纸，可用石棉纤维来代替，但此法不适用于滤液需要保留的情况。

（2）减压过滤

减压过滤也称吸滤或抽滤，其装置如图4-22，利用循环水真空泵中急速的水流不断把空气带走，从而使吸滤瓶内的压力减小。在吸滤瓶与循环水真空泵之间往往要安装一个安全瓶，以防止因关闭循环水真空泵后流速的改变引起水倒吸，进入吸滤瓶将滤液沾污或冲稀。也正因为如此，在停止过滤时，应先从吸滤瓶上拔掉橡胶管，然后才关闭循环水真空泵，以防止自来水（或水）倒吸入吸滤瓶内。安装时，布氏漏斗通过橡胶塞与吸滤瓶相连，布氏漏斗的下端斜口应正对吸滤瓶的侧管，橡胶塞与瓶口必须紧密不漏气，吸滤瓶的侧管用橡胶管与安全瓶相连，安全瓶与水泵侧管相连。滤纸要比布氏漏斗内径略小，但必须能全部盖住漏斗的瓷孔。将滤纸放入并用同一溶剂将滤纸润湿后，打开循环水真空泵稍微抽吸一下，使滤纸紧贴漏斗的底部，然后通过玻璃棒向漏斗内转移溶液。注意加入的溶液的量不要超过漏斗容积的2/3。打开循环水真空泵，等溶液抽干后再转移沉淀，继续抽滤，直至沉淀抽干。滤毕，先拔掉橡胶管，再关循环水真空泵，用玻璃棒轻轻掀起滤纸的边缘，

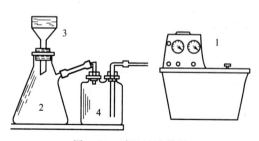

图4-22　减压过滤装置
1—循环水真空泵；2—吸滤瓶；3—布氏漏斗；4—安全瓶

取出滤纸和沉淀。滤液则由吸滤瓶上口倾出。洗涤沉淀时，应断开吸滤瓶侧管上的橡胶管，暂停抽滤，加入洗涤剂使其与沉淀充分接触后，再连接橡胶管，继续抽滤将沉淀抽干。

　　减压过滤能够加快过滤速度，并能使沉淀抽吸得较干燥。热溶液和冷溶液都可选择减压过滤。若为热溶液过滤，则过滤前应将布氏漏斗放入烘箱（或用吹风机）预热，抽滤前用同一热溶剂润湿滤纸。析出的晶体与母液分离，常用布氏漏斗进行减压过滤。为了更好地将晶体与母液分开，最好用洁净的玻璃塞（瓶）将晶体在布氏漏斗上挤压，使母液尽量抽干。晶体表面残留的母液，可用少量的溶剂洗涤，这时抽气应暂时停止。把少量溶剂均匀地洒在布氏漏斗内的滤饼上，使全部晶体刚好被溶剂没过为宜。用玻璃棒或不锈钢刮刀搅松晶体（勿把滤纸捅破），使晶体润湿后稍候片刻，再开泵把溶剂抽干，如此反复两次，就可把滤饼洗涤干净。

　　（3）热过滤

　　当溶液在温度降低易结晶析出时，可用热滤漏斗进行过滤（如图4-23）。过滤时把玻璃漏斗放在铜制的热滤漏斗内，热滤漏斗内装有热水（水不要装得太满，以免加热至沸腾后溢出）以维持溶液的温度。也可事先把玻璃漏斗在水浴上用蒸汽预热，再使用。热过滤选用的玻璃漏斗颈越短越好。

### 4.4.2.3　离心分离法

　　当被分离的沉淀量很少时，采用一般的方法过滤后，沉淀会黏附在滤纸上，难以取下，这时可以用离心分离法，其操作简单而迅速。实验室常用的有手摇离心机和电动离心机两种，后者如图4-24所示。操作时，把盛有沉淀与溶液混合物的离心试管（或小试管）放入离心机的套管内，再在套管相对位置上的空套管内放一同样大小的试管，内装与混合物等体积的水，以保持转动平衡。然后缓慢而均匀地摇动（或启动）离心机，再逐渐加速，1～2min后，停止摇动（或转动），使离心机自然停下。在任何情况下，启动离心机都不能用力过猛（或速度太快），也不能用外力强制停止，否则会使离心机损坏，而且易发生危险。试管离心时一般用中速。

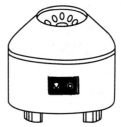

图 4-23　热过滤装置　　　　　　　　图 4-24　电动离心机

　　由于离心作用，离心后的沉淀紧密聚集于离心试管的尖端，上方的溶液通常是澄清的，可用滴管小心地吸出上方的清液，也可将其倾出。如果沉淀需要洗涤，可以加入少量洗涤液，用玻璃棒充分搅动，再进行离心，如此重复操作两三遍即可。

## 4.4.3　蒸发（浓缩）

　　当溶液很稀而欲制备的无机物质的溶解度又较大时，为了能从溶液中析出该物质的晶体，就需对溶液进行蒸发、浓缩。在无机制备、提纯实验中，蒸发、浓缩一般在水浴上进行。若溶液很稀，物质的热稳定性又比较好时，可先放在石棉网上用煤气灯（或酒精灯）直接加热蒸发。蒸发时应用小火，以防溶液暴沸、迸溅，然后再放在水浴上加热蒸发。常用的蒸发容器是蒸发皿，蒸发皿内所盛放的液体体积不应超过其容积的 2/3，在石棉网上或直火加热前应把外壁水揩干。水分不断蒸发，溶液逐渐浓缩，当蒸发到一定程度后冷却，就可以析出晶体。蒸发、浓缩的程度与溶质溶解度的大小和对晶粒大小的要求以及有无结晶水有关。溶质的溶解度越大，要求的晶粒越小，析出的晶体不含结晶水，则溶液需蒸发浓缩至较大浓度，冷却后才能析出晶体。反之，溶质的溶解度越小，要求晶粒越大，析出晶体含结晶水，则待蒸发溶液稀一些，蒸发、浓缩的时间短些。

在定量分析中，常通过蒸发来减少溶液的体积，同时保持不挥发组分不致损失。蒸发时容器上要加盖表面皿。容器与表面皿之间应垫以玻璃钩，以便蒸汽逸出。应当小心控制加热温度，以免因暴沸而溅出试样。

用蒸发的方法还可以除去溶液中的某些组分，如驱 $O_2$，驱赶 $H_2O$，加入硫酸并加热至产生大量 $SO_3$ 白烟时，可除去 $Cl^-$、$NO_3^-$ 等。

### 4.4.4 结晶与重结晶

晶体从溶液中析出的过程称为结晶。

结晶是提纯固态物质的主要方法之一。结晶时要求溶质的浓度达到饱和。要使溶质的浓度达到饱和程度，通常有两种方法。一种是蒸发法，即通过蒸发、浓缩或汽化，减少一部分溶剂使溶液达到饱和而结晶析出。此法主要用于溶解度随温度改变而变化不大的物质（如氯化钠）。另一种是冷却法，即通过降低温度使溶液冷却达到饱和而析出晶体。此法主要用于溶解度随温度下降而明显减小的物质（如硝酸钾）。有时需将两种方法结合使用。

晶体颗粒的大小与结晶条件有关，如果溶质的溶解度小，或溶液的浓度高，或溶剂的蒸发速度快，或溶液冷却快，析出的晶粒就越细小，反之，就可得到较大的晶体颗粒。实际操作中，常根据需要，控制适宜的结晶条件，以得到大小合适的晶体颗粒。

当溶液发生过饱和现象时，可以振荡容器、用玻璃棒搅动或轻轻地摩擦器壁，或投入几粒晶种，来促使晶体析出。

当第一次得到的晶体纯度不符合要求时，可将所得的晶体溶于少量溶剂中，再进行冷却、结晶、分离，如此反复操作称为重结晶。重结晶是提纯固态物质常用的重要方法之一。它适用于溶解度随温度改变而有显著变化的物质的提纯。有些物质的纯化，需经过几次重结晶才能完成。

## 4.5 试剂的取用

### 4.5.1 化学试剂分类

化学试剂是用于研究其他物质的组成、性状及其质量优劣的纯度较高的化学物质。化学试剂的纯度级别及其类别和性质，一般在标签的左上方用符号注明，规格则在标签的右端，并用不同颜色的标签加以区别。

世界各国对化学试剂的分类和级别的标准不尽一致，各国都有自己的国家标准或其他标准（如部颁标准、行业标准等）。国际纯粹与应用化学联合会（IUPAC）对化学标准物质的分类也有规定，见表 4-4。

表 4-4　IUPAC 对化学标准物质的分类

| A 级 | 原子量标准 |
| --- | --- |
| B 级 | 基准物质 |
| C 级 | 质量分数为 $100\% \pm 0.02\%$ 的标准试剂 |
| D 级 | 质量分数为 $100\% \pm 0.05\%$ 的标准试剂 |
| E 级 | 以 C 级和 D 级试剂为标准进行的对比测定所得的纯度或相当于这种纯度的试剂，比 D 级的纯度低 |

注：表中 C 级与 D 级为滴定分析标准试剂，E 级为一般试剂。

我国化学试剂的纯度标准有国家标准（GB）、化工行业标准（HG）及企业标准（QB）。按照药品中杂质含量的多少，我国生产的化学试剂分为四个等级，见表 4-5。

表 4-5　化学试剂的级别

| 项目 | 一级品 | 二级品 | 三级品 | 四级品 |
| --- | --- | --- | --- | --- |
| 英文名称 | guaranteed reagent | analytical reagent | chemically pure | laboratorial reagent |
| 中文名称 | 优质纯 | 分析纯 | 化学纯 | 实验试剂 |
| 英文缩写 | GR | AR | CP | LR |
| 瓶签颜色 | 绿 | 红 | 蓝 | 黄 |

实际中应根据实验的不同要求选用不同级别的试剂。在一般的无机化学实验中，化学纯试剂就基本符合要求，但在有些实验中则要用分析纯试剂。

随着科学技术的发展，对化学试剂的纯度要求也愈加严格，愈加专门化，因而出现了具有特殊用途的专门试剂。如以符号 EP 表示的高纯度试剂，以 GC、LC、HPLC 等表示的色谱纯试剂，以 BC、BR 表示的生化试剂等。

化学试剂在分装时，一般把固体试剂装在广口瓶中，把液体试剂或配制的溶液盛放在细口瓶或带有滴管的滴瓶中，而把见光易分解的试剂或溶液（如硝酸银等）盛放在棕色瓶中。每一试剂瓶上都贴有标签，上面写有试剂的名称、规格或浓度以及日期。在标签外面涂上一层蜡或蒙上一层透明胶纸加以保护。

## 4.5.2　化学试剂取用规则

（1）固体试剂取用规则

① 要用干燥的、洁净的药匙取试剂。药匙的两端有大小不同的两个匙，分别用于取大量固体和少量固体。应专匙专用。用过的药匙必须洗净擦干后方可使用。

② 取用药品前，要看清标签。取用时，先打开瓶盖和瓶塞，将瓶塞反放在实验台上。不能用手接触化学试剂。应本着节约的原则，用多少取多少，多取的药品不能倒回原瓶。药品取完后，一定要把瓶塞塞紧、盖严，绝不允许将瓶塞张冠李戴。

③ 称量固体试剂时应放在干净的纸或表面皿上。具有腐蚀性、强氧化性或易潮解的固体试剂应放在玻璃容器内称量。

④ 往试管（特别是湿的试管）中加入固体试剂时，可用药匙或将取出的药品放在对折的纸片上，伸进试管的 2/3 处。如固体颗粒较大，应放在干燥洁净的研钵中研碎。研钵中的固体量不应超过研钵容积的 1/3。

⑤ 取用有毒药品应在教师指导下进行。

（2）液体试剂取用规则

① 从细口瓶中取用液体试剂时，一般用倾注法。先将瓶塞取下，反放在实验台面上，手握住试剂瓶上贴标签的一面，逐渐倾斜瓶子，让液体试剂沿着器壁或沿着洁净的玻璃棒流入接收器中。倾出所需量后，将试剂瓶口在容器上靠一下，再逐渐竖起瓶子，以防遗留在瓶口的试剂流到瓶的外壁。

② 从滴瓶中取用液体试剂时，要用滴瓶中的滴管，滴管绝不能伸入所用的容器中，以免触及器壁面沾污药品。欲从试剂瓶中取少量液体试剂时，则需用附于该试剂瓶的专用滴管取用。装有药品的滴管不得横置或向上斜放，以免液体流入滴管的胶帽中。

③ 定量取用液体时，要用量筒或移液管（或吸量管）取，根据用量选用一定规格的量筒、移液管（或吸量管）。

## 4.6 量筒、移液管、容量瓶、滴定管的使用

### 4.6.1 量筒与量杯

量筒和量杯都是外壁有容积刻度的准确度不高的玻璃容器。量筒分为量出式和量入式两种（如图 4-25），量出式在基础化学实验中普遍使用。量入式有磨口塞子，其用途和用法与容量瓶相似，精度介于容量瓶和量出式量筒之间，在实验中用得不多。量杯为圆锥形（如图 4-26），其精度不及筒形量筒。量筒和量杯都不能用作精密测量，只能用来测量液体的大致体积，或用来配制大量溶液。

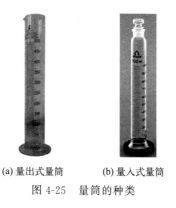

(a) 量出式量筒　　(b) 量入式量筒

图 4-25　量筒的种类

图 4-26　量杯

市售量筒（杯）有 5mL、10mL、25mL、50mL、100mL、500mL、1000mL、2000mL 等规格，可根据需要来选用。

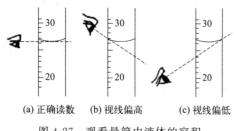

(a) 正确读数　　(b) 视线偏高　　(c) 视线偏低

图 4-27　观看量筒内液体的容积

量液时，眼睛要与液面取平，即眼睛置于液面最凹处（弯月面底部）同一水平面上观察，读取弯月面底部的刻度（如图 4-27）。

量筒（杯）不能量取高温液体，也不能用来稀释浓硫酸或溶解氢氧化钠（钾）。

用量筒量取不润湿玻璃的液体（如水银）应读取液面最高部位的刻度。

量筒易倾倒而损坏，用时不应放在桌面边缘，用后应放在平稳之处。

### 4.6.2 移液管和吸量管

移液管是用来准确移取一定量液体的量器。它是细长而中部膨大的玻璃管，上端刻有环形标线，膨大部分标有它的容积和标定时的温度（如图 4-28）。常用的移液管有 5mL、10mL、25mL、50mL 等规格。

吸量管是具有分刻度的玻璃管（如图 4-29），用以吸取所需不同体积的液体。常用的吸量管有 1mL、2mL、5mL、10mL 等规格。

（1）洗涤与润洗

移液管和吸量管在使用前要洗至内壁不挂水珠。洗涤时，在烧杯中盛自来水，将移液管（或吸量管）下部伸入水中，右手拿住管颈上部，用洗耳球轻轻将水吸入至管内容积的一半左右。用右手食指按住管口，取出后把管横放，左右两手的拇指和食指分别拿住管的上下两端，转动管子使水布满全管，然后直立，将水放出。如水洗不净，则用洗耳球吸取铬酸洗液洗涤，也可将移液管（或吸量管）放入盛有洗液的大量筒或高形玻璃筒内浸泡数分钟至数小时，取用时用自来水洗净再用纯水润冲，方法同前。

吸取试液前，要用滤纸拭去管外水，并用少量试液润冲 2～3 次。方法同上述水洗操作。

（2）溶液的移取

用移液管移取溶液时，右手大拇指和食指拿住管颈标线上方，将管下部插入溶液中，左手拿洗耳球把溶液吸入，待液面上升到比标线稍高时，迅速用右手稍微润湿的食指压紧管口，大拇指和中指垂直拿住移液管，管尖离开液面，但仍靠在盛溶液器皿的内壁上。稍微放松食指使液面缓缓下降，至溶液弯月面与标线相切时（眼睛与标线处于同一水平面上观察），立即用食指压紧管口。然后将移液管移入预先准备好的器皿（如锥形瓶）中。移液管应垂直，锥形瓶稍倾斜，管尖靠在瓶内壁上，松开食指让溶液自然地沿器壁流出（如图 4-30）。待溶液流毕，等 15s 后，取出移液管。残留在管尖的溶液切勿吹出，因校准移液管时已将此考虑在内。

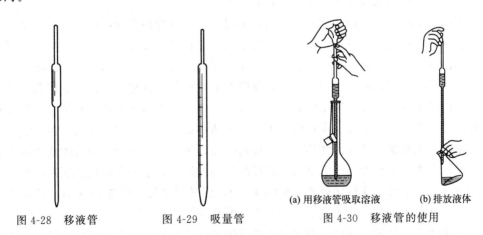

图 4-28 移液管　　图 4-29 吸量管　　(a) 用移液管吸取溶液　(b) 排放液体

图 4-30 移液管的使用

吸量管的用法与移液管基本相同。使用吸量管时，通常是使液面从它的最高刻度降至另一刻度，两刻度间的体积恰为所需的体积。在同一实验中应尽可能使用同一吸量管的同一部位，且尽可能用上面部分。如果吸量管的分刻度一直刻到管尖，而且又要用到末端收缩部分时，则要把残留在管尖的溶液吹出。若用非吹入式的吸量管，则不能吹出管尖的残留液。

移液管和吸量管用毕，应立即用水洗净，放在管架上。

### 4.6.3 容量瓶

容量瓶主要用来把精确称量的物质准确地配成一定体积的溶液，或将浓溶液准确地稀释成一定体积的稀溶液。容量瓶的形状如图 4-31 所示，瓶颈上刻有环形标线，瓶上标有它的容积和标定时的温度，通常有 1mL、2mL、5mL、10mL、25mL、50mL、100mL、200mL、250mL、500mL、1000mL 等规格。

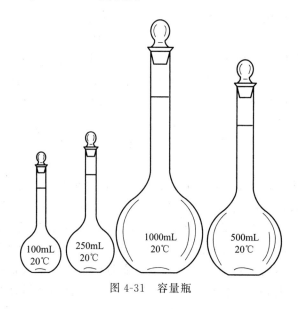

图 4-31　容量瓶

容量瓶使用前同样应洗到不挂水珠。使用时，瓶塞与瓶口对号，不要弄错。为防止弄错引起漏水，可用橡皮筋或细绳将瓶塞系在瓶颈上。

当用固体配制一定体积的准确浓度的溶液时，通常将准确称量的固体放入小烧杯中，先用少量去离子水溶解，然后定量地转移到容量瓶。转移时，烧杯嘴紧靠玻璃棒，玻璃棒下端靠着瓶颈内壁，慢慢倾斜烧杯，使溶液沿玻璃棒顺瓶壁流下（见图 4-32）。溶液流完后将烧杯沿玻璃棒轻轻上提，同时将烧杯直立，使附在玻璃棒与烧杯嘴之间的液滴回到烧杯中。用纯水冲洗烧杯壁几次，每次洗涤液如上法倒入容量瓶内。然后用去离子水稀释，并注意将瓶颈附着的溶液洗下。当水加至容积的一半时，摇荡容量瓶使溶液均匀混合，但注意不要让溶液接触瓶塞及瓶颈磨口部分。继续加水至接近标线，稍停，待瓶颈上附着的液体流下后，用滴管仔细加去离子水至弯月面下沿与环形标线相切。用一只手的食指压住瓶塞，另一只手的拇、中、食三个指头顶住瓶底边缘（见图 4-33），倒转容量瓶，使瓶内气泡上升到顶部，振摇 5~10s，再倒转过来，如此重复十次以上，使溶液充分混匀。

当用浓溶液配制稀溶液时，则用移液管或吸量管取准确体积浓溶液放入容量瓶中，按上述方法冲稀至标线，摇匀。

容量瓶不可在烘箱中烘烤，也不能用任何加热的方法来加速瓶中物质的溶解。溶液不要长期放置于容量瓶内，而应转移到洁净干燥或经该溶液润冲过的磨口试剂瓶中保存。

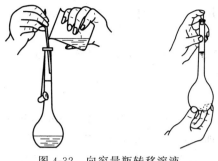
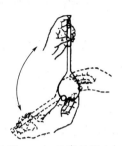

图 4-32　向容量瓶转移溶液　　　　　　　图 4-33　溶液的混匀

注：

① 容量器皿上常标有符号 E 或 A。E 表示"量入"容器，即溶液充满至标线后，量器内溶液的体积与量器上所标明的体积相同；A 表示"量出"容器，即溶液充满至刻度线后，将溶液自量器中倾出，体积正好与量器上标明的体积相同。有些容量瓶用符号"In"表示"量入"，"Ex"表示"量出"。

② 量器按其容积的准确度分为 A、$A_2$ 和 B 三个等级。A 级的准确度比 B 级高一倍，$A_2$ 级介于 A 和 B 之间。过去量器的等级用"一等""二等"或"Ⅰ""Ⅱ"或"＜1＞""＜2＞"等表示，分别相当于 A、B 级。

### 4.6.4　滴定管

滴定管是滴定分析时用以准确量度流出的操作溶液体积的量出式玻璃量器。常用的滴定管容积为 50mL 和 25mL，其最小刻度是 0.1mL，在最小刻度之间可估读出 0.01mL，一般读数误差为 ±0.02mL。此外，还有容积为 10mL、5mL、2mL、1mL 的半微量和微量滴定管，最小分度值为 0.05mL、0.01mL 或 0.005mL，它们的形状各异。

根据控制溶液流速的装置不同，滴定管可分为酸式滴定管和碱式滴定管两种。

酸式滴定管（见图 4-34）下端有一玻璃旋塞。开启旋塞时，溶液即从管内流出。酸式滴定管用于装酸性或氧化性溶液，但不宜装碱液，因玻璃易被碱液腐蚀而黏住，以致无法转动。

碱式滴定管（见图 4-35）下端用乳胶管连接一个带尖嘴的小玻璃管，乳胶管内有一玻璃珠用以控制溶液的流出。碱式滴定管用来装碱性溶液和无氧化性溶液，不能用来装对乳胶有侵蚀作用的酸性溶液和氧化性溶液。

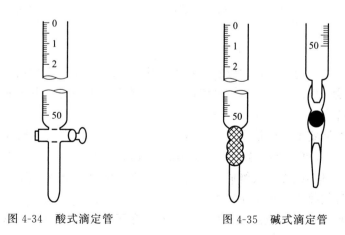

图 4-34　酸式滴定管　　　　　　图 4-35　碱式滴定管

滴定管有无色和棕色两种。棕色的主要用来装见光易分解的溶液（如 $KMnO_4$、$AgNO_3$ 等溶液）。

酸式滴定管的使用包括洗涤、涂脂与检漏、润冲、装液、气泡的排除、读数、滴定等步骤。

（1）洗涤

先用自来水冲洗，再用滴定管刷蘸肥皂水或合成洗涤剂刷洗。滴定管刷的刷毛要相当软，刷头的铁丝不能露出，也不能向旁边弯曲，以防划伤滴定管内壁。洗净的滴定管内壁应完全被水润湿而不挂水珠。若管壁挂有水珠，则表示其仍附有油污，需用洗液装满滴定管浸泡 10～20min。回收洗液，再用自来水冲洗。

（2）涂脂与检漏

酸式滴定管的旋塞必须涂脂，以防漏水和保证转动灵活。首先，将滴定管平放于实验台上，取下旋塞，用清洁的布或滤纸将洗净的旋塞栓和栓管擦干。在旋塞栓粗端和栓管细端均匀地涂上一层凡士林，然后将旋塞小心地插入栓管中（注意不要转着插，以免将凡士林弄到栓孔使滴定管堵塞），向同一方向转动旋塞（如图 4-36 所示），直到全部透明。为了防止旋塞栓从栓管中脱出，可用橡皮筋把旋塞栓系牢，或用橡皮筋套住旋塞末端。凡士林不可涂得太多，否则易使滴定管的细孔堵塞；涂得太少则润滑不够，旋塞栓转动不灵活，甚至会漏水。涂得好的

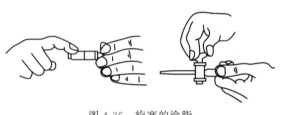

图 4-36　旋塞的涂脂

旋塞应当透明、无纹路、旋转灵活。涂脂完成后，在滴定管中加少许水，检查是否堵塞或漏水。若碱式管漏水，可更换乳胶管或玻璃珠。若酸式管漏水或旋塞转动不灵活，则应重新涂凡士林，直到满意为止。

（3）润冲

用自来水洗净的滴定管，首先要用纯水润冲 2～3 次，以免管内残存的自来水影响测定结果。每次润冲加入 5～10mL 纯水，并打开旋塞使部分水由此流出，以冲洗出口管。然后关闭旋塞，两手平端滴定管慢慢转动，使水流遍全管。最后边转动边向管口倾斜，将其余的水从管口倒出。

用纯水润冲后，再按上述操作方法，用待装标准溶液润冲滴定管 2～3 次，以确保待装标准溶液不被残存的纯水稀释。每次取标准溶液前，要先将瓶中的溶液摇匀，然后倒出使用。

（4）装液

关好旋塞，左手拿滴定管，略微倾斜，右手拿住瓶子或烧杯等容器向滴定管中注入标准溶液。不要注入太快，以免产生气泡，待液面到"0"刻度附近为止。用布擦净外壁。

（5）气泡的排除

装入标准溶液的滴定管，应检查出口下端是否有气泡，如有，应及时排除。其方法是：取下滴定管倾斜成约 30°角，若为酸式管，可用手迅速打开旋塞（反复多次），使溶液冲出带走气泡；若为碱式管，则将乳胶管向上弯曲，用两指挤压稍高于玻璃珠所在处，使溶液从管口喷出，气泡亦随之排去（如图 4-37）。

排除气泡后，再把标准溶液加至"0"刻度处或稍下。滴定管下端如悬挂液滴也应当

除去。

（6）读数

读数前，滴定管应垂直静置1min。读数时，管内壁应无液珠，管出口的尖嘴内应无气泡，尖嘴外应不挂液滴，否则读数不准。读数方法是：取下滴定管用右手大拇指和食指捏住滴定管上部无刻度处，使滴定管保持垂直，并使自己的视线与所读的液面处于同一水平面（如图4-38），也可以把滴定管垂直地夹在滴定管架上进行读数。对无色或浅色溶液，读取弯月面最低点；对有色或深色溶液，则读取液面最上缘。读数要准确至小数点后第二位，为了帮助读数，可用带色纸条围在滴定管外弧形液面下的一格处，当眼睛恰好看到纸条前后边缘相重合时，在此位置上可较准确地读出弯月面所对应的液体体积刻度（如图4-39）；也可以用黑白纸板作辅助（如图4-40），这样能更清晰地读出黑色弯月面所对应的滴定管读数。若滴定管带有白底蓝条，则调整眼睛和液面在同一水平后，读取两尖端相交处的读数（如图4-41）。

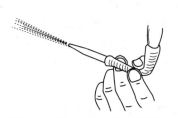

图 4-37　碱式滴定管排气泡法

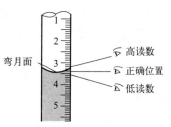

图 4-38　滴定管的正确读数法

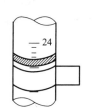

图 4-39　使用带色纸条帮助读数

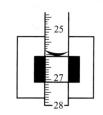

图 4-40　使用黑白纸板读数

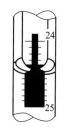

图 4-41　使用蓝条滴定管读数

（7）滴定

滴定过程的关键在于掌握滴定管的操作方法及溶液的混匀方法。

使用酸式滴定管滴定时，身体直立，以左手的拇指、食指和中指轻轻地拿住旋塞柄，无名指及小指抵住旋塞下部并手心弯曲，食指和中指由下向上各顶住旋塞柄一端，拇指在上面配合转动（见图4-42）。转动旋塞时应注意不要让手掌顶出旋塞而造成漏液。右手持锥形瓶使滴定管管尖伸入瓶内，边滴定边摇动锥形瓶（如图4-43所示），瓶底应向同一方向（顺时针）做圆周运动，不可前后振荡，以免溅出溶液。滴定和摇动溶液要同时进行，不能脱节。在整个滴定过程中，左手一直不能离开旋塞而任溶液自流。锥形瓶下面的桌面上可衬白纸，使终点易于观察。

使用碱式滴定管时，左手拇指在前，食指在后，捏挤玻璃珠外面的乳胶管，溶液即可流出，但不可捏挤玻璃珠下方的乳胶管，否则会在管嘴出现气泡。滴定速度不可过快，要使溶液逐滴流出而不连成线。滴定速度一般为 $10mL \cdot min^{-1}$，即 $3 \sim 4$ 滴 $\cdot s^{-1}$。

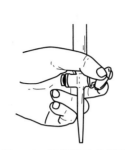

图 4-42  旋塞转动的姿势

图 4-43  滴定姿势

滴定过程中，要注意观察标准溶液的滴落点。开始滴定时，离终点很远，滴入标准溶液时一般不会引起可见的变化，但滴到后来，滴落点周围会出现暂时性的颜色变化而立即消失，随着离终点愈来愈近，颜色消失渐慢。在接近终点时，新出现的颜色暂时扩散到较大范围，但转动锥形瓶 1～2 圈后仍完全消失，此时应不再边滴边摇，而应滴一滴摇几下。通常最后滴入半滴，溶液颜色突然变化而半分钟不褪，则表示已到达终点。滴加半滴溶液时，可慢慢控制旋塞，使液滴悬挂管尖而不滴落，用锥形瓶内壁将液滴擦下，再用洗瓶以少量纯水将之冲入锥形瓶中。

滴定过程中，尤其临近终点时，应用洗瓶将溅在瓶壁上的溶液洗下去，以免引起误差。

滴定也可在烧杯中进行，滴定时边滴边用玻璃棒搅拌烧杯中的溶液（也可使用电动搅拌器）。

滴定完毕，应将剩余的溶液从滴定管中倒出，用水洗净滴定管。对于酸式滴定管，若较长时间放置不用，还应将旋塞拔出，洗去润滑脂，在旋塞栓与柱管之间夹一小纸片，再系上橡皮筋。

# 4.7  试纸的使用

在无机化学实验中常用试纸来定性检验一些溶液的酸碱性或某些物质（气体）是否存在，操作简单，使用方便。

试纸的种类很多，无机化学实验中常用的有：石蕊试纸、pH 试纸、醋酸铅试纸和碘化钾-淀粉试纸等。

## 4.7.1  石蕊试纸

用于检验溶液的酸碱性，有红色石蕊试纸和蓝色石蕊试纸两种。红色石蕊试纸用于检验碱性溶液或气体（遇碱时变蓝），蓝色石蕊试纸用于检验酸性溶液或气体（遇酸时变红）。

（1）制备方法

用热的酒精处理市售石蕊以除去夹杂的红色素。倾去浸液，1 份残渣与 6 份水浸煮并不断摇荡，滤去不溶物。将滤液分成两份，1 份加稀 $H_3PO_4$ 或 $H_2SO_4$ 至变红，另一份加稀 NaOH 至变蓝，然后将滤纸分别浸入这两种溶液中，取出后在避光且没有酸、碱蒸汽的房中，剪成纸条即可。

（2）使用方法

用镊子取一小块试纸放在干燥清洁的点滴板或表面皿上，用蘸有待测液的玻璃棒点试纸的中部，观察被湿润试纸颜色的变化。如果检验的是气体，则先将试纸用去离子水润湿，再用镊子夹持横放在试管口上方，观察试纸颜色的变化。

### 4.7.2　pH 试纸

用以检验溶液的 pH。pH 试纸分两类，一类是广泛 pH 试纸，变色范围为 pH＝1～14，用来粗略检验溶液的 pH。另一类是精密 pH 试纸，这种试纸在溶液 pH 变化较小时就有颜色变化，因而可较精确地检验溶液的 pH。根据其颜色变化可分为多种，如变色范围 pH 为 2.7～4.7、3.8～5.4、5.4～7.0、6.9～8.4、8.2～10.0、9.5～13.0 等。可根据待测溶液的酸碱性，选用某一变色范围的试纸。

（1）制备方法

广泛 pH 试纸是将滤纸浸泡于通用指示剂溶液中，然后取出，晾干，裁成小条而成。通用指示剂是几种酸碱指示剂的混合溶液，它在不同 pH 的溶液中可显示不同的颜色。通用酸碱指示剂有多种配方，如通用酸碱指示剂 B 的配方为 1g 酚酞、0.2g 甲基红、0.3g 甲基黄、0.4g 溴百里酚蓝，溶于 500mL 无水乙醇中，滴加少量 NaOH 溶液调至黄色。这种指示剂在不同 pH 溶液中的颜色如表 4-6 所示。

表 4-6　酸碱指示剂 B 在不同 pH 溶液中的颜色

| pH | 2 | 4 | 6 | 8 | 10 |
|---|---|---|---|---|---|
| 颜色 | 红 | 橙 | 黄 | 绿 | 蓝 |

通用酸碱指示剂 C 的配方为 0.05g 甲基橙、0.15g 甲基红、0.3g 溴百里酚蓝和 0.35g 酚酞，溶于 66％的酒精中，它在不同 pH 溶液中的颜色如表 4-7 所示。

表 4-7　酸碱指示剂 C 在不同 pH 溶液中的颜色

| pH | <3 | 4 | 5 | 6 | 7 | 8 | 9 | 10 | 11 |
|---|---|---|---|---|---|---|---|---|---|
| 颜色 | 红 | 橙红 | 橙 | 黄 | 黄绿 | 绿蓝 | 蓝 | 紫 | 红紫 |

（2）使用方法

与石蕊试纸使用方法基本相同。不同之处在于 pH 试纸变色后要和标准色板进行比较，方能得出 pH 或 pH 范围。

### 4.7.3　醋酸铅试纸

用于定性检验反应中是否有 $H_2S$ 气体产生（即溶液中是否有 $S^{2-}$ 存在）。

（1）制备方法

将滤纸浸入 3% $Pb(Ac)_2$ 溶液中，取出后在无 $H_2S$ 处晾干，裁剪成条。

（2）使用方法

将试纸用去离子水润湿，加酸于待测液中，将试纸横放在试管口上方，如有 $H_2S$ 逸出，遇湿润醋酸铅试纸后，即有黑色（亮灰色）PbS 沉淀生成，使试纸呈黑褐色并有金属光泽。

$$Pb(Ac)_2 + H_2S \Longrightarrow PbS\downarrow(黑色) + 2HAc$$

### 4.7.4 碘化钾-淀粉试纸

用于定性检验氧化性气体（如 $Cl_2$、$Br_2$ 等）。其原理是

$$2I^- + Cl_2(Br_2) \Longrightarrow I_2 + 2Cl^-(2Br^-)$$

$I_2$ 和淀粉作用呈蓝色。如气体氧化性很强，且浓度较大，还可进一步将 $I_2$ 氧化成 $IO_3^-$（无色），使蓝色褪去。

$$I_2 + 5Cl_2 + 6H_2O \Longrightarrow 2HIO_3 + 10HCl$$

（1）制备方法

将 3g 淀粉与 25mL 水搅匀，倾入 225mL 沸水中，加 1g KI 及 1g $Na_2CO_3 \cdot 10H_2O$，用水稀释至 500mL，将滤纸浸入，取出晾干，裁成纸条即可。

（2）使用方法

先将试纸用去离子水润湿，将其横在试管口的上方，如有氧化性气体（$Cl_2$、$Br_2$）则试纸变蓝。

使用试纸时，要注意节约，除把试纸剪成小条外，用时不要多取，用多少取多少。取用后，马上盖好瓶盖，以免试纸被污染变质。用后的试纸放在废液缸（桶）内，不要丢在水槽内，以免堵塞下水道。

# 第五章

## 基本测量仪器

### 5.1 电子天平

电子天平是一种现代化高科技先进称量仪器，它利用电子装置完成电磁力补偿的调节，使物体在重力场中实现力的平衡，或通过电磁力矩的调节，使物体在重力场中实现力矩的平衡。近年来电子天平的生产技术得到飞速的发展，市场上出现了一系列从简单到复杂、从粗到精，可用于基础、标准和专业等多种级别称量任务的电子天平。

电子天平最基本的功能是：自动调零，自动校准，自动扣除空白和自动显示称量结果。它称量方便、迅速、读数稳定、准确度高。

下面介绍几种实验室用电子天平及其校准和调整水平使用方法。

（1）JY6001型、YP2001N型电子天平

这两类型号的天平（如图5-1所示）可精确称量到0.1g，其称量范围为0～2000g，用于称量精度要求不高的情况。其称量步骤如下：

① 插上电源插头，打开尾部开关。

② 按"开机"键，启动显示屏，约2s后显示0.0。

③ 预热半小时以上。

④ 当天平显示"0.0g"不变时，即可进行称量。

⑤ 置容器或称量纸于称量盘上，显示出容器或称量纸的质量（皮重）。

⑥ 轻按"去皮"键，去除皮重，天平显示"0.0g"不变时，即可进行称量。

⑦ 用容器或称量纸装所称量样品，当天平显示称量值达到所要求的，且不变时，表示称量完成；如果将容器或称量纸从天平上拿走，则皮重以负值显示。皮重将一直保留到再次按"去皮"键或天平关机为止。

⑧ 称量完毕后，轻按"关机"键，关闭天平。

⑨ 拔下电源插头。

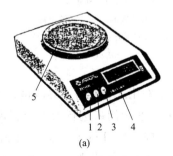 

(a)　　　　　　　　　　(b)

图 5-1　JY6001型电子天平（a）和YP2001N型电子天平（b）

1—开启显示屏或天平校准键；2—清零、去皮键；3—关闭键；4—显示屏；5—称量盘

（2）EL104 型电子天平

EL104 型电子天平（如图 5-2 所示）的载重量为 120g，可精确称量到 0.1～1mg。它的称量步骤如下：

① 观察天平的水准泡中的气泡是否在中央位置。如果不在，需利用水平调节脚将气泡调至水准泡中央位置，天平就完全水平了。注意：天平在每次放置到新的位置时，应该调节水平。

② 插上电源插头，轻按"O/T（on/off）"键，电子天平开启，显示"0.0000g"，预热 20min。

③ 称量前观察天平显示是否显示"0.0000g"，当不是"0.0000g"时，再次轻按"O/T（on/off）"键，当显示"0.0000g"不变时，即可进行称量。

④ 将称量纸或空容器放在天平的称量盘上，显示该称量纸或空容器的质量，然后点击"O/T（on/off）"键，天平显示"0.0000g"不变时，即已去皮。

⑤ 在称量纸或容器中装称量样品，当天平显示称量值达到要求，且数值不再变化时，则显示的数值为称量样品的净重，表示称量完成，记录此数值；如果将称量纸或容器从天平上拿走，则皮重以负值显示。皮重将一直保留到再次按"O/T（on/off）"键或天平关机为止。

⑥ EL104 型电子天平也可以快速称量（降低读数精度），允许降低读数精度（小数点后面的位数）以加快称量过程，具体操作过程：天平在正常读数精度和正常速度状态下工作，轻按"1/10d（cal）"键，则显示"0.000g"，更换到在较低状态下工作。再点击一下"1/10d（cal）"键，天平又返回到正常读数精度。

⑦ 称量完毕后，轻按"O/T（on/off）"键不放直到显示屏出现"OFF"字样，再松开键，天平关闭。

⑧ 拔下电源插头。

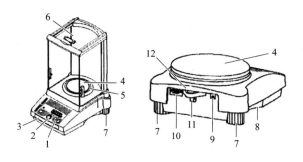

图 5-2　EL104 型电子天平

1—F 和 menu 键；2—O/T（on/off）键；3—1/10d（cal）键；4—称量盘；5—防风圈；6—防风罩；
7—水平调节脚；8—用于下挂称量的秤钩（在天平底部）；9—交流电源适配器插座；
10—RS2320 接口（选配件）；11—防盗锁连接环；12—水准泡

（3）天平校准

因初次使用、存放时间长、位置移动、环境变化或为获得精确测量，天平在使用前或使用一段时间后都应进行校准。以 EL104 型电子天平为例来进行天平校正说明。校准时，取下天平称量盘上的所有被称物，关闭滑动窗，按"O/T（on/off）"键清零，天平显示为"0.0000g"，然后按住"1/10d（cal）"键不放，当显示器出现"√"时，即松手，显示器就出现"cal 100.0000g"，其中"100.0000g"为闪烁码，表示较准码需用 100g 的标准砝码。

此时把准备好的 100g 校准砝码放在称量盘上，显示器即出现"cal------"等待状态，经较长时间后显示器出现"cal 0.0000g"，移走校准砝码，显示器即出现"cal------"等待状态，然后出现"cal done"字样，紧接着又出现"0.0000g"时，校准完毕。此时天平回到称量工作方式，等待称量。若显示器不为零，再清零，然后重复以上校准操作（为了得到准确的校准效果，最好重复以上校准操作两次）。

（4）调整电子天平水平

电子天平在称量过程中因摆放位置不平而产生测量误差，称量精度越高，误差越大（如精密分析天平、微量天平），为此大多数电子天平都提供了调整水平的功能。电子天平一般有两个调平底座，一般位于后面，也有的位于前面。旋转这两个调平底座，就可以调整天平水平。

电子天平后面都有一个水准泡。水准泡必须位于液腔中央，否则称量不准确。调好之后，尽量不要搬动，否则，水准泡可能发生偏移，又需重调。水准泡调整方法如下：

① 调左右方向平衡。旋转左或右调平底座，调整天平的倾斜度，把水准泡先调到液腔中央线。初学者可以先手动倾斜电子天平，使水准泡达到中央线，观察水准泡偏向，判断哪个调平底座高，哪个调平底座低。如水准泡偏向左边，则左边调平底座低了，可调高左边调平底座或调低右边调平底座，就可以使水准泡移到中央线。达到中央线后，才能采取下一个步骤。

② 调前后方向平衡。同时旋转电子天平的两个调平底座，幅度必须一致，都须按顺时针或者逆时针，让水准泡在中央线移动，最终移动到液腔中央。调平底座同时按顺时针或逆时针旋转，则天平倾斜度不变，这样水准泡就不会脱离中央线，只要旋转方向没有问题，就肯定可以达到液腔中央。

# 5.2　pH 计

pH 计亦称酸度计，是一种用电位法准确测定水溶液 pH 的电子仪器。它主要利用一对电极在不同的 pH 溶液中，产生不同的直流毫伏电动势，将此电动势输入到电位计后，经过电子的转换，最后再指示出测量结果。pH 计有多种型号，如雷磁 PHS-25 型、PHS-2 型、PHS-2C 型、PHS-3C 型和 Delta 320-S 型等，但基本原理、操作步骤大致相同。现以 PHS-3C 型和 PHS-2 型酸度计为例，来说明其操作步骤及使用注意事项。

## 5.2.1　PHS-3C 型酸度计及其使用方法

PHS-3C 型酸度计用于测试水溶液的 pH 值和测量电极电位值（mV）；配上适当的离子选择电极，则可于离子浓度分析；还可作电位滴定分析的终点显示仪表使用。仪器可与各种离子选择性电极、各种参比电极、磁力搅拌器等配套使用。

（1）基本原理

在电位分析中，pH 电极、参比电极和被测水溶液组成一个测量电池，pH 电极和参比电极对被测溶液中不同酸碱度产生不同的电势响应，其电极电势和溶液的 pH 值之间的对应关系符合能斯特方程：

$$E = E_0 - 2.303\frac{RT}{F}\text{pH}$$

式中，$R$ 为气体常数，$J \cdot mol^{-1} \cdot K^{-1}$，$R = 8.314 J \cdot mol^{-1} \cdot K^{-1}$；$T$ 为溶液的热力

学温度，K；$F$ 为法拉第常数，$C \cdot mol^{-1}$，$F = 9.65 \times 10^4 C \cdot mol^{-1}$；$E_0$ 为电极系统的截距电位，在一定条件下可看作一常数，V；pH 为被测溶液的 pH 值。

根据能斯特方程，在一定条件下，测量电池的电位与溶液的 pH 值呈线性关系。因此，通过测量电极的电位可相应地计算出被测溶液的 pH 值。

工作原理如图 5-3 所示。

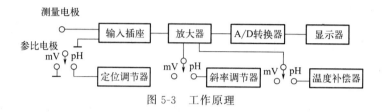

图 5-3　工作原理

（2）仪器的组成

仪器由 PHS-3C 主机、pH 复合电极、升降机、电极夹等组成。仪器前面、后面板功能示意图如图 5-4、图 5-5 所示。

① 显示窗口，根据功能选择显示电压、温度、pH 值。

② 定位调节器，可抵消能斯特方程中的 $E_0$。

③ 斜率调节器，调节电极系统的斜率使其符合理论值。

④ 温度补偿调节器，使其与被测液的温度相同，用来消除测量误差。

⑤ 功能选择开关，根据被测项目可选择"mV""℃""pH"。

⑥ 输入电极插座，测量电极接入此插座（注：仪器配有短路插头，非测量状态下应旋上，以保护仪器）。

⑦ 参比接线柱，参比电极接入此接线柱（注：采用复合电极测量时，无须接入此接线柱）。

⑧ 保险丝插座，选用 0.3A 保险丝。

⑨ 电源插座，接入 AC 220V 电源。

⑩ 电源开关，"ON"代表开，"OFF"代表关。

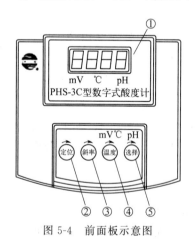

图 5-4　前面板示意图

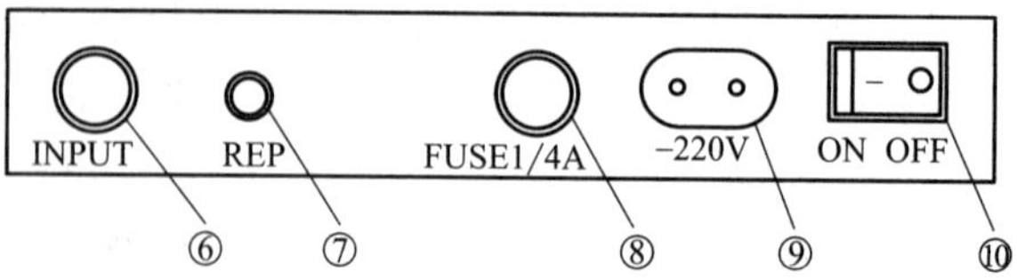

图 5-5　后面板功能示意图

（3）使用方法

① pH 值的测量

在测量溶液 pH 值前，须先对仪器进行标定，通常采用两点定位标定法，操作步骤如下：

a. 功能开关⑤拨至"mV"挡，仪器进入测量电压值（mV）状态，此时仪器定位调节器、斜率调节器和温度补偿调节器均不起作用。

b. 将短路插头旋上后面板的输入电极插座⑥并旋紧，用钟表起子调节面板上"调零"电位器，使得仪器显示"000"（通常情况下无须调零）。

c. 仪器调零后，再将选择开关⑤拨至"℃"挡，调节温度补偿调节器④使显示窗口显示被测液的温度（提醒：调节后请不要动此旋钮，以免影响测量精度）。

d. 将功能选择开关⑤拨至"pH"挡，将活化后的测量电极旋上后面板的输入电极插座⑥，并将其移入 $pH_1 = 4.00$ 的标准缓冲溶液中，待仪器响应稳定后，调节定位调节器旋钮②，使仪器显示为"0.00"pH。

e. 取出电极，用去离子水冲洗并用滤纸吸干，然后移入 $pH_2 = 9.18$ 缓冲溶液中，待仪器响应稳定后，调节"斜率"旋钮③，使仪器显示为 $\Delta pH = pH_2 - pH_1$ 的值，即 5.18，此后请不要动"斜率"旋钮，重新调节定位旋钮②，使显示器显示 $pH_2$ 的值，即 9.18（以上所显示的 pH 值均为标准缓冲溶液在 25℃ 情况下的显示值）。

f. 仪器已标定结束，保持"定位""斜率"旋钮位置不变，以免影响测量精度。

g. 取出电极，用去离子水冲洗并用滤纸吸干。移入被测溶液，待仪器响应稳定后，读取显示值，即为被测溶液的 pH 值。

h. 当测量样品与标准缓冲液温度不一致时，需将功能选择开关⑤拨至"℃"挡，调节温度补偿调节器④使显示值为样品温度值，即可测量。

i. 如果测量 pH 精度要求较高，请注意修正标准缓冲液在当时溶液温度下的 pH 值。

② 电压值的测量

当需要直接测定电池电动势的数值或测量 -1999mV 至 +1999mV 电压值时，可在"mV"挡进行。

a. 功能选择开关⑤拨至"mV"挡，仪器进入测量电压值（mV）状态，此时仪器定位调节器、斜率调节器和温度补偿调节器均不起作用。

b. 将短路插头旋上后面板的输入电极插座⑥并旋紧，用钟表起子调节面板上"调零"电位器，使得仪器显示"000"（通常情况下无须调零）。

c. 旋下短路插头，将测量电极插头旋上输入电极插座⑥，并旋紧，同时将参比电极接入后面板上参比接线柱⑦（若使用复合电极，无须接入参比电极），并将它们插入被测溶液内。待仪器稳定数分钟后，仪器显示值即为所测溶液的电压值。

（4）注意事项

① 仪器面板上的显示窗口不能被利器或腐蚀溶液毁坏，以免影响正常运行。

② 电极玻璃球泡有裂缝或老化，应更换电极。新玻璃电极或搁置不用的玻璃电极使用前必须充分活化，新启用的电极需要在蒸馏水或缓冲液中泡 24h，以建立水化层，使电极对氢离子有稳定的响应。

③ 电极玻璃球泡很薄，使用时要小心仔细，切勿碰碎，不要用手或其他油脂物质接触电极玻璃球泡。

④ 测量时电极玻璃球泡应全部浸在被测溶液中，在测量另一种溶液前，应先在蒸馏水中冲洗并擦拭干净，以免杂质带进溶液中。

⑤ 测量时搅拌溶液可以加快电极响应，尽快达到平衡。

⑥ 电极长期不使用时，需将电极玻璃球泡放置在装有保护液（饱和 KCl 溶液）的塑料套管中拧紧，既保持水化又防碰、防污染。

⑦ 仪器长期不用时，应将后面板电极插座上的短路插头旋上。

### 5.2.2 PHS-2 型酸度计及其使用方法

（1）基本原理

PHS-2 型酸度计除了可以测量溶液的酸度外，还可以测量电池电动势。酸度计主要是由参比电极（饱和甘汞电极）、测量电极（玻璃电极）和精密电位计三部分组成。饱和甘汞电极由金属汞、氯化亚汞和饱和氯化钾溶液组成，它的电极反应是

$$Hg_2Cl_2 + 2e^- \rightleftharpoons 2Hg + 2Cl^-$$

饱和甘汞电极的电极电势不随溶液的 pH 变化而变化，在一定的温度和浓度下是一定值，在 25℃时为 0.245V。

玻璃电极的电极电势随溶液的 pH 的变化而改变。它的主要部分是头部的电极玻璃球泡，由特殊的敏感玻璃膜构成。薄玻璃膜对氢离子有敏感作用，当它浸入被测溶液内，被测溶液的氢离子与电极玻璃球泡表面水化层进行离子交换，电极玻璃球泡内层也同样产生电极电势。由于内层氢离子浓度不变，而外层氢离子浓度在变化，因此，内外层的电势差也在变化，该电极电势随待测溶液的 pH 不同而改变。

$$E_玻/V = E_玻^\ominus/V + 0.0591\lg[H^+] = E_玻^\ominus/V - 0.0591pH$$

将玻璃电极和饱和甘汞电极一起浸在被测溶液中组成电池，并连接精密电位计，即可测定电池电动势 $E$。在 25℃时，

$$E/V = E_正/V - E_负/V = E_甘汞/V - E_玻/V = 0.245 - E_玻^\ominus/V + 0.0591pH$$

整理上式得

$$pH = \frac{E/V + E_玻^\ominus/V - 0.245}{0.0591}$$

$E_玻^\ominus$ 可以用一个已知 pH 的缓冲溶液代替待测溶液而求得。

由上所述可知，酸度计的主体是精密电位计，用来测量电池的电动势，为了省去计算程序，酸度计把测得的电池电动势直接用 pH 刻度值表示出来。因而从酸度计上可以直接读出溶液的 pH。

PHS-2 型酸度计示意图见图 5-6。

（2）使用方法

① 仪器的安装。电源为交流电，电压必须符合铭牌上所指明的数值，电压太低或电压不稳会影响使用。电源插头中的黑线表示接地线，不能与其他两根线搞错。

② 电极的安装。先把电极夹子 12 夹在电极杆 13 上。然后将玻璃电极夹在夹子上，玻璃电极的插头插在玻璃电极插口 10 内，并将小螺丝旋紧。饱和甘汞电极夹在另一夹子上，其引线连接在接线柱 9 上。使用时应把上面的小橡胶塞和下端橡胶塞拔去，以保持液位压差，不用时要把它们套上。

③ 校正。如要测量 pH，先按下 pH 按键 5，但读数开关 16 保持不按下状态，左上角指示灯 2 应亮。为了保持仪表稳定，测量前要预热半小时以上。

仪器校正操作步骤如下。

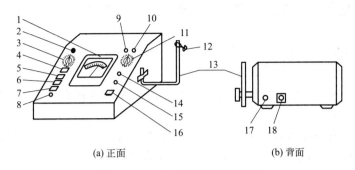

(a) 正面　　　　　　　　　　　(b) 背面

图 5-6　PHS-2 型酸度计示意图

1—指示表；2—指示灯；3—温度补偿器；4—电源按键；5—pH 按键；6——+mV 按键；7——-mV 按键；
8—零点调节器；9—饱和甘汞电极接线柱；10—玻璃电极插口；11—pH 分挡开关；12—电极夹子；
13—电极杆；14—校正调节器；15—定位调节器；16—读数开关；17—保险丝；18—电源插座

a. 用温度计测量被测溶液的温度。

b. 调节温度补偿器 3 到被测溶液的温度。

c. 将分挡开关 11 放在"6"位置上，调节零点调节器 8 使指针指在 pH "1.00"上。

d. 将分挡开关 11 放在"校"位置上，调节校正调节器 14 使指针指在满刻度。

e. 将分挡开关 11 放在"6"位置上，重复检查指针是否在 pH "1.00"位置。

f. 重复 c 和 d 两个步骤。

④ 定位。仪器附有三种标准缓冲溶液（pH 分别为 4.00、6.86、9.20），可选用一种与被测溶液的 pH 较接近的缓冲溶液对仪器进行定位。

仪器定位操作步骤如下。

a. 向烧杯内倒入标准缓冲溶液，按溶液温度查出该温度时溶液的 pH。根据这个数值，将分挡开关 11 放在合适的位置上。

b. 将电极插入标准缓冲溶液，轻轻摇动，按下读数开关 16。

c. 调节定位调节器 15 使指针指在标准缓冲溶液的 pH 上（即分挡开关上的指示数加表盘上的指示数），并待指针稳定。重复调节定位调节器。

d. 放开读数开关，将电极上移，移去标准缓冲溶液，用蒸馏水清洗电极头部，并用滤纸将水吸干。这时，仪器已定好位，后面测量时，不得再动定位调节器。

⑤ 测量

a. 放上盛有待测溶液的烧杯，插入电极，将烧杯轻轻摇动。

b. 按下读数开关 16，调节分挡开关 11，读出溶液的 pH。如果指针打出左面刻度，则应减少分挡开关的数值。如指针打出右面刻度，应增加分挡开关的数值。

c. 重复读数，待读数稳定后，放开读数开关，移走溶液，用蒸馏水冲洗电极，将电极保存好。

d. 关上电源开关。套上仪器罩。

（3）仪器的维护

① 玻璃电极的维护

a. 玻璃电极的主要部分是下端的电极玻璃球泡，此球泡极薄，切忌与硬物接触，一旦发生破裂，则完全失效，使用时应特别小心。安装时，电极玻璃球泡下端应略高于饱和甘汞电极的下端，以免电极碰到烧杯底而损坏玻璃膜。

b. 新的玻璃电极在使用前应在蒸馏水中浸泡 48h 以上，不用时也最好浸泡在蒸馏水中。

c. 在强碱溶液中应尽量避免使用玻璃电极。如果使用，应迅速操作，测完后立即用水洗涤，并用蒸馏水浸泡，以免碱液腐蚀玻璃。

d. 电极玻璃球泡有裂纹或老化（久放二年以上），则应调换新电极。否则反应缓慢，甚至造成较大的测量误差。

② 仪器的输入端（即玻璃电极插口）必须保持清洁，不用时将接续器插入，以防灰尘落入。在环境温度较高时，应把电极插口用干净的布擦干。

③ 在按下读数开关时，如果发现指针严重甩动，应放开读数开关，检查分挡开关位置及其他调节器是否适当、电极头是否浸入溶液。

④ 转动温度补偿器时，不要用力太大，防止移动紧固螺丝位置，造成误差。

⑤ 当被测数值较大，指针发生严重甩动时，应转动分挡开关使指针在刻度以内，并须等待 1min 左右，使指针稳定。

⑥ 测量完毕时，必须先放开读数开关，再移去溶液。如果不放开读数开关就移去溶液，则指针甩动厉害，影响后面测定的准确性。

## 5.3　电导率仪

电导率是溶液传导电流的能力。水的电导率与其所含无机酸、碱、盐的量有一定的关系，当它们的浓度较低时，电导率随着浓度的增大而增加，因此，该指标常用于推测水中离子的总浓度或含盐量。

电导率仪按欧姆定律测定平行电极间溶液部分的电阻。但是，当电流通过电极时，会发生氧化或还原反应，改变电极附近溶液的组成，产生"极化"现象，从而引起电导率测量的严重误差。为此，采用高频交流电测定法，可以减轻或消除上述极化现象，因为在电极表面的氧化和还原迅速交替进行，其结果可以认为没有氧化或还原发生。

电导率仪由电导电极和电子单元组成。电子单元采用适当频率的交流信号的方法，将信号放大处理后换算成电导率。仪器中还配有与传感器相匹配的温度测量系统，能补偿到标准温度电导率的温度补偿系统、温度系数调节系统、电导池常数调节系统，以及自动换挡功能等。

（1）基本原理

导体导电能力的大小，通常用电阻或电导表示。电导是电阻的倒数，关系式为

$$G = \frac{1}{R} \tag{5-1}$$

式中，$R$ 为电阻，$\Omega$；$G$ 为电导，S。

导体的电阻与导体的长度 $l$ 成正比，与面积 $A$ 成反比

$$R \propto \frac{l}{A} \text{ 或 } R = \rho \frac{l}{A} \tag{5-2}$$

式中，$\rho$ 为电阻率，表示导体长度为 1cm、截面积为 1cm$^2$ 时的电阻，单位为 $\Omega \cdot$ cm。

和金属导体一样，欧姆定律也适用于电解质水溶液体系。当温度一定时，两极间溶液的电阻与两极间距离 $l$ 成正比，与电极面积 $A$ 成反比。对于电解质水溶液体系，常用电导和

电导率来表示其导电能力。

$$G = \frac{1}{\rho} \times \frac{A}{l} \tag{5-3}$$

令

$$\kappa = \frac{1}{\rho}$$

则

$$G = \kappa \frac{A}{l} \tag{5-4}$$

式中，$\kappa$ 是电阻率的倒数，称为电导率。它表示在相距 1cm、面积为 $1cm^2$ 的两极之间溶液的电导，其单位为 $S \cdot cm^{-1}$。

在电导池中，电极距离和面积是一定的，所以对某一电极来说，$\frac{l}{A}$ 是常数，常称其为电极常数或电导池常数。

令

$$K = \frac{l}{A}$$

则

$$G = \kappa \frac{1}{K} \tag{5-5}$$

即

$$\kappa = KG \tag{5-6}$$

不同的电极，其电极常数 $K$ 不同，因此测出同一溶液的电导 $G$ 也就不同，通过式(5-6)换算成电导率 $\kappa$。由于 $\kappa$ 的值与电极本身无关，因此用电导率可以比较溶液电导的大小。而电解质水溶液导电能力的大小与溶液中电解质含量成正比。通过对电解质水溶液电导率的测量可以测定水溶液中电解质的含量。

（2）DDS-11A 型电导率仪的使用方法

DDS-11A 型电导率仪是常用的电导率测量仪器。它除能测量一般液体的电导率外，还能测量高纯水的电导率，被广泛用于水质检测、水中含盐量、大气中 $SO_2$ 含量等的测定和电导滴定等方面。

以上海仪电公司的 DDS-11A 型电导率仪（图 5-7）为例说明其使用方法。

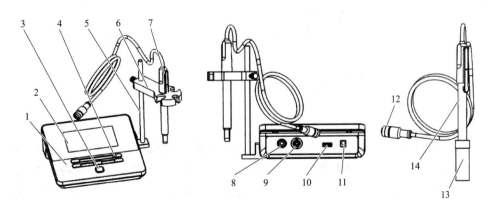

图 5-7 DDS-11A 型电导率仪示意图

1—仪器外壳；2—显示屏；3—电源开关；4—功能选择按钮；5—电极梗；6—电极固定夹；7—电极；

8—接地线柱；9—测量电极接口；10—仪器测试端口；11—电源插口；12—电导电极插头；

13—电极保护瓶；14—电导电极

① 电极的安装。按电导率仪使用说明书的规定选用电极,将电导电极安装在电极架上。在电导率仪的背面找到测量电极接口,然后,将电导电极插头插入仪器的测量电极接口内。

② 连接标配电源适配器,按 ⏻ 开机。仪器首先显示"DDS-11A"字样,并进行自检,稍后进入测量状态。

③ 设置功能。仪器支持多种功能,包括温度值设置、自动关机时间设置、恢复出厂设置等,用户按"设置"键,仪器将显示设置标志,如闪烁显示"℃"可以设置温度值,闪烁显示"APD(AutoPowerDown)"可以设置自动关机时间,闪烁显示"rSt(Reset)和dFt(Default)"可以恢复出厂设置。用户按上下键调节,按确认键选择所需要设置功能即可。

④ 设置电极常数。每支电极在出厂前会进行电极常数的标定工作,仪器配套电导电极,具体的电极常数值会标记在每支电极上,如0.998,即表示当前电极类型为1.0的铂黑电极,电极常数值为0.998,需要在仪器上设置0.998的电极常数值。具体方法如下:在测量状态下,按常数键,进入常数设置功能模块,在仪器界面中间显示当前电极常数值、右下角显示电极类型;确认电极类型为1.0,否则按常数键切换至1.0;按上下键调节到需要的值,如0.998,然后按确认键保存设置。

⑤ 将电导电极反复用去离子水清洗干净,用滤纸条小心吸干电极表面的水分,用被测溶液润洗后放入被测溶液中。

⑥ 用温度计测量当前溶液的温度值,按"设置"键选择温度设置功能,按"确认"键后,通过上下键调节到指定的温度值,按"确认"键完成温度值输入。

⑦ 等待数据稳定后,读取测试结果。

⑧ 测量结束后,关机,并按电极说明书要求保存电极。

## 5.4 分光光度计

分光光度计是利用物质对不同波长光的选择吸收现象,通过对吸收光谱的分析,判断物质的结构及化学组成,进行物质的定性和定量分析的仪器。分光光度计是实验室常用的分析仪器,其型号较多,如72型、721型、722型、723型、UV-1000型、UV-1200型。这里只介绍UV-1000型紫外-可见分光光度计。

UV-1000分光光度计是一种实验室用电子检测设备。UV-1000分光光度计具有波长范围宽、灵敏度高、操作方便、结构简单及外形美观等优点,可广泛应用于化工、制药、材料等行业,也是常规实验室的必备仪器。

### 5.4.1 基本原理

白光通过棱镜或衍射光栅的色散,形成不同波长的单色光。一束单色光通过有色溶液时,溶液中溶质能吸收其中的部分光。物质对光的吸收是有选择性的,一种物质对不同波长光的吸收程度不同。用透过率或吸光度表示物质对光的吸收程度。如果入射光强度用 $I_0$ 表示,透射光强度用 $I_t$ 表示,定义透过率为 $I_t/I_0$,即 $T=\dfrac{I_t}{I_0}$。定义 $\lg(I_0/I_t)$ 为吸光度,以 $A$ 表示,即 $A=\lg(I_0/I_t)$。显然,$T$ 越小,$A$ 越大,即溶液对光的吸收程度越大。

Lambert-Beer定律是溶液对光的吸收规律:一束单色光通过有色溶液时,有色溶液对

光的吸光度 $A$ 与溶液的浓度 $c$ 和液层的厚度 $l$ 的乘积成正比，即

$$A = \kappa c l = -\lg(I_t / I_0)$$

比例常数 $\kappa$ 为摩尔吸光系数，与物质的性质、入射光的波长和溶液的温度等因素有关。

由上式可知，当溶液厚度一定时，溶液的吸光度 $A$ 只与溶液的浓度 $c$ 成正比。

分光光度法就是以 Lambert-Beer 定律为基础建立起来的分析方法。UV-1000 分光光度计就是根据这一原理，结合现代精密光学和最新微电子等高新技术，研制开发的实用型分光光度计。

通常用光的吸收曲线（光谱）来描述有色溶液对光的吸收情况。将不同波长的单色光依次通过一定浓度的有色溶液，分别测定其吸光度 $A$，以波长 $\lambda$ 为横坐标，以吸光度 $A$ 为纵坐标作图，所得到的曲线称为光的吸收曲线（或光谱），见图 5-8。最大吸收峰对应的单色光波长称为最大吸收波长 $\lambda_{max}$，选用 $\lambda_{max}$ 的光进行测量，光的吸收程度最大，测定的灵敏度最高。

一般测量样品前，先测工作曲线，即在与测定样品相同的条件下，先测量一系列已知准确浓度的标准溶液的吸光度 $A$，画出 $A$-$c$ 的曲线，即工作曲线（见图 5-9）。待样品的吸光度 $A$ 测出后，就可以在工作曲线上求出相应的样品的浓度 $c$。

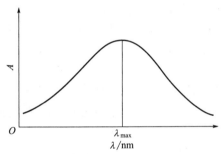

图 5-8　有色溶液吸收光的吸收曲线

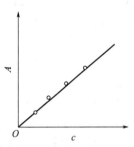

图 5-9　工作曲线

## 5.4.2　仪器的基本结构

仪器的外观如图 5-10 所示，UV-1000 的操作面板如图 5-11。

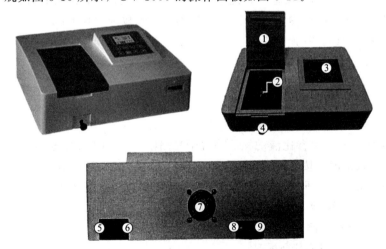

图 5-10　UV-1000 型仪器的外观图

1—样品室盖；2—样品架；3—操作面板；4—拉杆；5—电源开关；6—电源插座；7—散热孔罩；

8—USB 接口；9—打印接口

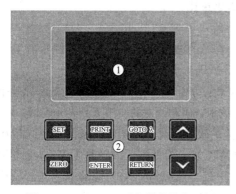

图 5-11　UV-1000 型仪器的操作面板
1—液晶显示器；2—按键

## 5.4.3　仪器使用方法

UV-1000 型仪器由四种测量模式组成：吸光度、透过率、已知标准样品浓度测量待测样品浓度和输入标准曲线方程测量浓度。

（1）测量吸光度

① 确认仪器光路中无阻挡物，关上样品室盖。打开电源，指示灯亮，仪器进入自检状态，待自检完成后可正常使用。

② 仪器自检完成后进入预热状态，若要精确测量，预热时间需在 30 分钟以上。

③ 确认比色皿，在将样品移入比色皿前先确认比色血干净、无残留物。

④ 测量模式选择，通过按上、下键，可切换到"A"测量模式。

⑤ 设置波长，按 GOTO λ 键设置波长，按上、下键选择要测试波长。波长值可从显示器实时读取，最小显示 0.1nm。按 ENTER 键确认。

⑥ 校准零位，按 ZERO 键可校准零位。

⑦ 将盛有比色溶液的比色皿放在比色皿架上［注意第一格放参比液（去离子水或其他溶剂）］将挡板卡紧。推进比色皿拉杆，使参比液处于光路，将样品室盖板盖好，光路接通。

⑧ 将放有参比液的样品槽置于光路中，按 ZERO 键校准"OA、100％T"。

⑨ 拉动拉杆，使得放有样品的样品槽置于光路中，读取吸光度值 $A$。

⑩ 记录或打印测量结果，在各测量界面下，按 PRINT 键打印测量结果。

重复第⑨、⑩操作测量其余样品。

（2）测量透过率

① 按上、下键选定模式为"T"模式。

② 按 GOTO λ 键，然后按上、下键选择要测试的波长，按 ENTER 键确认。

③ 将放有参比液的样品槽置于光路中，按 ZERO 键校准"100％T"。

④ 将放有样品的样品槽置于光路中，读取透过率值。

⑤ 按 PRINT 键打印测量结果。

重复第④、⑤，测量其余样品。

（3）已知标准样品浓度测量待测品浓度

① 在"c"模式，设置到测试波长。

② 按 SET 键，将放有参比液的样品槽置于光路中，按 ZERO 键校零。

③ 按提示输入浓度，按上、下键调整浓度值，按 ENTER 键确定。

④ 根据提示将放有标准样品的样品槽置于光路中，按 ENTER 键。

⑤ 将放有样品的样品槽置于光路中，读取浓度值。

⑥ 按 PRINT 键打印测量结果。

重复第⑤、⑥步，测量其余样品。

（4）已知标准曲线测量浓度

① 按上、下键选定模式为"F"模式。

② 按 GOTO λ 键，按上、下键设置测试波长。

③ 按 SET 键，按上、下键改变 $k$、$b$ 值，按 ENTER 键确认后进入测量界面。

④ 将放有参比液的样品槽置于光路中，按 ZERO 键校准空白。

⑤ 将放有样品的样品槽置于光路中，读取浓度值。

⑥ 按 PRINT 键打印测量结果。

重复第⑤、⑥步，测量其余样品。

# 5.5　傅里叶变换红外光谱仪

## 5.5.1　基本原理

红外线和可见光一样都是电磁波，而红外线是波长介于可见光和微波之间的一段电磁波。红外光又可依据波长范围分成近红外、中红外和远红外三个波区，其中中红外区（$2.5\sim25\mu m$；$4000\sim400cm^{-1}$）能很好地反映分子内部所进行的各种物理过程以及分子结构方面的特征，对解决分子结构和化学组成中的各种问题最为有效，因而中红外区是红外光谱中应用最广的区域，一般所说的红外光谱大都是指这一范围。

红外光谱属于吸收光谱，是化合物分子振动时吸收特定波长的红外光而产生的。化学键振动所吸收的红外光的波长取决于化学键力常数和连接在两端的原子折合质量，也就是取决于化合物的结构特征。这就是红外光谱测定化合物结构的理论依据。

红外光谱作为"分子的指纹"广泛地用于分子结构和化学物质组成的研究。根据分子对红外光吸收后得到谱带频率的位置、强度、形状以及吸收谱带和温度、聚集状态等的关系便可以确定分子的空间构型，求出化学键的力常数、键长和键角。从光谱分析的角度看，主要是利用特征吸收谱带的频率推断分子中存在某一基团或键，由特征吸收谱带频率的变化推测邻近的基团或键，进而确定分子的化学结构，当然也可由特征吸收谱带强度的改变对混合物及化合物进行定量分析。而鉴于红外光谱的应用广泛性，绘出红外光谱的红外光谱仪也成了科学家们的重点研究对象。

傅里叶变换红外光谱仪（FTIR）是根据光的相干性原理设计的，因此是一种干涉型光谱仪，它主要由光源（硅碳棒，高压汞灯）、干涉仪、检测器、计算机和记录系统组成。大多数傅里叶变换红外光谱仪使用了迈克尔逊（Michelson）干涉仪，因此实验测量的原始光谱图是光源的干涉图，然后通过计算机对干涉图进行快速傅里叶变换计算，从而得到以波长或波数为函数的光谱图。因此，光谱图称为傅里叶变换红外光谱，仪器称为傅里叶变换红外光谱仪。下面以日本岛津公司的 IRAffinity-1S 傅里叶变换红外光谱仪为例说明其使用方法。

## 5.5.2　IRAffinity-1S 傅里叶变换红外光谱仪构造

IRAffinity-1S 傅里叶变换红外光谱仪与色散型红外分光不同，是基于对干涉后的红外光进行傅里叶变换的原理而开发的红外光谱仪（如图 5-12 所示），主要由红外光源、光阑、干涉仪（分束器、动镜、定镜）、样品室、检测器以及各种红外反射镜、激光器、控制电路板和电源组成。

图 5-13 中光源发出的光被分束器分为两束，一束经反射到达动镜，另一束经透射到达定镜。两束光分别经定镜和动镜反射再回到分束器。动镜以一恒定速度 $v_m$ 作直线运动，因

而经分束器分束后的两束光形成光程差，产生干涉。干涉光在分束器汇合后通过样品池，然后被检测。

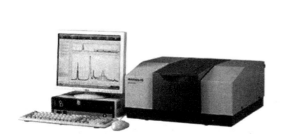

图 5-12　IRAffinity-1S 傅里叶
变换红外光谱仪外观图

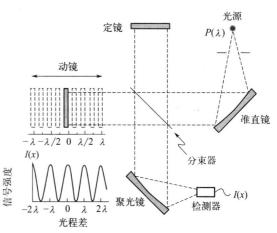

图 5-13　傅里叶变换红外光谱仪的原理图

### 5.5.3　IRAffinity-1S 傅里叶变换红外光谱仪基本操作

（1）开机

开启傅里叶红外光谱仪的电源，开启计算机，进入 WINDOWS 操作系统。

（2）启动 Labsolution 软件

依次按以下步骤进行：①点击"确定"按钮；②选择菜单中的仪器选项；③选择仪器选项中"LENOVOZ"项双击，启动 Labsolution 软件；④选择"光谱扫描"；⑤计算机开始和傅里叶变换红外光谱仪进行联机。如果选择"环境"菜单中的"傅里叶变换红外光谱仪初始化开始"（Environment—instrument preferences—FTIR—initialize FTIR ON STARUP），那么当 IRsolution 运行时，计算机自动对傅里叶变换光谱初始化。

（3）图谱扫描（以聚苯乙烯膜为例说明）

① 参数设定。可以设置扫描参数的窗口包括 4 个栏："数据""仪器""详细"和"高级"。点击每一栏就可以显示相应的栏目，进行相应设置参数。如数据栏：设置测量模式为透射比，设置变迹函数为 Happ-genzel，设置扫描次数为 1～400 次（IRAffinity-1S 仪器设置为 16 次），分辨率为 4，记录范围为 $4000～400\mathrm{cm}^{-1}$。

② 背景扫描。点击"背景扫描"按钮，出现窗口提示后，点击"确定"即可进行背景扫描。注意在进行背景扫描时，样品架不能放有样品。

③ 样品扫描。首先把样品放置在样品架上，点击"Sample"（样品扫描）进行样品测试，测试完成后可以获得样品图谱。

④ 显示图谱。在测量模式下，用鼠标右键点击图谱，会显示下拉菜单，其中有全屏模式。点击"View"按钮可以查看样品测试的图谱，选择"File"中的"Open"可以查看以前保存过的图谱。此外，可以用鼠标右键菜单进行透过（Tra）和吸收（Abs）图谱的转换。

⑤ 图谱处理。从菜单栏"Manipulation 1"和"Manipulation 2"的下拉菜单中可以选择各种处理功能。

a. 基线校正。点击"处理"中的"基线校正",点击"计算",系统可自动进行基线校正,点击"确定"。如有系统未检测到的区域,可自行点击"添加",在红外谱图中添加所需的点,同理也可自行点击"删除",在红外谱图中删除无用的点。

b. 平滑。点击"处理"中的"平滑",点击"计算",系统可自动进行基线校正,点击"确定",未达到理想红外图,可多次平滑,此时应注意平滑后可能会影响峰形。

c. 峰检测。点击"处理"中的"峰检测",设置"阈值",如要测 90％T(看纵坐标)以下出现的峰值,即可设置 90,点击"计算"按钮显示吸收峰检测结果。如有系统未检测到的峰值,可自行点击"添加",在红外谱图中添加所需的峰值,同理也可自行点击"删除",在红外谱图中删除无用的峰值。检测后的峰值有部分数值未显示完全,可双击红外图谱的"纵坐标",设置 Y 值最小值,点击"确定"。

⑥ 数据保存。点击文件,另存为格式为"ispd",导出格式为"txt",可自行选择所需保存格式。

⑦ 关机。测试结束,关闭软件。等待 15 分钟,待红外仪冷却下来后,关闭红外仪器电源,盖上仪器的防尘罩,打扫完卫生,即可离开。

### 5.5.4　傅里叶变换红外光谱仪样品制作方法

实验中想要获得一张高质量红外光谱图,除了仪器本身的因素外,还必须有合适的样品制备方法。以下是几种制样方法。

(1) 气体样品

气体样品可在玻璃气槽内进行测定,它的两端粘有红外透光的 NaCl 或 KBr 窗片。先将气槽抽真空,再将试样注入。

(2) 液体和溶液试样

① 液体池法

对于沸点较低、挥发性较大的试样,将液层厚度为 $0.01\sim1mm$ 的样品注入封闭液体池中即可。

② 液膜法

沸点较高的试样,直接滴在两片盐片之间,形成液膜。对于一些吸收很强的液体,可以调整样品厚度,仍然得不到满意的谱图时,则可适当配成稀溶液进行测定。一些固体也可以溶液的形式进行测定。常用的红外光谱溶剂应在所测光谱区内本身没有强烈的吸收,不侵蚀盐窗,对试样没有强烈的溶剂化效应等。

(3) 固体试样

① 压片法

将 $1\sim2mg$ 试样与 $200mg$ 纯 KBr 研细均匀,置于红外压片模具中,用 $(5\sim10)\times10^{7}Pa$ 压力在红外压片机上压成透明薄片,即可用于测定。试样和 KBr 都应经干燥处理,研磨到粒度小于 $2\mu m$,以免散射光影响。

② 石蜡糊法

将干燥处理后的试样研细,与液体石蜡或全氟代烃混合,调成糊状,夹在盐片中测定。

③ 薄膜法

主要用于高分子化合物的测定。可将它们直接加热熔融后涂制或压制成膜。也可将试样溶解在低沸点的易挥发溶剂中,涂在盐片上,待溶剂挥发后成膜测定。当样品量特别少或样品面积特别小时，采用光束聚光器，并配有微量液体池、微量固体池和微量气体池，采用全反射系统或用带有卤化碱透镜的反射系统进行测量。

注意事项：

① 测试样品一定要干燥，干燥不充分的样品可以在红外灯下烘烤 1 小时左右。样品研磨要充分，否则会损伤模具。

② 所有用具应保持干燥、清洁；使用前可以用脱脂棉蘸酒精小心擦拭。

③ 压片过程应在红外灯照射下进行。

④ 操作过程中应防止样品腐蚀模具。

⑤ 易吸水和潮解的样品不宜用压片法。

⑥ KBr 在粉末状态下极易吸水、潮解，应放在干燥器中保存，定期在干燥箱中 110℃或在真空烘箱中恒温干燥 2 小时。

## 5.6 荧光光谱仪

### 5.6.1 荧光的产生

光照射到某些原子时，光的能量使原子核周围的一些电子由原来的轨道跃迁到了能量更高的轨道，即从基态跃迁到第一激发单重态或第二激发单重态等。第一激发单重态或第二激发单重态等是不稳定的，所以会恢复基态，当电子由第一激发单重态恢复到基态时，能量会以光的形式释放，所以产生荧光（图 5-14）。

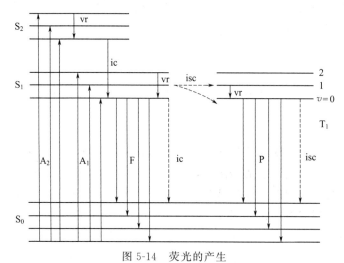

图 5-14 荧光的产生

$S_0$—基态；$S_1$—第一激发单重态；$S_2$—第二激发单重态；F—荧光；P—磷光；

$A_1$、$A_2$—吸收；ic—内转换；isc—系间穿越；vr—振动弛豫

荧光是物质吸收光照或者其他电磁辐射后发出的光。大多数情况下，辐射波长比吸收波长长，能量更低。但是，当吸收强度较大时，可能发生双光子吸收现象，导致辐射波长短于吸收波长的情况发生。当辐射波长与吸收波长相等时，即共振荧光，常见的例子是物质吸收紫外光，发出可见波段荧光。我们生活中的荧光灯就是这个原理：涂覆在灯管的荧光粉吸收灯管中汞蒸气发射的紫外光，而后由荧光粉发出可见光，实现人眼可见。

固定发射波长（选最大发射波长），化合物发射的荧光强度与激发光波的关系曲线称为激发光谱。激发光谱曲线的最高处，处于激发态的分子最多，荧光强度最大。固定激发波长（选最大激发波长），化合物发射的荧光强度与发射光波长关系曲线为发射光谱。不同物质由于分子结构的不同，其激发态能级的分布具有各自不同的特征，这种特征反映在荧光上表现为各种物质都有其特征荧光激发和发射光谱。因此可以用荧光激发和发射光谱的不同来定性地进行物质的鉴定。

在稀溶液中，当荧光物质的浓度较低时，其荧光强度（$I_F$）与该物质的浓度（$c$）有以下关系

$$I_F = 2.303k\varphi_F I_0 \varepsilon bc$$

式中，$k$ 为与测试体系有关的常数；$I_F$ 为荧光强度；$\varphi_F$ 为荧光量子产率；$\varepsilon$ 为摩尔吸光系数；$b$ 为吸收光程；$c$ 为荧光物质的浓度。

当实验条件一定时，荧光强度与荧光物质的浓度呈线性关系，即 $I_F = Kc$。这是荧光光谱法定量分析的理论依据，通常也采用标准曲线法进行。

### 5.6.2　日立 F-4700 荧光光谱仪的基本原理

常用的荧光光谱仪由激发光源、单色器、样品池、检测器和显示记录器五部分构成（图 5-15、图 5-16）。

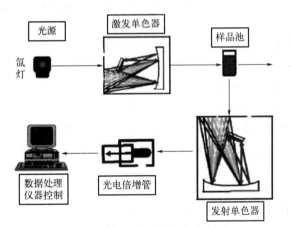

图 5-15　荧光光谱仪结构示意图

图 5-16　日立 F-4700 荧光光谱仪外观图

日立 F-4700 荧光光谱仪如图 5-16 所示，由氙灯发出的紫外光和蓝紫光经滤光片照射到样品池中，激发样品中的荧光物质发出荧光。荧光经过过滤和反射后，被光电倍增管所接收，然后以图或数字的形式显示出来。在实验样品受到激发的情况下，通过选择合适的探测器和工作模式，记录下发射光强与激发光源特性、样品特性以及温度、时间、空间、能量等相关特性之间的关系，以此来更好地研究或利用发光的过程。

### 5.6.3　日立 F-4700 荧光光谱仪使用操作步骤

（1）开机前准备

① 实验室温度应保持在 15～30℃之间，湿度应保持在 45%～70%之间。

② 确认样品室内无样品后，关上样品室盖。

（2）开机

① 开启计算机。

② 开启仪器主机电源。按一下仪器主机左侧面板下方的黑色按钮（POWER）。同时，观察主机正面面板右侧的"Xe Lamp"和"RUN"指示灯依次亮起来，都显示绿色。

（3）初始化

点击桌面上的 Flsolutionc 软件，主机自行初始化，等待光谱仪自检结束后，须预热 20 分钟，按界面提示选择操作方式。

（4）测试模式的测定，波长扫描（wavelength scan）

依次点击扫描界面右侧"Method"→在"General"选项中的"Measurement"选择"wavelength scan"测量模式→在"Instrument"选项中设置仪器参数和扫描参数，主要参数如下所示。

① 选择扫描模式"Scan mode"：Emission（发射光谱）/Excitation（激发光谱）/Synchronous（同步荧光）。

② 选择数据模式"Data Mode"：Fluorescence（荧光测量）/Phosphprescence（磷光测量）/Luminescence（化学发光）。

③ 设定波长扫描范围，当扫描荧光激发（Excitation）光谱时，须设定激发光的起始波长（EXStart WL）、终止波长（EX End WL）和荧光发射波长（EM WL）；当扫描荧光发射（Emission）光谱时，须设定发射光的起始波长（EM Start WL）、终止波长（EM End WL）和荧光激发波长（EX WL）。

④ 选择扫描速率"Scan Speed"（通常选 $240nm \cdot min^{-1}$ 或 $1200nm \cdot min^{-1}$）。

⑤ 选择激发/发射狭缝（EX/EM Slit）。

⑥ 选择光电倍增管负高压"PMT Voltage"（一般选 700V）。

⑦ 选择仪器响应时间"Response"（一般选 Auto）。

⑧ 选择光闸控制"Shutter Control"以使仪器在光谱扫描时自动开启，而其他时间关闭。

⑨ 选择"Report"设定输出数据信息、仪器采集数据步长（通常选 0.2nm）及输出数据的起始和终止（Data Start/End）波长。

（5）预扫描

打开盖子，放入待测样品后，盖上盖子。"Method"参数设定好后，点击"Pre Scan"开始预扫描，待预扫描结束后，再点击扫描界面右侧"Measure"，窗口在线出现扫描谱图。

（6）保存数据

谱图文件格式为"文件名.fds"，或文本格式"文件名.txt"。

（7）完成测试，拿出样品池，退出所有窗口。若还有测试样品，可选择"Close the monitor window""but keep the lamp open"；若测试完成，则选择"Close the lamp""then close the monitor window"。

（8）关闭电脑，等待 30 分钟后关闭仪器电源（电源一旦关闭，须 30 分钟后方能开启）。

（9）盖上防尘罩，填写仪器使用记录。

## 5.6.4　寻找最佳激发波长的方法

测试前，激发波长未知，可以按照以下步骤寻找激发波长。

① 首先在发射光谱设置中输入一个激发波长数值，如 350nm，设置发射光谱范围（如

370～680nm），通常起始值大于激发波长，小于激发波长的2倍，得到一个发射光谱，得到一个或几个发射波长的峰值。

② 重新在激发光谱中设置，输入步骤①中得到的发射波长，设置激发光谱范围，通常起始值大于发射波长的一半，小于发射波长，得到激发波长的峰值。

③ 按照步骤②的过程，将几个发射波长都输入，得到几个激发波长。

④ 重复步骤①的过程，输入步骤②、③中得到的激发波长，观察发射光谱的峰形，确定发射光谱。

### 5.6.5　荧光测试样品的制备

① 固体可测样品：粉末、片状、膜状（最好为粉末状）。

② 液体可测样品：澄清溶液、凝胶、浊液。

③ 根据样品状态选择所需要的样品台。

④ 根据激发波长选择合适的滤光片放入样品台。

## 5.7　综合热分析仪

综合热分析仪是热重-差热联用热分析仪器，在程序温度控制下，将样品置于特定气氛之中改变其温度环境或维持在固定温度，由高灵敏天平观察样品质量变化及温度差电偶测量相变化状况，测定和记录物质在加热过程中发生的失水、分解、相变、氧化还原、升华、熔融、晶格破坏和重建，以及物质间的相互作用等物理化学变化的反应温度、产生的热效应（热熵）和质量变化，进行推测物质的组成、材料特性及反应机理的分析。

STA7300综合热分析仪（图5-17和图5-18）可在程序温度控制下，同时测定试样重量和热焓随温度的变化。因试样置于相同的热处理及环境条件下，STA7300综合热分析所测得的 $\Delta G$ 和 $\Delta T$ 具有严格的可比性和准确一致的结果，消除TG和DTA单独测试时因试样不均匀性及气氛等因素带来的影响。STA7300可用于科学研究、产品开发、质量控制等各个领域，适用于无机材料（如陶瓷、合金、矿物、建材等）、有机高分子材料（塑料、橡胶、涂料、油脂等）、食品、药物及催化反应涉及的各个固液态试样等，可以获得以下重要信息：组分分析、热稳定性、添加剂含量、分解温度、分解动力学、脱酸、脱水、氧化还原反应、非均相催化反应、氧化诱导期、相转变温度及热焓、熔点、反应热；与红外（FTIR）或质谱（MS）联用，对逸出气体进行定性和定量分析。

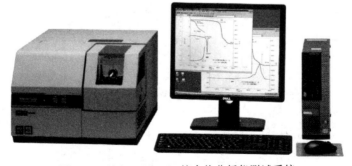

图 5-17　日立 STA7300 综合热分析仪测试系统

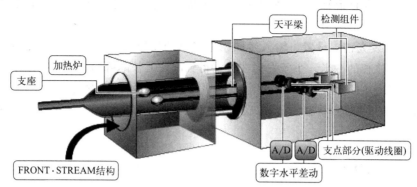

图 5-18　日立 STA7300 综合热分析仪结构图

日立 STA7300 综合热分析仪使用步骤如下：

① 开室内空调，先开 $N_2$ 大阀门（逆时针），再开小阀门（顺时针）至气体流量计流速至 $200mL \cdot min^{-1}$；

② $N_2$ 流速稳定后，打开电源开关（插座），打开稳压器，仪器主机按 "ON"；

③ 打开电脑主机，打开显示屏，软件自动打开；

④ 双击 "Open USB port"（从左数第三个），点 "OK"，仪器与电脑开始连接；

⑤ 点击 "Condition Edit"（锥形瓶，左数第六个），"Sample Name"（人名，日期，样品编号）复制到 Pate. file，同个页面点击 "Method"（左数第二个），设置参数（温度，升温速率），点 "OK"；

⑥ 仪器主机按 "OPEN"，两边都放空坩埚，按 "CLOSE"，电脑上按 "ZERO"，仪器屏幕上显示 "0.000mg" 即可；

⑦ 仪器主机按 "OPEN"，取出右侧空坩埚，放入样品（3～10mg），按 "CLOSE"；

⑧ 点击 "Condition Edit"（锥形瓶，左数第六个），按 "Auto loading"（起始质量），点 "OK"，点▶键，开始测量；

⑨ 待测试完毕后，双击 "Default"，点 "open"，打开文件，点 "File" 选 "excel put" 保存为 "文件名 . elxs" 格式，"world put" 保存为 "文件名 . doc"；

⑩ 点 "OPEN"，拿出坩埚，点 "CLOSE"，关 $N_2$ 大阀门（顺时针），再关小阀门（逆时针），关电脑主机，关显示屏，关稳压器，关电源开关；

⑪ 用布盖所有仪器，关空调，在记录本上记录。

# 第六章

# 基本操作练习实验

实验1

## 实验室安全教育与仪器认领、洗涤和干燥

【实验目的】

1. 熟悉实验室安全常识、实验室规则和要求。

2. 熟悉无机化学实验中常用仪器的名称、规格，了解其使用注意事项。

3. 学习并练习常用仪器的洗涤和干燥方法。

【基础知识】

化学实验室的安全常识（请仔细阅读第二章实验室基本知识相关部分）

1. 遵守实验室规则。

2. 注意实验安全。

3. 正确处理实验室事故。

【基本操作】

**1. 仪器认领**

对照第四章中常见仪器及基本操作，认识相关仪器，了解其基本使用方法和注意事项。

**2. 玻璃仪器的一般洗涤方法（参考第四章中仪器的洗涤相关内容）**

（1）振荡水洗

注入一小半水，稍用力振荡后把水倒掉，照此连续洗数次（如图6-1）。

(a) 烧瓶的振荡 　　　　　(b) 试管的振荡

图6-1　振荡水洗

（2）毛刷刷洗（内壁附有不易洗掉物质）

步骤包括：①倒废液；②注入一半水；③选好毛刷，确定手拿部位；④来回柔力刷

洗（如图 6-2）。如图 6-3 中废液没有倒掉就往试管中注入自来水或用毛刷刷洗都是不正确操作。

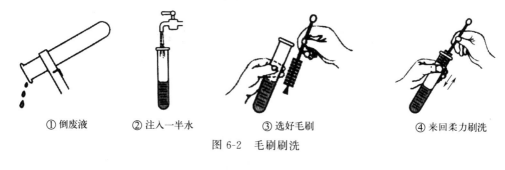

① 倒废液　　② 注入一半水　　③ 选好毛刷　　④ 来回柔力刷洗

图 6-2　毛刷刷洗

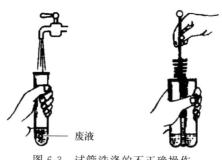

图 6-3　试管洗涤的不正确操作

**3. 玻璃仪器的干燥方法（参考第四章中仪器的干燥相关内容）**

注意：带有刻度的度量仪器，例如移液管、滴定管，不能用加热的方法进行干燥，因为这会影响仪器的精度。

**【实验内容】**

**1. 认领仪器**

根据指导老师提供的无机化学实验中常见的仪器清单，从实验柜中拿出来对照认识，核对数量，没有的或数量少了的向老师申请领取新仪器。

**2. 洗涤仪器**

用水和洗衣粉将领取的仪器洗涤干净，抽取两件交给老师检验。将洗净的仪器合理地放入柜中。

**3. 干燥仪器**

烘干两支试管交给老师检查。

**【实验习题】**

1. 依据实验室安全守则，实验前、实验过程中和实验后应做好哪些工作？
2. 如何处置烫伤、碱腐蚀损伤以及吸入氯气和氯化氢等有害气体？
3. 如何稀释浓酸、强碱溶液？如何嗅气体的气味？
4. 烘干试管时，为什么试管口要略向下倾斜？
5. 如何洗涤移液管、吸量管、酸式滴定管、碱式滴定管？

6. 玻璃仪器洗涤干净的标准是什么?

7. 紧急救助时,什么情况下可以进行人工呼吸?什么情况下不能进行人工呼吸?

8. 何为三废?如何处置铬酸洗液?水银温度计打碎了应如何处理?

9. 怎样扑灭由活泼金属和有机溶剂引起的火灾?

## 实验 2
# 灯的使用、玻璃管的简单加工和塞子钻孔

**【实验目的】**

1. 了解酒精灯和酒精喷灯的构造并掌握正确使用方法。

2. 学会截、弯、拉、熔烧玻璃管的操作。

3. 练习塞子钻孔的基本操作。

**【实验原理】**

**1. 玻璃管的简单加工**

(1) 截断和熔光玻璃管

第一步　锉痕 [图 6-4(a)]:向前划痕,而不是往复锯。

第二步　截断 [图 6-4(b)]:拇指齐放在划痕的背面向前推压,同时食指向外拉。

第三步　熔光 [图 6-4(c)]:前后移动并不停转动,熔光截面。

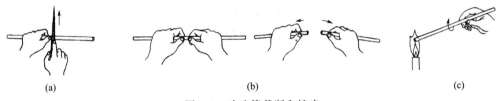

| (a) | (b) | (c) |

图 6-4　玻璃管截断和熔光

(2) 弯曲玻璃管

第一步　烧管 [图 6-5(a)]:加热前可在玻璃管内加入少量食盐以保持玻璃管受热弯管时不变形,加热时均匀转动,左右移动时用力均匀、受热均匀,稍向中间渐推。

第二步　弯管

① 吹气法:用脱脂棉堵住一端,掌握火候,远离火焰,动作要快,迅速弯管 [图 6-5(b)]。

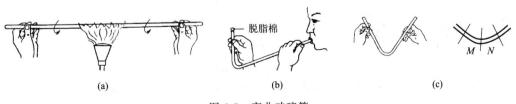

| (a) | (b) | (c) |

图 6-5　弯曲玻璃管

② 不吹气法：掌握火候，远离火焰，用"V"字形手法，稍停再弯，弯好后冷却变硬才能松手；弯小角弯管时，要多次弯成，每次加热位置稍有偏移［图6-5(c)］。

弯管好坏的比较和分析见图6-6。

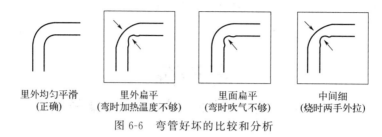

里外均匀平滑　　　　里外扁平　　　　　里面扁平　　　　　　中间细
（正确）　　（弯时加热温度不够）　（弯时吹气不够）　　（烧时两手外拉）

图6-6　弯管好坏的比较和分析

（3）制备胶头滴管（拉制玻璃管）

将干净玻璃管烧软拉细，从拉细部分的中间截断，细端熔光。将粗端烧软后，用金属锉刀柄斜放管口内迅速而均匀旋转将管口扩大，然后在石棉网上轻压，使管口外卷；也可将粗管烧软后在石棉网上垂直下压，使管口外卷。粗端上胶帽即成滴管。

具体步骤如下：

第一步　烧管：同上，但要烧的时间长，玻璃软化程度大些。

第二步　拉管：边旋转，边拉动，控制温度使弯管狭部至所需粗细［图6-7(a)］。拉管好坏比较见图6-7(b)。

第三步　扩口：管口灼烧至红热后，用金属锉刀柄斜放管口内迅速而均匀地旋转［图6-7(c)］。

第四步　套上胶帽，胶头滴管就制备好了［图6-7(d)］。

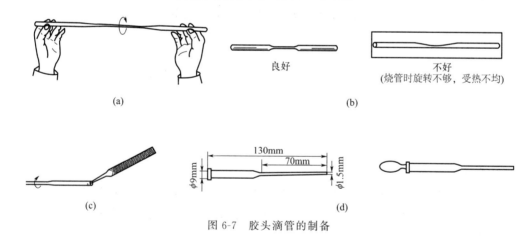

良好　　　　　　　　　　不好
（烧管时旋转不够，受热不均）

（a）　　　　　　　　　　　　　　　　　　（b）

（c）　　　　　　　　　　　　（d）

图6-7　胶头滴管的制备

## 2. 塞子钻孔

（1）塞子大小的选择

塞子进入瓶颈或管颈部分不能少于塞子本身高度的1/2，也不能多于2/3（如图6-8）。

（2）钻孔器的选择

橡胶塞：选择比玻璃管径略粗的钻孔器。

软木塞：选择比玻璃管径稍小的钻孔器。

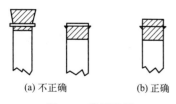

（a）不正确　　　（b）正确

图6-8　塞子配置

（3）钻孔的方法

如图 6-9 所示，将塞子小的一端朝上，平放在桌面上的一块木板上（避免钻坏桌面），左手持塞，右手握住钻孔器的柄，并在钻孔器前端涂点甘油或水，将钻孔器按在选定的位置上，不能左右摆动，更不能倾斜，以免把孔钻斜。钻至超过塞子高度 2/3 时，以逆时针的方向一边旋转，一边向上拉，拔出钻孔器。

图 6-9　钻孔方法

按同法从塞子大的一端钻孔。注意对准小的那端的孔位，直到两端的圆孔贯穿为止。拔出钻孔器，捅出钻孔器内嵌入的物料。

钻孔后，检查孔道是否合用。如果玻璃管可以毫不费力地插入圆塞孔，说明塞子太大，塞孔和玻璃管之间不够严密，塞子不能使用；若塞孔稍小或不光滑时，可用圆锉修整。

（4）玻璃管插入橡胶塞的方法

用甘油或水把玻璃管的前端润湿后，按图 6-10（a）所示，先用布包住玻璃管，然后手握玻璃管的前半部，把玻璃管慢慢旋入塞孔内合适的位置。按图 6-10（b）所示，如果用力过猛，或手离橡胶塞太远，都可能把玻璃管折断，刺伤手掌，务必注意。

(a) 正确的方法　　　　　　　　(b) 不正确的方法

图 6-10　把玻璃管插入橡胶塞的方法

【仪器、药品及材料】

仪器与材料：酒精喷灯、酒精灯、石棉网、锉刀、钻孔器、量角器、火柴、硬纸片、玻璃管、玻璃棒、胶帽、橡胶塞。

药品：工业酒精。

【实验内容】

1. 观察酒精喷灯的构造，正确点燃喷灯，观察正常火焰的颜色，观察火焰的温度，正确关闭酒精喷灯。

2. 玻璃管的简单加工

练习玻璃管的截断、熔光、弯曲、拉制，并加工以下产品，以备后续实验使用。

① 两端熔平的玻璃棒（15cm）2 支，尖嘴玻璃棒（用 20cm 玻璃棒拉制）2 支。

② 滴管（10～15cm）2 支，要求：20～25 滴溶液的体积约为 1mL。

③ 用 15cm 玻璃管制备角度分别为 60°、90°和 120°弯管各 1 根。

④ 制如图 6-11 所示装置 3 套。

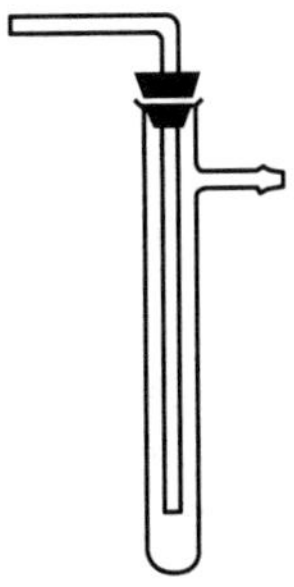

图 6-11　装置图

3. 塞子钻孔

橡胶塞打孔（2 个）：塞子分别为碱式滴定管口和小试管口大小。

注意：产品自行保管，以备后用。

**【实验习题】**

1. 不正常的火焰有几种？若实验中出现不正常火焰，如何处理？
2. 实验中用小火加热就是用还原焰加热，这种说法对吗？试解释。
3. 当把玻璃管插入已打好孔的塞子中时，要注意什么问题？

## 实验 3

# 溶液的配制

**【实验目的】**

1. 学习移液管、容量瓶、电子天平、比重计的使用方法。
2. 掌握一定质量分数、质量摩尔浓度、物质的量浓度溶液的配制方法。
3. 学习固（液）样品取用及称量（量取）、溶解（加热）等基本操作。
4. 掌握一些特殊溶液的配制。

**【实验原理】**

在化学实验中，常常需要配制各种溶液来满足不同实验的要求。如果实验对溶液浓度的准确性要求不高，一般利用 0.1g 电子天平（或托盘天平）、量筒、带刻度的烧杯等低准确度的仪器配制就能满足需要。如果实验对溶液浓度的准确性要求较高，如定量分析实验，这就须使用电子分析天平、吸量管或移液管、容量瓶等高准确度的仪器配制溶液。对于易水解的物质，在配制溶液时还要考虑先以相应的酸溶解易水解的物质，再加水稀释。无论是粗略还是准确配制一定体积、一定浓度的溶液，首先要计算所需试剂的用量，包括固体试剂的质量、液体试剂的体积，然后再进行配制。

不同浓度的溶液在配制时的具体计算及配制步骤如下。

**1. 由固体试剂配制溶液**

（1）质量分数

因为

$$x = \frac{m_{溶质}}{m_{溶液}} = \frac{m_{溶质}}{m_{溶质} + m_{溶剂}}$$

所以

$$m_{溶质} = \frac{xm_{溶剂}}{1-x} = \frac{x\rho_{溶剂}V_{溶剂}}{1-x}$$

如溶剂为水

$$m_{溶质} = \frac{xV_{溶剂}}{1-x}$$

式中，$m_{溶质}$ 为固体试剂的质量；$x$ 为溶质质量分数；$m_{溶液}$ 为溶液的质量，g；$m_{溶剂}$ 为溶剂的质量，g；$\rho_{溶剂}$ 为溶剂的密度，3.98℃时，水的密度 $\rho = 1.0000$ g·mL$^{-1}$；$V_{溶剂}$ 为溶剂的体积，mL。

计算出配制一定质量分数的溶液所需固体试剂质量，用精度为 0.1g 电子天平称取，倒入烧杯，再用量筒取所需蒸馏水也倒入烧杯，搅动，使固体完全溶解即得所需溶液。将溶液倒入试剂瓶中，贴上标签，备用。

（2）质量摩尔浓度

$$m_{溶质} = \frac{Mbm_{溶剂}}{1000} = \frac{Mb\rho_{溶剂}V_{溶剂}}{1000}$$

如以水为溶剂

$$m_{溶质} = \frac{MbV_{溶剂}}{1000}$$

式中，$b$ 为质量摩尔浓度，mol·kg$^{-1}$；$M$ 为固体试剂摩尔质量，g·mol$^{-1}$。（其他符号说明同前。）

配制方法同质量分数。

（3）物质的量浓度

$$m_{溶质} = cVM$$

式中，$c$ 为物质的量浓度，mol·L$^{-1}$；$V$ 为溶液体积，L。（其他符号说明同前。）

① 粗略配制。算出配制一定体积溶液所需固体试剂质量，用精度为 0.1g 电子天平称取所需固体试剂，倒入带刻度烧杯中，加入少量蒸馏水搅动使固体完全溶解后，用蒸馏水稀释至刻度，即得所需的溶液。然后将溶液移入试剂瓶中，贴上标签，备用。

② 准确配制。算出配制给定体积准确浓度溶液所需固体试剂的用量，并在电子天平上准确称出它的质量，放在干净烧杯中，加适量蒸馏水使其完全溶解。将溶液转移到容量瓶（与所配溶液体积相适应）中，用少量蒸馏水洗涤烧杯 2~3 次，冲洗液也移入容量瓶中，再加蒸馏水至标线处，盖上塞子，将溶液摇匀即成所配溶液。然后将溶液移入试剂瓶中，贴上标签，备用。

**2. 由液体（或浓溶液）试剂配制溶液**

（1）质量分数

① 混合两种已知浓度的溶液，配制所需浓度溶液的计算方法是：把所需的溶液浓度放在两条直线交叉点上（即中间位置），已知溶液浓度放在两条直线的左端（较大的在上，较小的在下）。然后每条直线上两个数字相减，差额写在同一直线另一端（右边的上、下）。这样就得到所需的已知浓度溶液的份数。

如由 85% 和 40% 的溶液混合，制备 60% 的溶液：

需取用 20 份的 85% 溶液和 25 份的 40% 的溶液混合。

② 用溶剂稀释原液制成所需浓度的溶液，在计算时只需将左下角较小的浓度写成零，表示是纯溶液即可。

如用水把 35％的溶液稀释成 25％的溶液：

取 25 份 35％的溶液兑 10 份的水，就得到 25％的溶液。

配制时应先加水或稀溶液，然后加浓溶液。搅动均匀，将溶液转移到试剂瓶中，贴上标签，备用。

（2）物质的量浓度

① 计算

a. 由已知物质的量浓度溶液稀释

$$V_{原}=\frac{c_{新}V_{新}}{c_{原}}$$

式中，$c_{新}$为稀释后溶液的物质的量浓度；$V_{新}$为稀释后溶液体积；$c_{原}$为原溶液的物质的量浓度；$V_{原}$为取原溶液的体积。

b. 由已知质量分数溶液配制

$$c_{原}=\frac{\rho x}{M}\times 1000$$

$$V_{原}=\frac{c_{新}V_{新}}{c_{原}}$$

式中，$M$ 为溶质的摩尔质量；$\rho$ 为液体试剂（或浓溶液）的密度。

② 配制方法

a. 粗略配制。先用比重计测量液体（或浓溶液）试剂的相对密度，从有关表中查出其相应的质量分数，算出配制一定物质的量浓度的溶液所需液体（或浓溶液）用量，用量筒量取所需的液体（或浓溶液），倒入装有少量水的带刻度烧杯中混合。如果溶液放热，须冷却至室温后，再用水稀释至刻度。搅动使其均匀，然后移入试剂瓶中，贴上标签，备用。

b. 准确配制。当用较浓的准确浓度的溶液配制较稀的准确浓度的溶液时，先计算，然后用处理好的移液管吸取所需溶液注入给定体积的洁净的容量瓶中，再加蒸馏水至标线处，摇匀后，倒入试剂瓶，贴上标签，备用。

**【仪器、药品及材料】**

仪器与材料：烧杯（50mL、100mL）、吸量管（10mL）、容量瓶（100mL）、比重计、量筒（10mL、100mL）、试剂瓶、称量瓶、电子天平（0.1g、0.0001g）。

药品：$CuSO_4\cdot 5H_2O$、NaCl、KCl、$CaCl_2$、$NaHCO_3$、$SnCl_2\cdot 2H_2O$、$H_2SO_4$（浓）、HAc（已知浓度）、HCl（浓）。

**【实验内容】**

1. 用五水硫酸铜晶体配制 20mL 0.2mol·$L^{-1}$ 的 $CuSO_4$ 的溶液。

2. 配制 100mL 质量分数为 0.9％的生理盐水。按质量比 NaCl：KCl：$CaCl_2$：$NaHCO_3$ = 45：2.1：1.2：1 的比例，在 NaCl 溶液中加入 KCl、$CaCl_2$、$NaHCO_3$，经消毒后即得 0.9％生理盐水。

3. 用 98％浓硫酸配制 50mL 6mol·L$^{-1}$ H$_2$SO$_4$ 溶液，并用比重计测相对密度。

4. 由已知准确浓度的 HAc 溶液，精确配制 100mL 浓度大约为 0.2mol·L$^{-1}$ 的 HAc 溶液。

5. 用 SnCl$_2$·2H$_2$O 固体配制 50mL 0.1mol·L$^{-1}$ SnCl$_2$ 溶液。

**【实验习题】**

1. 配制硫酸溶液时，烧杯中先加水还是先加酸？为什么？

2. 在配制 SnCl$_2$（或 SbCl$_3$）溶液时，如何防止水解？

3. 某同学在配制硫酸铜溶液时，用分析天平称取硫酸铜晶体，用量筒量取水配成溶液，此操作对否？为什么？

4. 用容量瓶配制溶液时，要不要把容量瓶干燥？要不要用被稀释溶液洗三遍？为什么？

5. 怎样洗涤移液管？水洗净后的移液管在使用前还要用吸取的溶液来洗涤，为什么？

6. 如何配制得到浓度大约为 0.1mol·L$^{-1}$ 的 NaOH 标准溶液？

**【附注】**

1. 浓硫酸的相对密度 $d_4^{20}$ 与质量分数 $x$ 见表 6-1。

**表 6-1　浓硫酸的相对密度与质量分数对照表**

| $d_4^{20}$ | 1.8144 | 1.8195 | 1.8240 | 1.8279 | 1.8312 | 1.8337 | 1.8355 | 1.8364 | 1.8361 |
|---|---|---|---|---|---|---|---|---|---|
| $x/\%$ | 90 | 91 | 92 | 93 | 94 | 95 | 96 | 97 | 98 |

资料来源：顾庆. 化学用表. 南京：江苏科技出版社，1979.

若在相对密度表上找不到与所测相对密度对应的质量分数，只提供了相近数值，则其可由上下两个限值来求得。例如：测得 H$_2$SO$_4$ 相对密度为 1.8278。从上表可知

相对密度　　1.8240　　1.8312

质量分数/％　　92　　94

计算：

（1）求出对照表数据中相对密度及质量分数的差：

$$1.8312-1.8240=0.0072$$
$$94\%-92\%=2\%$$

（2）求出比重计所测定数值与表中最低值之间的差：

$$1.8278-1.8240=0.0038$$

（3）写出比例式：

$$0.0072:2\%=0.0038:x$$
$$x=\frac{2\%\times0.0038}{0.0072}=1.06\%$$

（4）将所求数值和表上所给最低的质量分数的数值相加：

$$92\%+1.06\%=93.06\%$$

2. 配制准确浓度溶液的固体试剂必须是组成与化学式完全符合的，而且是摩尔质量大的纯物质。在保存和称量时其组成和质量稳定不变，即通常说的基准物质。

3. 在配制溶液时，除注意准确度外，还要考虑试剂在水中的溶解性、热稳定性、挥发

性、水解性等因素的影响。

4. 比重计的使用

比重计是用来测定溶液相对密度的仪器。它是一支中空的玻璃浮柱，上部有标线，下部为一重锤，内装铅粒。根据溶液相对密度的不同而选用不同量程的比重计。通常将比重计分为两种，一种是测量相对密度大于1的液体，称作重表；另一种是测量相对密度小于1的液体，称作轻表。

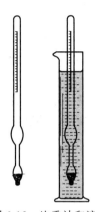

图6-12　比重计和液体相对密度的测定

测定液体时，将欲测液体注入大量筒中，然后将清洁干燥的比重计慢慢放入液体中。为了避免比重计在液体中上下浮沉和左右摇动与量筒壁接触以致打破，故在浸入时，应该用手扶住比重计的上端，并让它浮在液面上，待比重计不再摇动而且不与器壁相碰时，即可读数。读数时视线要与凹液面最低处相切。用完比重计要洗净，擦干，放回盒内。测定液体相对密度的方法，如图6-12所示。

**波美度简介**

生产上常用波美度（$°Be$）来表示溶液浓度，它是用波美（Baume）比重计（简称波美计，或称波美表）测定的。波美度测定简单，数值规整，故在工业生产中应用比较方便。通常使用的比重计，有的也有两行刻度，一行是相对密度，一行是波美度。在15℃时相对密度 $d$ 和波美度的换算公式为

相对密度大于1的液体：$d = \dfrac{144.3}{144.3 - °Be}$

相对密度小于1的液体：$d = \dfrac{144.3}{144.3 + °Be}$

需要指出的是波美表种类很多，标尺均不同，常见的有美国标尺、合理标尺、荷兰标尺等。我国用得较多的是美国标尺和合理标尺。上述换算公式为合理标尺波美度与相对密度的换算公式。

## 实验 4

## 氯化钠的提纯

**【实验目的】**

1. 学会用化学方法提纯粗食盐，为进一步精制成试剂级纯度的氯化钠提供原料。
2. 学会物质提纯的基本原理及方法，并对提纯后的产物进行纯度检验。
3. 练习常压过滤、减压过滤、蒸发浓缩、结晶和干燥等基本操作。
4. 熟练电子天平的使用方法。

**【实验原理】**

粗食盐中含有泥沙等不溶性杂质及溶于水的 $K^+$、$Ca^{2+}$、$Mg^{2+}$、$SO_4^{2-}$ 等离子。将粗

食盐溶于水后，用过滤的方法可以除去不溶性杂质。$Ca^{2+}$、$Mg^{2+}$、$SO_4^{2-}$ 等离子需要加沉淀剂使之转化为难溶沉淀物，再过滤除去。$K^+$ 等其他可溶性杂质含量少，蒸发结晶后不结晶，仍保留在母液中。有关的离子方程式如下：

$$SO_4^{2-} + Ba^{2+} =\!=\!= BaSO_4 \downarrow$$
$$Ca^{2+} + CO_3^{2-} =\!=\!= CaCO_3 \downarrow$$
$$Ba^{2+} + CO_3^{2-} =\!=\!= BaCO_3 \downarrow$$
$$2Mg^{2+} + CO_3^{2-} + 2OH^- =\!=\!= Mg(OH)_2 \cdot MgCO_3 \downarrow$$

### 【仪器、药品及材料】

仪器与材料：电子天平（0.1g）、烧杯（250mL）、量筒（10mL、100mL）、普通漏斗、漏斗架、吸滤瓶、布氏漏斗、循环水真空泵、蒸发皿、泥三角、石棉网、三脚架、坩埚钳、酒精灯、pH试纸、滤纸、火柴。

药品：$HCl(2mol \cdot L^{-1})$、$NaOH(2mol \cdot L^{-1})$、$Na_2CO_3(1mol \cdot L^{-1})$、$(NH_4)_2C_2O_4$ $(0.5mol \cdot L^{-1})$、$BaCl_2(1mol \cdot L^{-1})$、粗食盐、镁试剂。

### 【实验内容】

**1. 粗食盐的提纯**

（1）粗食盐的称量和溶解

在电子天平上称量 8g 粗食盐，放入烧杯中，加 30mL 去离子水。加热，搅拌使食盐溶解。

（2）$SO_4^{2-}$ 的除去

在煮沸的粗食盐溶液中，边搅拌边逐滴加入 $1mol \cdot L^{-1}$ $BaCl_2$ 溶液（约 2mL）。为检验沉淀是否完全，可将酒精灯移开，待沉淀下沉后，再在上层清液中加入 1~2 滴 $BaCl_2$ 溶液，观察是否有混浊现象。如清液不变混浊，说明 $SO_4^{2-}$ 已沉淀完全；如清液变混浊，则要继续滴加 $BaCl_2$ 溶液，直到沉淀完全为止。然后小火加热 3~5min，以使沉淀颗粒长大而便于过滤。用普通漏斗过滤，保留滤液，弃去沉淀。

（3）$Ca^{2+}$、$Mg^{2+}$、$Ba^{2+}$ 等的除去

在滤液中加入 $2mol \cdot L^{-1}$ NaOH 溶液（约 1mL）和 $1mol \cdot L^{-1}$ $Na_2CO_3$ 溶液（约 3mL），加热至沸。同上法用 $Na_2CO_3$ 溶液检验沉淀是否完全。继续煮沸 5min。用普通漏斗过滤，保留滤液，弃去沉淀。

（4）调节溶液的 pH 值

在滤液中逐滴加入 $2mol \cdot L^{-1}$ HCl 溶液，充分搅拌，并用玻璃棒蘸取滤液在试纸上试验，直到溶液呈微酸性（pH=4~5）为止。

（5）蒸发浓缩

将溶液转移到蒸发皿中，用小火加热，蒸发浓缩至溶液呈稀粥状为止。但切记不可将溶液蒸干，其目的是让少量的 $K^+$ 保留在溶液中而抽滤时除去。

（6）结晶、减压过滤、干燥

让浓缩液冷却至室温，用布氏漏斗减压过滤。再将晶体转移到蒸发皿中，放在石棉网上用小火加热进行干燥。冷却后称其质量，计算产率。

**2. 产品纯度的检验**

称粗食盐和提纯后的精盐各 1g，分别溶解于 5mL 去离子水中，然后分成三份，盛于试管中。用下述方法对照检验它们的纯度。

（1） $SO_4^{2-}$ 的检验

加入 2 滴 $1mol \cdot L^{-1}$ $BaCl_2$ 溶液，观察有无 $BaSO_4$ 白色沉淀产生。

（2） $Ca^{2+}$ 的检验

加入 2 滴 $0.5mol \cdot L^{-1}$ $(NH_4)_2C_2O_4$ 溶液，观察有无 $CaC_2O_4$ 白色沉淀产生。

（3） $Mg^{2+}$ 的检验

加入 2～3 滴 $2mol \cdot L^{-1}$ NaOH 溶液，使溶液呈碱性，再加入几滴镁试剂，如有蓝色沉淀产生，表示有 $Mg^{2+}$ 存在。

**【实验习题】**

1. 在除去 $Ca^{2+}$、$Mg^{2+}$、$SO_4^{2-}$ 时，为什么要先加入 $BaCl_2$ 溶液，然后再加入 $Na_2CO_3$ 溶液？

2. 蒸发前为什么要用盐酸将溶液的 pH 调至 4～5？

3. 蒸发结晶时为什么不可将溶液蒸干？

# 第七章

# 化学原理实验

## 实验 5

### 摩尔气体常数的测定

### 【实验目的】

1. 学习测定摩尔气体常数的一种方法。
2. 掌握理想气体状态方程和分压定律。
3. 练习仪器搭建、气密性检查等基本操作。

### 【实验原理】

在一定温度 $T$ 和压力 $p$ 下，通过测量一定质量 $m$ 的金属铝与过量盐酸反应所生成的氢气的体积 $V$，应用理想气体状态方程即可算出摩尔气体常数 $R$。

金属铝和盐酸反应的方程式为

$$2Al(s) + 6HCl(aq) \Longrightarrow 2AlCl_3(aq) + 3H_2(g)$$

反应所生成氢气的体积可通过实验测得。氢气的物质的量 $n(H_2)$ 可以根据反应的计量关系由铝的质量及物质的量求得。实验时的温度和压力可以分别由温度计和压力计测得。由于氢气是由排水集气法收集的，还含有水蒸气。在实验温度下水的饱和蒸气压 $p(H_2O)$ 可从数据表中查出。根据分压定律，氢气的分压

$$p(H_2) = p - p(H_2O)$$

将以上各项数据代入理想气体状态方程

$$pV = nRT$$

即可算出 $R$。

### 【仪器、药品及材料】

仪器与材料：电子天平（0.1mg）、铁架台、滴定管夹、铁圈、双顶丝、夹子、碱式滴定管（量气管）、试管、玻璃漏斗、试管夹、乳胶管、称量纸。

药品：$HCl(6mol \cdot L^{-1})$、铝片。

### 【实验内容】

① 准确称量铝片的质量（0.0220～0.0300g）。

② 按图 7-1 所示装好仪器。取下小试管，移动漏斗和铁圈，使量气管中的水面略低于刻度零，然后把铁圈固定。

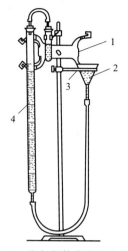

图 7-1　摩尔气体常数测定装置

1—滴定管夹；2—漏斗；

3—铁圈；4—量气管

③ 在小试管中用滴管加入 3mL 6mol·L⁻¹ HCl，注意不要使盐酸沾湿液面以上管壁。将已称量的铝片蘸少许水，贴在试管内壁上，但切勿与盐酸接触。将小试管固定，塞紧橡胶塞。

④ 检验仪器是否漏气。方法如下：将水平管（漏斗）向下（或向上）移动一段距离，使水平管中水面略低（或略高）于量气管中水面。固定水平管后，量气管中的水面如果不断下降（或上升），表示装置漏气。应检查各连接处是否接好（经常是橡胶塞没有塞紧）。按此法检验直到不漏气为止。

⑤ 调整水平管的位置，使量气管内水面与水平管内水面在同一水平面上，然后准确读出量气管内水的弯月面最低点的读数 $V_1$。

⑥ 轻轻摇动试管，使铝片落入盐酸中，铝片即与盐酸反应放出氢气。此时量气管内水面开始下降。为了不使量气管内气压增大造成漏气，在量气管内水平面下降的同时，慢慢下移水平管，使水平管中水面和量气管中水面基本保持相同水平。反应停止后，使试管冷却至室温（约 10min），移动水平管，使水平管内的水面和量气管内的水面相平，读出反应后量气管内水面的精确读数 $V_2$。

⑦ 记录实验时的室温 $T$ 和大气压力 $p$。

⑧ 从表 7-1 中查出室温时水的饱和蒸气压 $p(\mathrm{H_2O})$。

表 7-1　不同温度下水的饱和蒸气压 $p(\mathrm{H_2O})$

| 温度/℃ | 压力/Pa | 温度/℃ | 压力/Pa | 温度/℃ | 压力/Pa | 温度/℃ | 压力/Pa |
|---|---|---|---|---|---|---|---|
| 10 | 1228 | 16 | 1817 | 22 | 2643 | 28 | 3779 |
| 11 | 1312 | 17 | 1937 | 23 | 2809 | 29 | 4005 |
| 12 | 1402 | 18 | 2063 | 24 | 2984 | 30 | 4242 |
| 13 | 1497 | 19 | 2197 | 25 | 3167 | 31 | 4492 |
| 14 | 1598 | 20 | 2338 | 26 | 3361 | 32 | 4754 |
| 15 | 1705 | 21 | 2486 | 27 | 3565 | 33 | 5030 |

⑨ 数据记录与结果处理（表 7-2）。

表 7-2　实验数据记录与结果处理

| 实验项目 | 实验编号 | |
|---|---|---|
| | 1 | 2 |
| 铝片的质量 $m$/g | | |
| 反应前量气管中水面读数 $V_1$/mL | | |
| 反应后量气管中水面读数 $V_2$/mL | | |
| 氢气体积 $\Delta V = V_2 - V_1$/mL | | |
| 室温 $T$/K | | |

| 实验项目 | 实验编号 | |
|---|---|---|
| | 1 | 2 |
| 大气压 $p/Pa$ | | |
| 室温时的水的饱和蒸气压 $p(H_2O)/Pa$ | | |
| 氢气的分压 $p(H_2)/Pa$ | | |
| 摩尔气体常数测定值 $R_{实验}/(J \cdot mol^{-1} \cdot K^{-1})$ | | |
| 摩尔气体常数的平均值 $R_{平均}/(J \cdot mol^{-1} \cdot K^{-1})$ | | |
| 摩尔气体常数的通用值 $R_{通用}/(J \cdot mol^{-1} \cdot K^{-1})$ | 8.314 | |
| 相对误差 $E_r/\%$ | | |

注：$E_r = |R_{通用} - R_{实验}|/R_{通用} \times 100\%$。

**【实验习题】**

1. 实验中需要测量哪些数据？

2. 为什么必须检查仪器装置是否漏气？如果装置漏气，将造成怎样的误差？

3. 在读取量气管中水面读数时，为什么要使水平管中的水面与量气管中的水面相平？

4. 根据所得到的实验测定值，与一般通用的数值 $R = 8.314 J \cdot mol^{-1} \cdot K^{-1}$ 进行比较，讨论造成误差的主要原因。

5. 某同学在做实验时忘记了用砂纸打磨铝片，对最后结果有何影响？

## 实验6

# 水的净化——离子交换法

**【实验目的】**

1. 了解用离子交换法纯化水的原理和方法。

2. 掌握水质检验的原理和方法。

3. 学会电导率仪的正确使用方法。

**【实验原理】**

水是常用的溶剂，其溶解能力很强，很多物质易溶于水，因此天然水（河水、地下水等）中含有很多杂质。一般水中的杂质按其分散形态的不同可分为三类，见表 7-3。

表 7-3　天然水中的杂质

| 杂质种类 | 杂质 |
|---|---|
| 悬浮物 | 泥沙、藻类、植物遗体等 |
| 胶体物质 | 黏土胶粒、溶胶、腐殖质体等 |
| 溶解物质 | $Na^+$、$K^+$、$Ca^{2+}$、$Mg^{2+}$、$Fe^{3+}$、$CO_3^{2-}$、$HCO_3^-$、$Cl^-$、$SO_4^{2-}$、$O_2$、$N_2$、$CO_2$ 等 |

在化学实验中，水的纯度直接影响实验结果的准确度。因此了解水的纯度、掌握净化水的方法是每个化学工作者应具有的基本知识。

天然水经简单的物理、化学方法处理后得到的自来水，虽然除去了悬浮物及部分无机盐类，但仍含有较多的杂质（其他无机盐等）。因此，在化学实验中，自来水不能作为纯水使用。

天然水和自来水的净化，主要有以下几种方法。

**1. 蒸馏法**

将自来水（或天然水）在蒸馏装置中加热汽化，然后冷凝水蒸气即得蒸馏水。蒸馏水是化学实验中最常用的较为纯净、价廉的洗涤剂和溶剂。在25℃时其电阻率为$1×10^5\Omega·cm$。

**2. 电渗析法**

电渗析法是将自来水通过电渗析器，除去水中阴、阳离子，实现净化的方法。

电渗析器主要由离子交换膜、隔板、电极等组成（图7-2）。离子交换膜是整个电渗析器的关键部分，是由具有离子交换性能的高分子材料制成的薄膜。其特点是对阴、阳离子的通过具有选择性。阳离子交换膜（简称阳膜）只允许阳离子通过；阴离子交换膜（简称阴膜）只允许阴离子通过。所以，电渗析法除杂质离子的基本原理是：在外电场作用下，利用阴、阳离子交换膜对水中阴、阳离子的选择透过性，达到净化水的目的。

电渗析水的电阻率一般为$10^4～10^5\Omega·cm$，比蒸馏水的纯度略低。

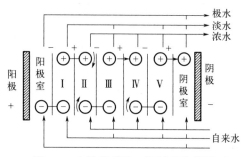
图7-2 电渗析器的工作原理示意图

**3. 离子交换法**

离子交换法是使自来水通过离子交换柱（内装阴、阳离子交换树脂）除去水中杂质离子，实现净化的方法。用此法得到的去离子水的纯度较高，25℃时的电阻率达$5×10^6\Omega·cm$以上。

（1）离子交换树脂

离子交换树脂是一种由人工合成的带有交换活性基团的多孔网状结构的高分子化合物。它的特点是性质稳定，与酸、碱及一般有机溶剂都不起作用。在其网状结构的骨架上，含有许多可与溶液中的离子起交换作用的"活性基团"。根据树脂可交换活性基团的不同，把离子交换树脂分为阳离子交换树脂和阴离子交换树脂两大类。

① 阳离子交换树脂。特点是树脂中的活性基团可与溶液中的阳离子进行交换。例如：
$$Ar—SO_3^- H^+ \quad Ar—COO^- H^+$$
Ar表示树脂中网状结构的骨架部分。

活性基团中含有$H^+$，可与溶液中的阳离子发生交换的阳离子交换树脂称为酸性阳离子交换树脂或H型阳离子交换树脂。按活性基团酸性强弱的不同，又分为强酸性、弱酸性离子交换树脂。例如$Ar—SO_3H$为强酸性离子交换树脂（如国产732型）；$Ar—COOH$为弱酸性离子交换树脂（如国产724型）；应用最广泛的是强酸性磺酸型聚乙烯树脂。

② 阴离子交换树脂。特点是树脂中的活性基团可与溶液中的阴离子发生交换。例如：
$$Ar—NH_3^+ OH^- \quad Ar—N^+(CH_3)_3 OH^-$$

活性基团中含有 $OH^-$，可与溶液中阴离子发生交换的阴离子交换树脂称为碱性阴离子交换树脂或 OH 型阴离子交换树脂。按活性基团碱性强弱的不同，可分为强碱性、弱碱性离子交换树脂。例如，$Ar-N^+(CH_3)_3OH^-$ 为强碱性离子交换树脂（如国产 717 型）；而 $Ar-NH_3^+OH^-$ 为弱碱性离子交换树脂（如国产 701 型）。

在制备去离子水时，使用强酸性和强碱性离子交换树脂。它们具有较好的耐化学腐蚀性、耐热性与耐磨性，在酸性、碱性及中性介质中都可以应用，同时离子交换效果好。

（2）离子交换法制备纯水的原理

离子交换法制备纯水的原理是基于树脂中的活性基团和水中各种杂质离子间的可交换性。

离子交换过程是水中的杂质离子先通过扩散进入树脂颗粒的内部，再与树脂活性基团中的 $H^+$ 或 $OH^-$ 发生交换，被交换的 $H^+$ 或 $OH^-$ 又扩散到溶液中去，并相互结合成 $H_2O$ 的过程。

例如 $Ar-SO_3^-H^+$ 型阳离子交换树脂，交换基团中的 $H^+$ 与水中的阳离子杂质（如 $Na^+$、$Ca^{2+}$、$Mg^{2+}$）进行交换后，使水中的 $Ca^{2+}$、$Mg^{2+}$、$Na^+$ 等结合到树脂上，并交换出 $H^+$ 于水中。反应如下：

$$Ar-SO_3^-H^+ + Na^+ \rightleftharpoons Ar-SO_3^-Na^+ + H^+$$
$$2Ar-SO_3^-H^+ + Ca^{2+} \rightleftharpoons (Ar-SO_3^-)_2Ca^{2+} + 2H^+$$

经过阳离子交换树脂交换后流出的水中有过剩的 $H^+$，因此呈酸性。

同样，水通过阴离子交换树脂，交换基团中的 $OH^-$ 与水中的阴离子杂质（如 $Cl^-$、$SO_4^{2-}$ 等）发生交换反应而交换出 $OH^-$，反应如下：

$$Ar-N^+(CH_3)_3OH^- + Cl^- \rightleftharpoons Ar-N^+(CH_3)_3Cl^- + OH^-$$

经过阴离子交换树脂交换后流出的水中含有过剩的 $OH^-$，因此呈碱性。

由以上分析可知，如果含有杂质离子的原料水（工业上称为原水）单纯地通过阳离子交换树脂或阴离子交换树脂后，虽然能达到分别除去阳（或阴）离子的作用，但所得的水是非中性的。如果将原水通过阴、阳混合离子交换树脂，则交换出来的 $H^+$ 和 $OH^-$ 又发生中和反应结合成水，从而得到纯度很高的去离子水。

$$H^+ + OH^- \rightleftharpoons H_2O$$

在离子交换树脂上进行的交换反应是可逆的。杂质离子可以交换出树脂中的 $H^+$ 和 $OH^-$，而 $H^+$ 或 $OH^-$ 又可以交换出树脂所包含的杂质离子。反应主要向哪个方向进行，与水中两种离子（$H^+$ 或 $OH^-$ 与杂质离子）浓度的大小有关。当水中杂质离子较多时，杂质离子交换出树脂中的 $H^+$ 和 $OH^-$ 离子是主要反应，但当水中杂质离子减少，树脂上的活性基团大量被杂质离子所交换时，则酸或碱溶液中大量存在着 $H^+$ 和 $OH^-$，反而会把杂质离子从树脂上交换下来，使树脂又转变成 H 型或 OH 型。由于交换反应的这种可逆性，所以只用两个离子交换柱（阳离子交换柱和阴离子交换柱）串联起来所生产的水仍含有少量的杂质离子未经交换而遗留在水中。为了进一步提高水质，可再串联一个由阳离子交换树脂和阴离子交换树脂均匀混合的交换柱，其作用相当于串联了很多个阳离子交换柱与阴离子交换柱，而且在交换柱床层任何部位的水都是中性的，从而减少了逆反应发生的可能性。

利用上述交换反应可逆的特点，既可以将原水中的杂质离子除去，达到纯化水的目的，又可以将盐型的失效树脂经过适当处理后重新复原，恢复交换能力，解决树脂循环再使用的问题。后一过程称为树脂的再生。

另外，由于树脂是多孔网状结构，具有很强的吸附能力，可以同时除去电中性杂质。又由于装有树脂的交换柱本身就是一个很好的过滤器，所以颗粒杂质也能一同除去。

### 【仪器、药品及材料】

仪器与材料：DDS-11A 型电导率仪、离子交换柱 3 支、自由夹 4 个、直角玻璃弯管、直玻璃管、烧杯、乳胶管、橡胶管、玻璃纤维。

药品：732 型强酸性阳离子交换树脂、717 型强碱性阴离子交换树脂、钙试剂（0.1%）、镁试剂（0.1%）、$HNO_3$（2mol·$L^{-1}$）、HCl（5%）、NaOH（5%，2mol·$L^{-1}$）、$AgNO_3$（0.1mol·$L^{-1}$）、$BaSO_4$（1mol·$L^{-1}$）

### 【实验内容】

#### 1. 离子交换树脂的预处理、装柱和树脂再生

（1）树脂的预处理（将盐型离子交换树脂变成指定的 H 型或 OH 型）

阳离子交换树脂的预处理：自来水冲洗树脂至水为无色后，改用纯水浸泡 4～8h，再用 5% 盐酸浸泡 4h；倾去盐酸溶液，用纯水洗至 pH＝3～4；纯水浸泡备用。

阴离子交换树脂的预处理：将树脂如同上法漂洗和浸泡后，改用 5% NaOH 溶液浸泡 4h；倾去 NaOH 溶液，用纯水洗至 pH＝8～9；纯水浸泡备用。

（2）装柱

用离子交换法制备纯水或进行离子分离等操作，要求在离子交换柱中进行。本实验中的交换柱采用 $\phi$＝7mm 的玻璃管拉制而成，把玻璃管的下端拉成尖嘴，管长 16cm，在尖嘴上套一根细乳胶管，用小夹子控制出水的速度。

离子交换树脂制备成需要的型号后（阳离子交换树脂处理成 H 型、阴离子交换树脂处理成 OH 型），浸泡在纯水中备用。装柱的方法如下：

将少许湿润的玻璃纤维塞在交换柱下端，以防树脂漏出。然后在交换柱中加入柱高 1/3 的纯水，排出柱下部和玻璃纤维中的空气。将处理好的湿树脂（连同纯水）一起加入交换柱中，同时调节小夹子让水缓慢流出（水流的速度不能太快，防止树脂露出水面），并轻敲柱子，使树脂均匀自然下沉。装柱时应防止树脂层中夹有气泡。装柱完毕后，最好在树脂层的上面盖一层湿玻璃纤维，以防加入溶液时把树脂层掀动。

（3）阳离子交换树脂的再生

按图 7-3 装置，在 30mL 的试剂瓶中装入 6～10 倍于阳离子交换树脂体积的 2mol·$L^{-1}$（5%～10%）HCl 溶液，通过虹吸管以每秒约一滴的流速淋洗树脂。可用夹子 2 控制酸液的流速，用夹子 1 控制树脂上液层的高度，注意在操作中切勿使液面低于树脂层。如此用酸淋洗，直到交换柱中流出液不含 $Na^+$ 为止（如何检验？）。然后用蒸馏水洗涤树脂，直至流出液的 pH≈6。

（4）阴离子交换树脂的再生

可用大约 6～10 倍于阴离子交换树脂体积量的 2mol·$L^{-1}$（或 5%）NaOH 溶液。再生操作同（3），直至交换柱流出液中不含 $Cl^-$ 为止（如何检验？）。然后用蒸馏水淋洗树脂，直至流出液的 pH≈7～8。

#### 2. 装柱

在一支长约 30cm、直径 1cm 的交换柱的下部放一团玻璃纤维，下部通过橡胶管与尖嘴

玻璃管相连，用螺旋夹夹住橡胶管，将交换柱固定在铁架台上。在柱中注入少量蒸馏水，排出管内玻璃纤维和尖嘴中的空气，然后将已处理并混合好的树脂与水一起，从上端逐渐倾入柱中，树脂沿水下沉，这样不致带入气泡。若水过满，可打开螺旋夹放水，当上部残留的水达 1cm 时，在顶部也装入一小团玻璃纤维，防止注入溶液时将树脂冲起。在整个操作过程中，树脂要保持被水覆盖。如果树脂床中进入空气，会产生偏流使交换效率降低，可用玻璃棒搅动树脂层赶走气泡。第一个柱中装入约 1/2 柱容积的阳离子交换树脂，第二个柱中装入约 2/3 柱容积的阴离子交换树脂，第三个柱中装入约 2/3 柱容积的混合离子交换树脂（阳离子交换树脂与阴离子交换树脂按 1∶2 体积混合）。装置完毕，按图 7-4 所示将 3 个柱进行串联，在串联时同时使用纯水并注意尽量排出连接管内的气泡，以免液柱阻力过大而离子交换不通畅。

图 7-3　树脂再生装置图
1—流出液控制夹；2—进液控制夹

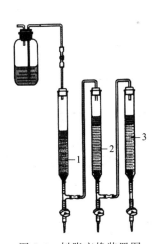

图 7-4　树脂交换装置图
1—阳离子交换树脂；2—阴离子交换树脂；3—混合离子交换树脂

### 3. 纯水制备

将河水（自来水）慢慢注入交换柱中，同时打开螺旋夹，使水成滴流出（流速 1～2 滴·$s^{-1}$，等流过约 10mL 以后，截取流出液作水质检验，直至检验合格。

### 4. 水质检验

（1）化学检验

依次使原料水流经阳离子交换柱、阴离子交换柱、混合离子交换柱。并依次接收原料水、阳离子交换柱流出水、阴离子交换柱流出水、混合离子交换柱流出水试样。按表 7-4 方法检验 $Ca^{2+}$、$Mg^{2+}$、$Cl^-$ 和 $SO_4^{2-}$，并将结果填在表格中。

（2）物理检验

电导率测定：用电导率仪分别测定经各交换柱后的交换水和自来水的电导率。水中杂质离子越少，水的电导率就越小，用电导率仪测定电导率可间接表示水的纯度。习惯上用电阻率（即电导率的倒数）表示水的纯度。理想纯水有极小的电导率，其电阻率在 25℃ 时为 $1.8 \times 10^7 \Omega \cdot cm$（电导率为 $0.056 \mu S \cdot cm^{-1}$）。普通化学实验用水在 $1.0 \times 10^5 \Omega \cdot cm$（电导率为 $10 \mu S \cdot cm^{-1}$），若交换水的测定达到这个数值，即为合乎要求。

（3）pH 测定

用 pH 试纸分别测定经阳离子交换柱流出水、经阴离子交换柱流出水、混合离子交换柱流出水和河水的 pH。

将检验结果填入表 7-4 中，并根据检验结果作出结论。

表 7-4　检验结果及结论

| 检验对象 | 检验方法 | | | | | | 结论 |
|---|---|---|---|---|---|---|---|
| | 电导率 | pH | $Ca^{2+}$ | $Mg^{2+}$ | $Cl^-$ | $SO_4^{2-}$ | |
| | 测电导率 /($\mu$S· $cm^{-1}$) | pH 试纸 | 加入 1 滴 2mol· $L^{-1}$ NaOH 溶液和 1 滴钙试剂溶液，观察有无红色溶液生成 | 加入 1 滴 2mol· $L^{-1}$ NaOH 溶液和 1 滴镁试剂溶液，观察有无天蓝色沉淀生成 | 加入 1 滴 2mol· $L^{-1}$ $HNO_3$ 溶液，再加入 1 滴 0.1mol· $L^{-1}$ $AgNO_3$ 溶液，观察有无白色沉淀生成 | 加入 1 滴 1mol· $L^{-1}$ $BaCl_2$ 溶液，观察有无白色沉淀生成 | — |
| 河水 | | | | | | | |
| 阳离子交换柱流出水 | | | | | | | |
| 阴离子交换柱流出水 | | | | | | | |
| 混合离子交换柱流出水 | | | | | | | |

**5. 再生**

按实验内容 1 中所述的方法再生阴、阳离子交换树脂。

**【实验习题】**

1. 天然水中主要的无机盐杂质是什么？试述离子交换法净化水的原理。

2. 用电导率仪测定水纯度的依据是什么？

3. 如何筛分混合的阴阳离子交换树脂？

实验 **7**

# 化学反应速率与活化能的测定

**【实验目的】**

1. 了解浓度、温度及催化剂对化学反应速率的影响。

2. 测定 $(NH_4)_2S_2O_8$ 与 KI 反应速率，并计算反应级数、反应速率常数和反应的活化能。

**【实验原理】**

$(NH_4)_2S_2O_8$ 与 KI 在水溶液中发生如下反应：

$$S_2O_8^{2-}(aq)+3I^-(aq)\Longrightarrow2SO_4^{2-}(aq)+I_3^-(aq) \qquad (7\text{-}1)$$

这个反应的平均反应速率为

$$\overline{v}=-\frac{\Delta c\left(\mathrm{S_2O_8^{2-}}\right)}{\Delta t}=k\left[c\left(\mathrm{S_2O_8^{2-}}\right)\right]^{\alpha}\left[c\left(\mathrm{I^-}\right)\right]^{\beta}$$

式中，$\overline{v}$ 为反应的平均反应速率；$\Delta c\left(\mathrm{S_2O_8^{2-}}\right)$ 为 $\Delta t$ 时间内 $\mathrm{S_2O_8^{2-}}$ 的浓度变化；$c\left(\mathrm{S_2O_8^{2-}}\right)$、$c\left(\mathrm{I^-}\right)$ 分别为 $\mathrm{S_2O_8^{2-}}$、$\mathrm{I^-}$ 的起始浓度；$k$ 为该反应的速率常数；$\alpha$、$\beta$ 分别为 $\mathrm{S_2O_8^{2-}}$、$\mathrm{I^-}$ 的反应级数，$(\alpha+\beta)$ 为该反应的总级数。

为了测出在一定时间 $(\Delta t)$ 内 $\mathrm{S_2O_8^{2-}}$ 的浓度变化，在混合 $(\mathrm{NH_4})_2\mathrm{S_2O_8}$ 和 KI 溶液的同时，加入一定体积的已知浓度的 $\mathrm{Na_2S_2O_3}$ 溶液和淀粉，这样在反应式(7-1)进行的同时，还有以下反应发生：

$$2\mathrm{S_2O_3^{2-}}(\mathrm{aq})+\mathrm{I_3^-}(\mathrm{aq})=\!=\!=\mathrm{S_4O_6^{2-}}(\mathrm{aq})+3\mathrm{I^-}(\mathrm{aq})\tag{7-2}$$

由于反应式(7-2)的速率比反应式(7-1)大得多，由反应式(7-1)生成的 $\mathrm{I_3^-}$ 会立即与 $\mathrm{S_2O_3^{2-}}$ 反应生成无色的 $\mathrm{S_4O_6^{2-}}$ 和 $\mathrm{I^-}$。这就是说，在反应开始的一段时间内，溶液呈无色，但当 $\mathrm{Na_2S_2O_3}$ 一旦耗尽，由反应式(7-1)生成的微量 $\mathrm{I_3^-}$ 就会立即与淀粉作用，使溶液呈蓝色。

由反应式(7-1)和式(7-2)的关系可以看出，每消耗 1mol $\mathrm{S_2O_8^{2-}}$ 就要消耗 2mol 的 $\mathrm{S_2O_3^{2-}}$，即

$$\Delta c\left(\mathrm{S_2O_8^{2-}}\right)=\frac{1}{2}\Delta c\left(\mathrm{S_2O_3^{2-}}\right)$$

由于在 $\Delta t$ 时间内，$\mathrm{S_2O_3^{2-}}$ 已全部耗尽，所以 $\Delta c\left(\mathrm{S_2O_3^{2-}}\right)$ 实际上就是反应开始时的 $\mathrm{Na_2S_2O_3}$ 的浓度，即

$$-\Delta c\left(\mathrm{S_2O_3^{2-}}\right)=c_0\left(\mathrm{S_2O_3^{2-}}\right)$$

这里的 $c_0\left(\mathrm{S_2O_3^{2-}}\right)$ 为 $\mathrm{Na_2S_2O_3}$ 的起始浓度。在本实验中，由于每份混合液中 $\mathrm{Na_2S_2O_3}$ 的起始浓度都相同，因而 $\Delta c\left(\mathrm{S_2O_3^{2-}}\right)$ 也是相同的，这样，只要记下从反应开始到出现蓝色所需要的时间 $(\Delta t)$，就可以算出一定温度下该反应的平均反应速率：

$$\overline{v}=-\frac{\Delta c\left(\mathrm{S_2O_8^{2-}}\right)}{\Delta t}=-\frac{\Delta c\left(\mathrm{S_2O_3^{2-}}\right)}{2\Delta t}=\frac{c_0\left(\mathrm{S_2O_3^{2-}}\right)}{2\Delta t}$$

按照初始速率法，在不同浓度下测得反应速率，即可求出该反应的反应级数 $\alpha$ 和 $\beta$，进而求得反应的总级数 $(\alpha+\beta)$，再由 $k=\dfrac{v}{\left[c\left(\mathrm{S_2O_8^{2-}}\right)\right]^{\alpha}\left[c\left(\mathrm{I^-}\right)\right]^{\beta}}$ 求出反应速率常数 $k$。

由 Arrhenius 方程，得

$$\lg k=A-\frac{E_a}{2.303RT}$$

式中，$E_a$ 为反应的活化能；$R$ 为摩尔气体常数，$R=8.314\mathrm{J\cdot mol^{-1}\cdot K^{-1}}$；$T$ 为热力学温度。

求出不同温度时的 $k$ 值后，以 $\lg k$ 对 $\dfrac{1}{T}$ 作图，可得一直线，由直线的斜率 $\left(\dfrac{E_a}{2.303R}\right)$ 可求得反应的活化能 $E_a$。

$\mathrm{Cu^{2+}}$ 可以加速 $(\mathrm{NH_4})_2\mathrm{S_2O_8}$ 与 KI 反应，$\mathrm{Cu^{2+}}$ 的加入量不同，反应速率也不同。

## 【仪器、药品及材料】

仪器与材料：恒温水浴 1 台、烧杯（50mL）5 个（标上 1、2、3、4、5）、量筒［10mL

4个，分别贴上（NH₄）₂S₂O₈、KI、KNO₃、（NH₄）₂SO₄ 标签；5mL 2 个，分别贴上 Na₂S₂O₃、淀粉标签]、秒表1块、玻璃棒或电磁搅拌器、坐标纸。

药品：$(NH_4)_2S_2O_8$（0.2mol·L⁻¹）、KI（0.2mol·L⁻¹）、$Na_2S_2O_3$（0.05mol·L⁻¹）、KNO₃ （0.2mol·L⁻¹）、$(NH_4)_2SO_4$（0.2mol·L⁻¹）、淀粉溶液（0.2%）、$Cu(NO_3)_2$（0.01mol·L⁻¹）。

**【实验内容】**

**1. 浓度对反应速率的影响，求反应级数、速率常数**

在室温下，按表 7-5 所列各反应物用量，用量筒准确量取各试剂，除 0.2mol·L⁻¹ $(NH_4)_2S_2O_8$ 外，其余各试剂均按用量混合在各编号烧杯中，加入 0.2mol·L⁻¹ $(NH_4)_2S_2O_8$ 溶液时，立即计时，并把溶液混合均匀（用玻璃棒搅拌或把烧杯放在电磁搅拌器上搅拌），等溶液变蓝时停止计时，记下时间 $\Delta t$ 和室温。计算每次实验的反应速率 $v$，并填入表 7-5 中。

用表 7-5 中实验编号 1、2、3 的数据，求 $\alpha$；用实验编号 1、4、5 的数据，求出 $\beta$，再求出（$\alpha+\beta$）；再由公式 $k=\dfrac{v}{[c(S_2O_8^{2-})]^{\alpha}[c(I^-)]^{\beta}}$，求出各实验的 $k$，并把计算结果填入表 7-5 中。

表 7-5　浓度对反应速率的影响　　室温：_____℃

| 试剂 | 实验编号 | | | | |
|---|---|---|---|---|---|
| | 1 | 2 | 3 | 4 | 5 |
| $V[(NH_4)_2S_2O_8]$/mL | 10 | 5 | 2.5 | 10 | 10 |
| $V(KI)$/mL | 10 | 10 | 10 | 5 | 2.5 |
| $V(Na_2S_2O_3)$/mL | 3 | 3 | 3 | 3 | 3 |
| $V(KNO_3)$/mL | — | — | — | 5 | 7.5 |
| $V[(NH_4)_2SO_4]$/mL | — | 5 | 7.5 | — | — |
| $V$(淀粉溶液)/mL | 1 | 1 | 1 | 1 | 1 |
| $c_0(S_2O_8^{2-})$/(mol·L⁻¹) | | | | | |
| $c_0(I^-)$/(mol·L⁻¹) | | | | | |
| $c_0(S_2O_3^{2-})$/(mol·L⁻¹) | | | | | |
| $\Delta t$/s | | | | | |
| $\Delta c(S_2O_3^{2-})$/(mol·L⁻¹) | | | | | |
| $v$/(mol·L⁻¹·s⁻¹) | | | | | |
| $\alpha$ | | | | | |
| $\beta$ | | | | | |
| $\alpha+\beta$ | | | | | |
| $k/[(mol·L^{-1})^{1-\alpha-\beta}·s^{-1}]$ | | | | | |
| $\bar{k}/[(mol·L^{-1})^{1-\alpha-\beta}·s^{-1}]$ | | | | | |
| 结论： | | | | | |

**2. 温度对反应速率的影响，求活化能**

按表 7-5 中实验编号 1 的试剂用量分别在高于室温 10℃、20℃、30℃ 的温度下进行实验。这样就可测得这三个温度下的反应时间，并算出三个温度下的反应速率及速率常数，把数据和实验结果填入表 7-6 中。

表 7-6 温度对反应速率的影响

| 实验编号 | $T/K$ | $\Delta t/s$ | $v/(mol \cdot L^{-1} \cdot s^{-1})$ | $k/[(mol \cdot L^{-1})^{1-\alpha-\beta} \cdot s^{-1}]$ | $lgk$ | $\dfrac{1}{T}/K^{-1}$ |
|---|---|---|---|---|---|---|
| 1 | | | | | | |
| 6 | | | | | | |
| 7 | | | | | | |
| 8 | | | | | | |
| 结论： | | | | | | |

利用表 7-6 中各次实验的 $k$ 和 $T$，以 $lgk$ 对 $1/T$ 作图，求出直线的斜率，进而求得反应式(7-1) 的活化能 $E_a$。

**3. 催化剂对反应速率的影响**

在室温下，按表 7-5 中实验编号 1 的试剂用量，把 KI、$Na_2S_2O_3$ 和淀粉溶液加到 150mL 烧杯中，再加入 2 滴 $0.02mol \cdot L^{-1}Cu(NO_3)_2$ 溶液，搅匀，然后迅速加入 $(NH_4)_2S_2O_8$ 溶液，搅动、计时。将此实验的反应速率与实验编号 1 的反应速率定性地进行比较，得出结论。

【实验习题】

1. 若用 $I^-$（或 $I_3^-$）的浓度变化来表示该反应的速率，则 $v$ 和 $k$ 是否和用 $S_2O_8^{2-}$ 的浓度变化表示的一样？
2. 实验中当蓝色出现后，反应是否终止了？
3. 化学反应的反应级数是如何确定的？用本实验的结果加以说明。
4. 用 Arrhenius 方程计算反应的活化能，并与作图法得到的数值进行比较。

## 实验 8

# 醋酸解离常数的测定（pH 法）

【实验目的】

1. 学习溶液配制方法及有关仪器搭配使用。
2. 学习酸碱滴定法标定醋酸浓度的原理及方法。
3. 学习醋酸解离常数测定的基本原理及方法。
4. 学习酸度计的使用方法。

**【实验原理】**

醋酸（$CH_3COOH$，简写为 HAc）是一元弱酸，在水溶液中存在如下解离平衡

$$HAc(aq) + H_2O(l) \rightleftharpoons H_3O^+(aq) + Ac^-(aq)$$

其解离常数的表达式为

$$K_a^\ominus(HAc) = \frac{[c(H_3O^+)/c^\ominus][c(Ac^-)/c^\ominus]}{c(HAc)/c^\ominus}$$

若弱酸 HAc 的初始浓度为 $c_0(mol \cdot L^{-1})$，其中 $x(mol \cdot L^{-1})$ HAc 发生解离，解离度为 $\alpha$，并且忽略水的解离，则平衡时

$$c(HAc) = (c_0 - x) = c_0(1 - \alpha)$$

$$c(H_3O^+) = c(Ac^-) = x = c_0\alpha$$

$$K_a^\ominus(HAc) = \frac{x^2}{c_0 - x}$$

在一定温度下，用酸度计测定一系列已知浓度的弱酸溶液的 pH。根据 $pH = -lg[c(H_3O^+)/c^\ominus]$，求出 $c(H_3O^+)$，即 $x$，代入上式，即可求出一系列的 $K_a^\ominus(HAc)$，取其平均值，即为该温度下醋酸的解离常数。

**【仪器、药品及材料】**

仪器与材料：pH 计、碱式滴定管 1 支、锥形瓶（50mL）3 个、容量瓶（50mL）3 个（编号 1、2、3）、烧杯（50mL）4 个（编号 1、2、3、4）、移液管（25mL）1 支、吸量管（5mL）1 支、洗耳球 1 个、滤纸。

药品：HAc（$0.1mol \cdot L^{-1}$，实验室标定浓度）、NaOH 标准溶液（$0.1mol \cdot L^{-1}$）、酚酞指示剂。

**【实验内容】**

**1. HAc 溶液浓度的标定**

用 25mL 移液管平行移取三份 25.00mL 待标定 HAc 溶液于锥形瓶中，各加入 2 滴酚酞指示剂，用已知浓度的 NaOH 标准溶液滴至溶液刚好由无色变为粉红色且半分钟内不褪色，即为终点。将数据记录于表 7-7，计算 HAc 溶液浓度，且各次的相对偏差应小于或等于 0.2%（$|V_{测定} - V_{平均}| \leqslant 0.05mL$），否则需要重新标定。

表 7-7　醋酸溶液浓度的标定　　室温：＿＿℃

| 项目 | 实验编号 | | |
|---|---|---|---|
| | 1 | 2 | 3 |
| 滴定前滴定管读数 $V_1(NaOH)/mL$ | | | |
| 滴定后滴定管读数 $V_2(NaOH)/mL$ | | | |
| NaOH 溶液用量 $V(NaOH)/mL$ | | | |
| NaOH 溶液浓度/($mol \cdot L^{-1}$) | | | |
| HAc 溶液用量 $V(HAc)/mL$ | 25.00 | | |

| 项目 | | 实验编号 | | |
|---|---|---|---|---|
| | | 1 | 2 | 3 |
| HAc 溶液的浓度/(mol·L$^{-1}$) | 测定值 | | | |
| | 平均值 | | | |

### 2. 不同浓度 HAc 溶液的配制

① 向干燥的烧杯中倒入已知浓度的 HAc 溶液约 50mL。

② 用移液管或吸量管自烧杯中分别吸取 2.50mL、5.00mL、25.00mL 已知浓度的 HAc 溶液，放入三个 50mL 容量瓶中，再用去离子水稀释至刻度，摇匀，并计算这三个容量瓶中 HAc 溶液的准确浓度。

### 3. 不同浓度醋酸溶液 pH 的测定

① 将以上四种不同浓度的 HAc 溶液分别倒入四只干燥的 50mL 烧杯中。

② 按浓度从低到高的顺序，用 pH 计依次测定各醋酸溶液的 pH，并记录实验数据。计算解离度和解离平衡常数，并将有关数据填入表 7-8。

表 7-8　醋酸溶液 pH 的测定

pH 计型号：＿＿＿＿＿＿＿＿　　　室温：＿＿＿℃

| 实验编号 | $c_0$(HAc)/ (mol·L$^{-1}$) | pH | $c(H_3O^+)$/ (mol·L$^{-1}$) | 解离度 $\alpha$ | $K_a^{\ominus}$(HAc) | |
|---|---|---|---|---|---|---|
| | | | | | 测定值 | 平均值 |
| 1 | | | | | | |
| 2 | | | | | | |
| 3 | | | | | | |
| 4 | | | | | | |

注：解离平衡常数平均值和测定值的标准偏差 $s$ 计算公式：

$$\overline{K_a^{\ominus}}(HAc) = \frac{\sum\limits_{i=1}^{n} K_{ai}^{\ominus}(HAc)}{n} \qquad s = \sqrt{\frac{\sum\limits_{i=1}^{n}[K_{ai}^{\ominus}(HAc) - \overline{K_a^{\ominus}}(HAc)]^2}{n-1}}$$

### 【实验习题】

1. 实验所用烧杯、移液管或吸量管各用哪种 HAc 溶液润洗？容量瓶是否要用 HAc 溶液润洗？为什么？

2. 用 pH 计测定溶液的 pH 时，各用什么标准溶液定位？

3. 测定 HAc 溶液的 pH 时，为什么要按其浓度从小到大的顺序测定？

4. 实验所测的 4 种醋酸溶液的解离度各为多少？由此可得出什么结论？

### 【附注】

NaOH 溶液浓度的标定

NaOH 溶液的浓度用邻苯二甲酸氢钾（$C_8H_5O_4K$）标定，分子量 204.23，准确称取三份 0.95～1.05g 邻苯二甲酸氢钾置入锥形瓶，并加水溶解，加入 1～2 滴酚酞指示剂，滴定到浅红色，记录所用 NaOH 溶液体积（$|V_{测定} - V_{平均}| \leqslant 0.05mL$），计算 NaOH 的浓度。

## 实验 9

# 酸碱反应与缓冲溶液

## 【实验目的】

1. 了解和巩固酸碱反应的有关概念和原理（如同离子效应、盐类的水解及其影响因素）。
2. 学习缓冲溶液的配制及其 pH 的测定，进一步了解缓冲溶液的缓冲性能。
3. 学习试管实验的一些基本操作。
4. 进一步熟悉酸度计的使用方法。

## 【实验原理】

### 1. 同离子效应

强电解质在水中全部解离，弱电解质在水中部分解离。在一定温度下，弱酸、弱碱的解离平衡如下：

$$HA(aq) + H_2O(l) \Longrightarrow H_3O^+(aq) + A^-(aq)$$

$$B(aq) + H_2O(l) \Longrightarrow BH^+(aq) + OH^-(aq)$$

在弱电解质溶液中，加入与弱电解质含有相同离子的强电解质，解离平衡向生成弱电解质的方向移动，使弱电解质的解离度下降，这种现象称为同离子效应。

### 2. 盐的水解

强酸强碱盐在水中不水解。强酸弱碱盐（如 $NH_4Cl$）水解，溶液显酸性；强碱弱酸盐（如 NaAc）水解，溶液显碱性；弱酸弱碱盐（如 $NH_4Ac$）水解，溶液的酸碱性取决于相应酸碱的相对强弱。例如：

$$Ac^-(aq) + H_2O(l) \Longrightarrow HAc(aq) + OH^-(aq)$$

$$NH_4^+(aq) + H_2O(l) \Longrightarrow NH_3 \cdot H_2O(aq) + H^+(aq)$$

$$NH_4^+(aq) + Ac^-(aq) + H_2O(l) \Longrightarrow NH_3 \cdot H_2O(aq) + HAc(aq)$$

水解反应是酸碱中和反应的逆反应。中和反应是放热反应，水解反应是吸热反应，因此，升高温度有利于盐类的水解。

### 3. 缓冲溶液

由弱酸（或弱碱）与弱酸（或弱碱）盐（如 HAc-NaAc、$NH_3 \cdot H_2O$-$NH_4Cl$、$H_3PO_4$-$NaH_2PO_4$、$NaH_2PO_4$-$Na_2HPO_4$、$Na_2HPO_4$-$Na_3PO_4$ 等）组成的溶液，具有保持溶液 pH 相对稳定的性质，这类溶液称为缓冲溶液。

由弱酸-弱酸盐组成的缓冲溶液的 pH 可由下列公式来计算：

$$pH = pK_a^{\ominus}(HA) - \lg \frac{c(HA)}{c(A^-)}$$

由弱碱-弱碱盐组成的缓冲溶液的 pH 可由下列公式来计算：

$$pH = 14 - pK_b^{\ominus}(B) + \lg \frac{c(B)}{c(BH^+)}$$

缓冲溶液的 pH 可以用 pH 试纸或酸度计来测定。

缓冲溶液的缓冲能力与组成缓冲溶液的弱酸（或弱碱）及其共轭碱（或酸）的浓度有关，当弱酸（或弱碱）与它的共轭碱（或酸）浓度较大时，其缓冲能力较强。此外，缓冲能力还与 $c(HA)/c(A^-)$ 或 $c(B)/c(BH^+)$ 有关，但比值接近 1 时，其缓冲能力最强。此比值通常选在 $0.1 \sim 10$ 范围之内。

### 【仪器、药品及材料】

仪器与材料：酸度计、量筒（10mL）5 个、烧杯（50mL）4 个、点滴板、试管、试管架、石棉网、煤气灯、pH 试纸。

药品：$HCl$（$0.1 mol \cdot L^{-1}$、$2 mol \cdot L^{-1}$）、$HAc$（$0.1 mol \cdot L^{-1}$、$1 mol \cdot L^{-1}$）、$NaOH$（$0.1 mol \cdot L^{-1}$）、$NH_3 \cdot H_2O$（$0.1 mol \cdot L^{-1}$、$1 mol \cdot L^{-1}$）、$NaCl$（$0.1 mol \cdot L^{-1}$）、$Na_2CO_3$（$0.1 mol \cdot L^{-1}$）、$NH_4Cl$（$0.1 mol \cdot L^{-1}$、$1 mol \cdot L^{-1}$）、$NaAc$（$1.0 mol \cdot L^{-1}$、$0.1 mol \cdot L^{-1}$）、$NH_4Ac(s)$、$BiCl_3$（$0.1 mol \cdot L^{-1}$）、$CrCl_3$（$0.1 mol \cdot L^{-1}$）、$Fe(NO_3)_3$（$0.5 mol \cdot L^{-1}$）、酚酞、甲基橙、未知溶液（A、B、C、D）。

### 【实验内容】

**1. 同离子效应**

① 用 pH 试纸、酚酞试剂测定和检查 $0.1 mol \cdot L^{-1} NH_3 \cdot H_2O$ 的酸碱性；再加入少量 $NH_4Ac(s)$，观察现象，写出反应方程式，并简要解释。

② 用 $0.1 mol \cdot L^{-1} HAc$ 代替 $0.1 mol \cdot L^{-1} NH_3 \cdot H_2O$，用甲基橙代替酚酞，重复实验内容①。

**2. 盐类的水解**

① A、B、C、D 是四种失去标签的盐溶液，只知道它们是 $0.1 mol \cdot L^{-1}$ 的 $NaCl$、$NaAc$、$NH_4Cl$、$Na_2CO_3$ 溶液，试通过测定其 pH 并结合理论计算确定 A、B、C、D 各为何物。

② 设计实验，在常温和加热情况下观察 $0.5 mol \cdot L^{-1} Fe(NO_3)_3$ 的水解现象并解释。

③ 在 3mL $H_2O$ 中加入 1 滴 $0.1 mol \cdot L^{-1} BiCl_3$ 溶液，观察现象。再滴加 $2 mol \cdot L^{-1}$ HCl 溶液，观察有何变化，写出离子方程式。

④ 在试管中加入 2 滴 $0.1 mol \cdot L^{-1} CrCl_3$ 溶液和 3 滴 $0.1 mol \cdot L^{-1}$ 的 $Na_2CO_3$ 溶液，观察现象，写出反应方程式。

**3. 缓冲溶液**

① 按表 7-9 中试剂用量配制四种缓冲溶液，并用酸度计分别测定其 pH，与计算值进行比较。

表 7-9　几种缓冲溶液的 pH

| 编号 | 配制缓冲溶液（用对号量筒量取） | pH计算值 | pH测定值 |
|---|---|---|---|
| 1 | 10.0mL 1mol $\cdot L^{-1}$ HAc-10.0mL 1mol $\cdot L^{-1}$ NaAc | | |

| 编号 | 配制缓冲溶液(用对号量筒量取) | pH$_{计算值}$ | pH$_{测定值}$ |
|---|---|---|---|
| 2 | 10.0mL 0.1mol·L$^{-1}$ HAc-10.0mL 1mol·L$^{-1}$ NaAc | | |
| 3 | 10.0mL 0.1mol·L$^{-1}$ HAc-10.0mL 0.1mol·L$^{-1}$ NaAc | | |
| 4 | 10.0mL 1mol·L$^{-1}$ NH$_3$·H$_2$O-10.0mL 1mol·L$^{-1}$ NH$_4$Cl | | |

② 在 1 号缓冲溶液中加入 0.5mL（约 10 滴）0.1mol·L$^{-1}$ HCl 溶液摇匀，用酸度计测其 pH；再加入 1.0mL 0.1mol·L$^{-1}$ NaOH 溶液，摇匀，测其 pH，并与计算值比较。

## 【实验习题】

1. 如何配制 SnCl$_2$ 溶液、SbCl$_3$ 溶液和 Bi(NO$_3$)$_3$ 溶液？写出它们水解反应的离子方程式。

2. 影响盐类水解的因素有哪些？

3. 缓冲溶液的 pH 值由哪些因素决定？其中主要的决定因素是什么？

## 实验 10

# 氧化还原反应和氧化还原平衡

## 【实验目的】

1. 加深理解电极电势与氧化还原反应的关系。
2. 了解介质的酸碱性对氧化还原反应方向和产物的影响。
3. 了解反应物浓度和温度对氧化还原反应速率的影响。
4. 掌握浓度对电极电势的影响。
5. 学习用酸度计测定原电池电动势的方法。

## 【实验原理】

参加反应的物质间有电子转移或偏移的化学反应称为氧化还原反应。在氧化还原反应中，还原剂失去电子被氧化，元素的氧化值增大；氧化剂得到电子被还原，元素的氧化值减小。物质的氧化还原能力大小可以根据相应的电对电极电势的大小来判断。电极电势越大，电对中的氧化型的氧化能力越强。电极电势越小，电对中的还原型的还原能力越强。

根据电极电势的大小可以判断氧化还原反应的方向。当氧化剂电对的电极电势大于还原剂电对的电极电势时，即 $E_{MF}=E(氧化剂)-E(还原剂)>0$ 时，反应能正向自发进行。当氧化剂电对和还原剂电对的标准电极电势相差较大时，如 $|E_{MF}^{\ominus}|>0.2V$，通常可以用标准电池电动势判断反应方向。

由电极反应的能斯特（Nernst）方程可以看出浓度对电极电势的影响，298.15K 时，

$$E=E^{\ominus}-\frac{0.0592V}{z}\lg\frac{c(还原型)}{c(氧化型)}$$

溶液的 pH 会影响某些电对的电极电势或氧化还原反应的方向。介质的酸碱性也会影响某些氧化还原反应的产物。例如，在酸性、中性和强碱性溶液中，$MnO_4^-$ 的还原产物分别为 $Mn^{2+}$、$MnO_2$ 和 $MnO_4^{2-}$。

原电池是利用氧化还原反应将化学能转化为电能的装置。以饱和甘汞电极为参比电极，与待测电极组成原电池，用电位差计（或酸度计）可以测定原电池的电动势，然后计算出待测电极的电极电势。同样，也可以用酸度计测定铜-锌原电池的电池电动势。当有沉淀或配合物生成时，电极电势和电池电动势会改变。

## 【仪器、药品及材料】

仪器与材料：酸度计、酒精灯、石棉网、水浴锅、试管、试管架、U 形管、锌电极、铜电极、饱和 KCl 盐桥、蓝色石蕊试纸、广泛 pH 试纸、砂纸。

药品：$H_2SO_4$（$2mol \cdot L^{-1}$）、HAc（$1mol \cdot L^{-1}$）、$H_2C_2O_4$（$0.1mol \cdot L^{-1}$）、$H_2O_2$（3%）、NaOH（$2mol \cdot L^{-1}$）、$NH_3 \cdot H_2O$（$6mol \cdot L^{-1}$）、KI（$0.1mol \cdot L^{-1}$）、$KIO_3$（$0.1mol \cdot L^{-1}$）、KCl（饱和）、KBr（$0.1mol \cdot L^{-1}$）、$K_2Cr_2O_7$（$0.1mol \cdot L^{-1}$）、$KMnO_4$（$0.01mol \cdot L^{-1}$）、$Na_2SiO_3$（$0.5mol \cdot L^{-1}$）、$Na_2SO_3$（$0.1mol \cdot L^{-1}$）、$Pb(NO_3)_2$（$0.5mol \cdot L^{-1}$、$1mol \cdot L^{-1}$）、$FeSO_4$（$0.1mol \cdot L^{-1}$）、$FeCl_3$（$0.1mol \cdot L^{-1}$）、$CuSO_4$（$0.005mol \cdot L^{-1}$）、$ZnSO_4$（$1mol \cdot L^{-1}$）、$CCl_4$、锌片、琼脂。

## 【实验内容】

### 1. 比较电对 $E^\ominus$ 值的相对大小

按照下列实验步骤进行实验，观察现象。查出有关的标准电极电势，写出反应方程式。

① 在试管中加入 5 滴 $0.1mol \cdot L^{-1}$ KI 溶液和 2 滴 $0.1mol \cdot L^{-1}$ $FeCl_3$ 溶液，摇匀后加入 0.5mL $CCl_4$，充分振荡，观察 $CCl_4$ 层颜色有无变化。

② 在试管中加入 5 滴 $0.1mol \cdot L^{-1}$ KBr 溶液与 2 滴 $0.1mol \cdot L^{-1}$ $FeCl_3$ 溶液，摇匀后加入 0.5mL $CCl_4$，充分振荡，观察 $CCl_4$ 层颜色有无变化。

通过实验步骤①和②的现象，推断 $E^\ominus(I_2 \mid I^-)$、$E^\ominus(Fe^{3+} \mid Fe^{2+})$、$E^\ominus(Br_2 \mid Br^-)$ 的相对大小；并找出其中最强的氧化剂和最强的还原剂。

③ 在酸性介质中，5 滴 $0.1mol \cdot L^{-1}$ KI 溶液与 5 滴 3% 的 $H_2O_2$ 溶液混合均匀后，加入 0.5mL $CCl_4$，充分振荡，观察溶液颜色有无变化。

④ 在酸性介质中，2 滴 $0.01mol \cdot L^{-1}$ $KMnO_4$ 溶液中滴加 2 滴 3% 的 $H_2O_2$ 溶液，充分振荡，观察溶液颜色有无变化。

指出 $H_2O_2$ 在实验步骤③和④中的作用。

⑤ 在酸性介质中，2 滴 $0.1mol \cdot L^{-1}$ $K_2Cr_2O_7$ 溶液中滴加 $0.1mol \cdot L^{-1}$ $Na_2SO_3$ 溶液。

⑥ 在酸性介质中，2 滴 $0.1mol \cdot L^{-1}$ $K_2Cr_2O_7$ 溶液中滴加 $0.1mol \cdot L^{-1}$ $FeSO_4$ 溶液。

### 2. 介质的酸碱性对氧化还原反应产物及反应方向的影响

（1）介质的酸碱性对氧化还原反应产物的影响

在 3 支试管中各滴入 1 滴 $0.01mol \cdot L^{-1}$ $KMnO_4$ 溶液并用 $H_2O$ 稀释至 2mL，然后在试管 1 中加入 2～3 滴 $2mol \cdot L^{-1}$ $H_2SO_4$ 溶液，试管 2 中加入 2～3 滴 $2mol \cdot L^{-1}$ NaOH 溶液。最

后在 3 支试管中均滴入 2~3 滴 0.1mol·L$^{-1}$ Na$_2$SO$_3$ 溶液。观察现象，写出反应方程式。

（2）溶液的 pH 对氧化还原反应方向的影响

将 2 滴 0.1mol·L$^{-1}$ KIO$_3$ 溶液与 2 滴 0.1mol·L$^{-1}$ KI 溶液混合，观察有无变化。再滴入 2 滴 2mol·L$^{-1}$ H$_2$SO$_4$ 溶液，观察有无变化。再加入 2mol·L$^{-1}$ NaOH 溶液使溶液呈碱性，观察有何变化。写出反应方程式并解释。

**3. 浓度、温度对氧化还原反应速率的影响**

（1）浓度对氧化还原反应速率的影响

在 2 支试管中分别加入 3 滴 0.5mol·L$^{-1}$ Pb(NO$_3$)$_2$ 溶液和 3 滴 1mol·L$^{-1}$ Pb(NO$_3$)$_2$ 溶液，各加入 30 滴 1mol·L$^{-1}$ HAc 溶液，混匀后，再逐滴加入 0.5mol·L$^{-1}$ Na$_2$SiO$_3$ 溶液约 26~28 滴，摇匀，用蓝色石蕊试纸检查溶液是否仍呈弱酸性。在 90℃ 水浴中加热至试管中出现乳白色透明凝胶，取出试管，冷却至室温，在两支试管中同时插入表面积相同的锌片，观察两支试管中"铅树"生长速率的快慢，并解释。

（2）温度对氧化还原反应速率的影响

在 A、B 两试管中各加入 1mL 0.01mol·L$^{-1}$ KMnO$_4$ 溶液和 3 滴 2mol·L$^{-1}$ H$_2$SO$_4$ 溶液；在 C、D 两试管中各加入 1mL 0.1mol·L$^{-1}$ H$_2$C$_2$O$_4$ 溶液。将 A、C 两试管放在水浴中加热几分钟后取出，同时将 A 中溶液倒入 C 中，将 B 中溶液倒入 D 中，观察 C、D 两试管中的溶液哪一个先褪色，并解释。

**4. 浓度对电极电势的影响**

① 饱和 KCl 盐桥的制备：量取 40mL（根据 U 形管体积确定）饱和 KCl 溶液放入烧杯中，加入 0.75g 琼脂，加热至近沸腾，用玻璃棒搅拌均匀；待琼脂溶解变成清亮状态时，可停止加热，趁热将溶液倒入 U 形管中并装满；静置，冷却到室温后备用。

② 在 50mL 烧杯中加入 25mL 1mol·L$^{-1}$ ZnSO$_4$ 溶液，插入用砂纸打磨过的锌电极。在另一个 50mL 烧杯中加入 25mL 0.005mol·L$^{-1}$ CuSO$_4$ 溶液，插入用砂纸打磨过的铜电极，与锌电极组成原电池，两烧杯间用饱和 KCl 盐桥连接，将铜电极接"＋"极，锌电极接"－"极，用 pH 计测原电池的电动势 $E_{MF}(1)$，计算 $E(Cu^{2+} \mid Cu)$ 和 $E^{\ominus}(Cu^{2+} \mid Cu)$ 〔已知 $E^{\ominus}(Zn^{2+} \mid Zn) = -0.763V$〕。

③ 向 0.005mol·L$^{-1}$ CuSO$_4$ 溶液中滴入过量 6mol·L$^{-1}$ 氨水至生成深蓝色透明溶液，再测原电池的电动势 $E_{MF}(2)$，并计算 $E\{[Cu(NH_3)_4]^{2+}/Cu\}$。

④ 向 1mol·L$^{-1}$ ZnSO$_4$ 溶液中滴加过量 6mol·L$^{-1}$ 氨水至白色沉淀溶解，再测原电池的电动势 $E_{MF}(3)$，并计算 $E\{[Zn(NH_3)_4]^{2+}/Zn\}$。

比较三次测得的铜-锌原电池的电动势和铜电极电极电势的大小，能得出什么结论？

**【实验习题】**

1. 为什么 K$_2$Cr$_2$O$_7$ 能氧化浓盐酸中的 Cl$^-$，而不能氧化 NaCl 浓溶液中的 Cl$^-$？

2. 在碱性溶液中，$E^{\ominus}(IO_3^- \mid I_2)$ 和 $E^{\ominus}(SO_4^{2-} \mid SO_3^{2-})$ 的数值分别是多少？

3. 温度和浓度对氧化还原反应的速率有何影响？$E_{MF}$ 大的氧化还原反应的反应速率也一定大吗？

4. 饱和甘汞电极与标准甘汞电极的电极电势是否相等？

5. 计算原电池 $(-)Ag|AgCl(s)|KCl(0.01mol \cdot L^{-1}) \parallel AgNO_3(0.01mol \cdot L^{-1})|Ag$ $(+)$（盐桥为饱和 $NH_4NO_3$ 溶液）的电动势。

## 实验 11
## 配合物与沉淀-溶解平衡

### 【实验目的】

1. 加深理解配合物的组成和稳定性，了解配合物形成时的特征。
2. 加深理解沉淀-溶解平衡和溶度积的概念，掌握溶度积规则及其应用。
3. 初步学习利用沉淀反应和配位溶解的方法分离常见混合阳离子。
4. 学习电动离心机的使用和固-液分离操作。

### 【实验原理】

**1. 配位化合物与配位平衡**

配位化合物（配合物）是由形成体（又称为中心离子或原子）与一定数目的配体（负离子或中性分子）以配位键结合而形成的一类复杂化合物。配合物的内层与外层之间以离子键结合，在水溶液中完全解离。配体在水溶液中分步解离，其行为类似于弱电解质。在一定条件下，中心离子、配体和配合物间达到配位平衡。例如：

$$Cu^{2+} + 4NH_3 \rightleftharpoons [Cu(NH_3)_4]^{2+}$$

相应反应的标准平衡常数 $K_f^{\ominus}$ 称为配合物的稳定常数。对于相同类型的配合物，$K_f^{\ominus}$ 数值愈大，配合物就愈稳定。

在水溶液中，配合物的生成反应主要有配体的取代反应和加合反应，例如：

$$[Fe(SCN)_n]^{3-n} + 6F^- \rightleftharpoons [FeF_6]^{2-} + nSCN^- \quad (n=1\sim6)$$

$$HgI_2(s) + 2I^- \rightleftharpoons [HgI_4]^{2-}$$

配合物形成时往往伴随溶液颜色、酸碱性（即 pH）、难溶电解质溶解度、中心离子氧化还原的改变等特征。

**2. 沉淀-溶解平衡**

在含有难溶电解质的饱和溶液中，难溶强电解质与溶液中相应离子间的多相离子平衡，称为沉淀-溶解平衡。用通式表示如下：

$$A_mB_n(s) \rightleftharpoons mA^{n+}(aq) + nB^{m-}(aq)$$

其溶度积常数为：

$$K_{sp}^{\ominus}(A_mB_n) = [c(A^{n+})/c^{\ominus}]^m[c(B^{m-})/c^{\ominus}]^n$$

沉淀的生成和溶解可以根据溶度积规则判断：

$J > K_{sp}^{\ominus}$，有沉淀析出，平衡向左移动；

$J = K_{sp}^{\ominus}$，处于平衡状态，溶液为饱和溶液；

$J < K_{sp}^{\ominus}$，无沉淀析出，平衡向右移动，原来的沉淀溶解。

式中，$J$ 为任意状态下的反应熵。

溶液 pH 的改变、配合物的形成或氧化还原反应的发生，往往会引起难溶电解质溶解度的改变。

对于相同类型的难溶电解质，可以根据其 $K_{sp}^{\ominus}$ 的相对大小判断沉淀的先后顺序。对于不同类型的难溶电解质，则要根据计算所需试剂浓度的大小来判断沉淀的先后顺序。

两种沉淀间相互转换的难易程度要根据沉淀转化反应的标准平衡常数确定。

利用沉淀反应和配位溶解可以分离溶液中的某些离子。

**【仪器、药品及材料】**

仪器与材料：点滴板、试管、试管架、石棉网、酒精灯、电动离心机、广泛 pH 试纸。

药品：HCl（6mol·L⁻¹、2mol·L⁻¹）、$H_2SO_4$（2mol·L⁻¹）、$HNO_3$（6mol·L⁻¹）、$H_2O_2$（3%）、NaOH（2mol·L⁻¹）、$NH_3·H_2O$（2mol·L⁻¹、6mol·L⁻¹）、丁二酮肟试剂、KBr（0.1mol·L⁻¹）、KI（0.02mol·L⁻¹、0.1mol·L⁻¹、2mol·L⁻¹）、$K_2CrO_4$（0.1mol·L⁻¹）、KSCN（0.1mol·L⁻¹）、NaF（0.1mol·L⁻¹）、NaCl（0.1mol·L⁻¹）、$Na_2S$（0.1mol·L⁻¹）、$NaNO_3$（s）、$Na_2H_2Y$（0.1mol·L⁻¹）、$Na_2S_2O_3$（0.1mol·L⁻¹）、$NH_4Cl$（1mol·L⁻¹）、$MgCl_2$（0.1mol·L⁻¹）、$CaCl_2$（0.1mol·L⁻¹）、$Ba(NO_3)_2$（0.1mol·L⁻¹）、$Al(NO_3)_3$（0.1mol·L⁻¹）、$Pb(NO_3)_2$（0.1mol·L⁻¹）、$Pb(Ac)_2$（0.01mol·L⁻¹）、$CoCl_2$（0.1mol·L⁻¹）、$FeCl_3$（0.1mol·L⁻¹）、$Fe(NO_3)_3$（0.1mol·L⁻¹）、$AgNO_3$（0.1mol·L⁻¹）、$Zn(NO_3)_2$（0.1mol·L⁻¹）、$NiSO_4$（0.1mol·L⁻¹）、$NH_4Fe(SO_4)_2$（0.1mol·L⁻¹）、$K_3[Fe(CN)_6]$（0.1mol·L⁻¹）、$BaCl_2$（0.1mol·L⁻¹）、$CuSO_4$（0.1mol·L⁻¹）。

**【实验内容】**

**1. 配合物的形成与颜色变化**

① 在 2 滴 0.1mol·L⁻¹ $FeCl_3$ 溶液中，加 1 滴 0.1mol·L⁻¹ KSCN 溶液，观察现象。再加入几滴 0.1mol·L⁻¹ NaF 溶液，观察有什么变化，写出化学反应方程式。

② 在 2 滴 0.1mol·L⁻¹ $K_3[Fe(CN)_6]$ 溶液和 2 滴 0.1mol·L⁻¹ $NH_4Fe(SO_4)_2$ 溶液中，分别滴加 0.1mol·L⁻¹ KSCN 溶液，观察两支试管中的实验现象。

③ 在 5 滴 0.1mol·L⁻¹ $CuSO_4$ 溶液中滴加 2mol·L⁻¹ $NH_3·H_2O$ 至生成蓝色溶液，然后将溶液分成两份，分别加入 2mol·L⁻¹ NaOH 溶液和 0.1mol·L⁻¹ $BaCl_2$ 溶液，观察现象，写出有关的反应方程式。

④ 在 2 滴 0.1mol·L⁻¹ $NiSO_4$ 溶液中滴加 6mol·L⁻¹ $NH_3·H_2O$，观察现象，然后再加入 2 滴丁二酮肟试剂，观察生成物的颜色和状态。

**2. 配合物形成时难溶物溶解度的改变**

在 3 支离心试管中分别加入 3 滴 0.1mol·L⁻¹ NaCl 溶液、3 滴 0.1mol·L⁻¹ KBr 溶液、3 滴 0.1mol·L⁻¹ KI 溶液，再各加入 3 滴 0.1mol·L⁻¹ $AgNO_3$ 溶液，观察沉淀的颜色。离心分离，弃去清液，得到沉淀。在沉淀中分别滴加 2mol·L⁻¹ $NH_3·H_2O$、0.1mol·L⁻¹ $Na_2S_2O_3$ 溶液、2mol·L⁻¹ KI 溶液，振荡试管，观察沉淀的溶解，写出反应方程式。

**3. 配合物形成时溶液 pH 值的改变**

取一条完整的广泛 pH 试纸，在它的一端滴上半滴 $0.1mol \cdot L^{-1}$ $CaCl_2$ 溶液，记下被 $CaCl_2$ 溶液浸润处的 pH 值。待 $CaCl_2$ 溶液不再扩散时，在距离 $CaCl_2$ 溶液扩散边缘 $0.5 \sim 1.0cm$ 干试纸处，滴上半滴 $0.1mol \cdot L^{-1}$ $Na_2H_2Y$（通常也写成 EDTA 形式）溶液，待 $Na_2H_2Y$ 溶液扩散到 $CaCl_2$ 溶液区形成重叠时，记下重叠与未重叠处的 pH 值。说明 pH 变化的原因，写出反应方程式。

**4. 配合物形成时中心离子氧化还原性的改变**

① 在 2 滴 $0.1mol \cdot L^{-1}$ $CoCl_2$ 溶液中滴加 3％的 $H_2O_2$，观察有无变化。

② 在 2 滴 $0.1mol \cdot L^{-1}$ $CoCl_2$ 溶液中加几滴 $1mol \cdot L^{-1}$ $NH_4Cl$ 溶液，再滴 $6mol \cdot L^{-1}$ $NH_3 \cdot H_2O$ 溶液，观察现象。然后滴加 3％的 $H_2O_2$，观察溶液颜色的变化。写出相应的化学反应方程式。

由上述①和②两个实验可以得出什么结论？

**5. 沉淀的生成与溶解**

① 在 3 支试管中各加入 2 滴 $0.01mol \cdot L^{-1}$ $Pb(Ac)_2$ 溶液和 2 滴 $0.02mol \cdot L^{-1}$ $KI$ 溶液，摇荡试管，观察现象。在第 1 支试管中加入 5mL 去离子水，摇荡，观察现象；在第 2 支试管中加入少量 $NaNO_3(s)$，摇荡，观察现象；在第 3 支试管中加入过量的 $2mol \cdot L^{-1}$ $KI$ 溶液，观察现象，分别解释。

② 在 2 支试管中各加入 1 滴 $0.1mol \cdot L^{-1}$ $Na_2S$ 溶液和 1 滴 $0.1mol \cdot L^{-1}$ $Pb(NO_3)_2$ 溶液，观察现象。在 1 支试管中加入 $6mol \cdot L^{-1}$ HCl，另一支试管中加入 $6mol \cdot L^{-1}$ $HNO_3$，振荡试管，观察现象。写出反应方程式。

③ 在 2 支试管中各加入 0.5mL $0.1mol \cdot L^{-1}$ $MgCl_2$ 溶液和数滴 $2mol \cdot L^{-1}$ $NH_3 \cdot H_2O$ 溶液至沉淀生成。在第一支试管中加入几滴 $2mol \cdot L^{-1}$ HCl 溶液，观察沉淀是否溶解；在另一支试管中加入数滴 $1mol \cdot L^{-1}$ $NH_4Cl$ 溶液，观察沉淀是否溶解。写出有关反应方程式，并解释每步的实验现象。

**6. 分步沉淀**

① 在离心试管中加入 1 滴 $0.1mol \cdot L^{-1}$ $Na_2S$ 溶液和 1 滴 $0.1mol \cdot L^{-1}$ $K_2CrO_4$ 溶液，用去离子水稀释至 5mL，摇匀。先加入 1 滴 $0.1mol \cdot L^{-1}$ $Pb(NO_3)_2$ 溶液，摇匀，观察沉淀的颜色，离心分离；然后再向清液中继续滴加 $Pb(NO_3)_2$ 溶液，观察此时生成沉淀的颜色。写出化学方程式，并说明两种沉淀先后析出的理由。

② 在试管中加入 2 滴 $0.1mol \cdot L^{-1}$ $AgNO_3$ 溶液和 1 滴 $0.1mol \cdot L^{-1}$ $Pb(NO_3)_2$ 溶液，用去离子水稀释至 5mL，摇匀。逐滴加入 $0.1mol \cdot L^{-1}$ $K_2CrO_4$ 溶液（注意，每加 1 滴都要充分振荡），观察现象。写出反应方程式，并解释。

**7. 沉淀的转化**

在 6 滴 $0.1mol \cdot L^{-1}$ $AgNO_3$ 溶液中加 3 滴 $0.1mol \cdot L^{-1}$ $K_2CrO_4$ 溶液，观察现象。再逐滴加入 $0.1mol \cdot L^{-1}$ NaCl 溶液，充分摇荡，观察有何变化。写出反应方程式，并计算沉淀转化反应的标准平衡常数 $K^{\ominus}$。

**8. 沉淀-配位溶解法分离混合阳离子**

① 某溶液中含有 $Ba^{2+}$、$Al^{3+}$、$Fe^{3+}$、$Ag^+$，试设计方法分离，写出相关反应方程式。

$$
\begin{array}{l}
Ba^{2+} \\
Al^{3+} \\
Fe^{3+} \\
Ag^+
\end{array}
\left\}
\xrightarrow{\text{稀 HCl}}
\begin{array}{l}
Ba^{2+} \\
Al^{3+} \\
Fe^{3+} \\
AgCl(s)
\end{array}
\right.
\xrightarrow{\text{稀 H}_2\text{SO}_4}
\left\{
\begin{array}{l}
\underline{\quad\quad}\text{(aq)} \\
\underline{\quad\quad}\text{(s)}
\end{array}
\right.
\longrightarrow
\left\{
\begin{array}{l}
\underline{\quad\quad}\text{(aq)} \\
\underline{\quad\quad}\text{(s)}
\end{array}
\right.
$$

② 某溶液中含有 $Ba^{2+}$、$Pb^{2+}$、$Fe^{3+}$、$Zn^{2+}$，自行设计实验方案分离。图示分离步骤，并写出相关反应方程式。

## 【实验习题】

1. 通过实验现象，比较 $[FeCl_4]^-$、$[Fe(SNC)_6]^{3-}$、$[FeF_6]^{3-}$ 的稳定性。
2. 通过实验现象，比较 $[Ag(NH_3)_2]^+$、$[Ag(S_2O_3)_2]^{3-}$ 和 $[AgI_2]^-$ 的稳定性。
3. 离心机作用原理是什么？如何正确地使用电动离心机？

## 实验 12

# 磺基水杨酸合铁（Ⅲ）配合物的组成及稳定常数的测定

## 【实验目的】

1. 掌握分光光度法测定配合物的组成及其稳定常数的原理和方法。
2. 测定 pH<2.5 时磺基水杨酸合铁的组成及其稳定常数。
3. 学习分光光度计的使用及有关实验数据的处理方法。

## 【实验原理】

磺基水杨酸（简式为 $H_3R$）的一级电离常数 $K_1^{\ominus}=3\times10^{-3}$，与 $Fe^{3+}$ 可以形成稳定的配合物，因溶液的 pH 不同，形成配合物的组成也不同。

磺基水杨酸溶液是无色的，$Fe^{3+}$ 的浓度很小时也可以认为是无色的，它们在 pH 值为 2～3 时，生成紫红色的螯合物（有 1 个配体）；pH 值为 4～9 时，生成红色螯合物（有 2 个配体）；pH 值为 9～11.5 时，生成黄色螯合物（有 3 个配体）；pH>12 时，黄色螯合物被破坏而生成 $Fe(OH)_3$ 沉淀。

测定配合物的组成常用分光光度计，其前提条件是溶液中的中心离子和配体都为无色，只有它们所形成的配合物有色。本实验是在 pH 值为 2～3 的条件下，用分光光度法测定上述配合物的组成和稳定常数的，如前所述，测定的前提条件是基本满足的；实验中用高氯酸（$HClO_4$）来控制溶液的 pH 值和作空白溶液（其优点主要是 $ClO_4^-$ 不易与金属离子配合）。由朗伯-比尔定律 $A=\varepsilon cd$（式中 $\varepsilon$ 是消光系数或吸光系数，当波长一定时，它是有色物质的一个特征常数）可知，所测溶液的吸光度在液层厚度（$d$）一定时，只与配离子的浓度（$c$）成正比。通过对溶液吸光度的测定，可以求出该配离子的组成。

下面介绍一种常用的测定方法。

等摩尔系列法，即用一定波长的单色光，测定一系列组分变化的溶液的吸光度（中心离子 M 和配体 R 的总物质的量保持不变，而 M 和 R 的摩尔分数连续变化）。显然，在这一系列的溶液中，有一些溶液中金属离子是过量的，而另一些溶液中配体是过量的；在这两部分溶液中，配离子的浓度都不可能达到最大值；只有当溶液离子与配体的物质的量之比与配离子的组成一致时，配离子的浓度才能最大。由于中心离子和配体基本无色，对光几乎不吸收，只有配离子有色，所以配离子的浓度越大，溶液颜色越深，其吸光度也就越大。总体说来，就是在特定波长下，测定一系列的$[R]/([M]+[R])$组成溶液的吸光度 $A$，作 $A$-$\{[R]/([M]+[R])\}$的曲线图，则曲线必然存在着极大值，而极大值所对应的溶液组成就是配合物的组成。如图 7-5 所示。

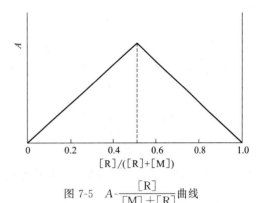

图 7-5 $A$-$\dfrac{[R]}{[M]+[R]}$ 曲线

但是当金属离子 M 和配体自身存在一定程度的吸收时，所观察到的吸光度 $A$ 并不是完全由配合物 $MR_n$ 的吸收所引起的，此时需要加以校正，其校正的方法如下。

分别测定单纯金属离子和单纯配离子溶液的吸光度 $M$ 和 $N$。在 $A'$-$\{[R]/([M]+[R])\}$的曲线图上，过 $\{[R]/([M]+[R])\}$ 等于 0 和 1.0 的两点作直线 $MN$，则直线上所表示的不同组成的吸光度数值，可以认为是由 $[M]$ 及 $[R]$ 的吸收所引起的。因此，校正后的吸光度 $A'$ 应等于曲线上的吸光度数值减去相应组成直线上的吸光度数值，即 $A'=A-A_0$，如图 7-6 所示。最后作 $A'$-$\{[R]/([M]+[R])\}$ 的曲线，该曲线极大值对应的组成才是配合物的实际组成。如图 7-7 所示。

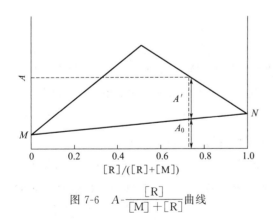

图 7-6 $A$-$\dfrac{[R]}{[M]+[R]}$ 曲线

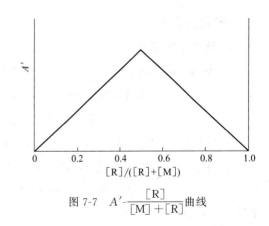

图 7-7 $A'$-$\dfrac{[R]}{[M]+[R]}$ 曲线

设 $x(R)$ 为曲线极大值所对应的配体的摩尔分数

$$x(R)=\frac{[R]}{[M]+[R]}$$

则配合物的配位数为

$$n=\frac{[R]}{[M]}=\frac{x(R)}{1-x(R)}$$

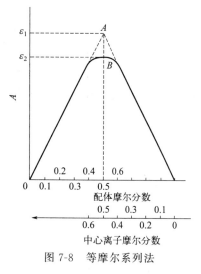

图 7-8　等摩尔系列法

由图 7-8 可看出，最大吸光度 $A$ 点可被认为是 M 和 R 全部形成配合物时的吸光度，其值为图中的 $\varepsilon_1$。由于配离子有一部分解离，其浓度要稍小一些，所以实验测得的最大吸光度在 $B$ 点，其值为 $\varepsilon_2$，因此配离子的解离度 $\alpha$ 可表示为

$$\alpha = \frac{\varepsilon_1 - \varepsilon_2}{\varepsilon_1}$$

对于 $1 : 1$ 组成的配合物，根据下面关系式即可导出稳定常数 $K_{稳}^{\ominus}$。

$$M + R \Longleftrightarrow MR$$

平衡浓度　　$c\alpha$　　$c\alpha$　　$c - c\alpha$

$$K_{稳}^{\ominus} = \frac{[MR]}{[M][R]} = \frac{1 - \alpha}{c\alpha^2}$$

式中，$c$ 是相当于 $A$ 点的金属离子浓度。

【仪器、药品及材料】

仪器与材料：紫外-可见分光光度计、烧杯（50mL，11 只）、容量瓶（100mL，2 只）、洗耳球、吸量管（10mL，3 支）、玻璃棒、擦镜纸、称量纸。

药品：$HClO_4$（$0.01mol \cdot L^{-1}$，将 4.4mL 70% $HClO_4$ 加入 50mL 水中，再稀释到 5000mL）、$NH_4Fe(SO_4)_2$（$0.01mol \cdot L^{-1}$，用 4.822g 分析纯硫酸铁铵晶体溶于 1L $0.01mol \cdot L^{-1}$ $HClO_4$）、磺基水杨酸（$0.01mol \cdot L^{-1}$，用 2.542g 分析纯磺基水杨酸溶于 1L $0.01mol \cdot L^{-1}$ $HClO_4$）。

【实验内容】

**1. 配制系列溶液**

① 配制 $0.001mol \cdot L^{-1}$ $Fe^{3+}$ 溶液。用吸量管准确吸取 10.00mL $0.01mol \cdot L^{-1}$ $NH_4Fe(SO_4)_2$ 溶液，注入 100mL 容量瓶中，用 $0.01mol \cdot L^{-1}$ $HClO_4$ 溶液稀释至刻度，摇匀，备用。

② 配制 $0.001mol \cdot L^{-1}$ $H_3R$ 溶液。用吸量管准确吸取 10.00mL $0.01mol \cdot L^{-1}$ $H_3R$ 溶液，注入 100mL 容量瓶中，用 $0.01mol \cdot L^{-1}$ $HClO_4$ 溶液稀释至刻度，摇匀，备用。

③ 用三支 10mL 的吸量管按表 7-10 列出的体积，分别吸取 $0.01mol \cdot L^{-1}$ $HClO_4$、$0.001mol \cdot L^{-1}$ $Fe^{3+}$ 溶液和 $0.001mol \cdot L^{-1}$ $H_3R$ 溶液，逐一注入 11 只 50mL 烧杯（或锥形瓶）中，摇匀。

**2. 系列配离子（或配合物）溶液吸光度的测定**

① 用分光光度计（波长为 500nm）测定系列溶液的吸光度，将测得的数据记录在表 7-10 中。

表 7-10　数据记录及处理

| 序号 | $V(HClO_4)$/mL | $V[NH_4Fe(SO_4)_2]$/mL | $V(H_3R)$/mL | $H_3R$ 摩尔分数 | 吸光度 |
|---|---|---|---|---|---|
| 1 | 10.00 | 10.00 | 0.00 | | |

| 序号 | V(HClO₄)/mL | V[NH₄Fe(SO₄)₂]/mL | V(H₃R)/mL | H₃R摩尔分数 | 吸光度 |
|---|---|---|---|---|---|
| 2 | 10.00 | 9.00 | 1.00 | | |
| 3 | 10.00 | 8.00 | 2.00 | | |
| 4 | 10.00 | 7.00 | 3.00 | | |
| 5 | 10.00 | 6.00 | 4.00 | | |
| 6 | 10.00 | 5.00 | 5.00 | | |
| 7 | 10.00 | 4.00 | 6.00 | | |
| 8 | 10.00 | 3.00 | 7.00 | | |
| 9 | 10.00 | 2.00 | 8.00 | | |
| 10 | 10.00 | 1.00 | 9.00 | | |
| 11 | 10.00 | 0.00 | 10.00 | | |

② 以吸光度对磺基水杨酸的摩尔分数作图，从图中找出最大吸收峰，求出配合物的组成和稳定常数。

**【实验习题】**

1. 简述本实验测定配合物的组成及稳定常数的原理。

2. 用等摩尔系列法测定配合物的组成时，为什么当溶液中金属离子与配体的摩尔比刚好与配离子组成相同时，配离子的浓度最大？

3. 在测定吸光度时，如果温度变化较大，对测得的稳定常数有何影响？

4. 本实验为什么用 $HClO_4$ 溶液作空白溶液？为什么选用 500nm 波长的光源来测定溶液的吸光度？

5. 使用分光光度计有哪些注意事项？

## 实验 13

# $I_3^- \Longrightarrow I^- + I_2$ 平衡常数的测定

**【实验目的】**

1. 测定 $I_3^- \Longrightarrow I^- + I_2$ 的平衡常数。

2. 练习滴定操作。

**【实验原理】**

碘溶于碘化钾溶液中形成 $I_3^-$，并建立下列平衡：

$$I_3^- \Longrightarrow I^- + I_2 \tag{7-3}$$

在一定温度条件下其平衡常数为

$$K = \frac{a_{I^-} \, a_{I_2}}{a_{I_3^-}} = \frac{\gamma_{I^-} \, \gamma_{I_2}}{\gamma_{I_3^-}} \times \frac{[I^-][I_2]}{[I_3^-]}$$

式中，$a$ 为活度；$\gamma$ 为活度系数；$[I^-]$、$[I_2]$、$[I_3^-]$ 为平衡浓度。由于在离子强度不大的溶液中

$$\frac{\gamma_{I^-}\,\gamma_{I_2}}{\gamma_{I_3^-}} \approx 1$$

所以

$$K = \frac{[I^-][I_2]}{[I_3^-]} \tag{7-4}$$

为了测定平衡时的 $[I^-]$、$[I_2]$、$[I_3^-]$，可用过量固体碘与已知浓度的碘化钾溶液一起振荡，达到平衡后，取上层清液，用硫代硫酸钠标准溶液进行滴定：

$$2Na_2S_2O_3 + I_2 \Longrightarrow 2NaI + Na_2S_4O_6$$

由于溶液中存在 $I_3^- \Longrightarrow I^- + I_2$ 的平衡，所以用硫代硫酸钠溶液滴定，最终测得的是平衡时 $I_2$ 和 $I_3^-$ 的总浓度。设这个总浓度为 $c$，则

$$c = [I_2] + [I_3^-] \tag{7-5}$$

$[I_2]$ 可通过在相同温度条件下，测定饱和碘水中碘单质的浓度来代替。设这个浓度为 $c'$，则

$$[I_2] = c'$$

整理式(7-5)

$$[I_3^-] = c - [I_2] = c - c'$$

从式(7-3) 可看出，形成一个 $I_3^-$ 就需要一个 $I^-$，所以平衡时 $[I^-]$ 为

$$[I^-] = c_0 - [I_3^-]$$

式中，$c_0$ 为碘化钾的初始浓度。

将 $[I_2]$、$[I_3^-]$ 和 $[I^-]$ 代入式(7-4) 即可求得在此温度条件下的平衡常数 $K$。

## 【仪器、药品及材料】

仪器与材料：量筒（10mL、100mL）、吸量管（10mL）、移液管（50mL）、碱式滴定管、碘量瓶（100mL、250mL）、锥形瓶（250mL）、洗耳球。

药品：$I_2$（s）、KI（0.0100mol·$L^{-1}$、0.0200mol·$L^{-1}$）、$Na_2S_2O_3$ 标准溶液（0.0050mol·$L^{-1}$）、淀粉溶液（0.2%）。

## 【实验内容】

① 取两只干燥的 100mL 碘量瓶和一只 250mL 碘量瓶，分别标上 1、2、3 号。用量筒分别量取 80mL 0.0100mol·$L^{-1}$ KI 溶液注入 1 号瓶，80mL 0.0200mol·$L^{-1}$ KI 溶液注入 2 号瓶，200mL 蒸馏水注入 3 号瓶。然后在每个瓶内各加入 0.5g 研细的碘（为减少药品损耗，四个人共研磨 6.5g），盖好瓶塞。

② 将 3 只碘量瓶在室温下振荡或者在磁力搅拌器上搅拌 30min，然后静置 10min，待过量固体碘完全沉于瓶底后，取上层清液进行滴定。

③ 用 10mL 吸量管移取 1 号瓶上层清液两份，分别注入 250mL 锥形瓶中，再各注入 40mL 蒸馏水。用 $Na_2S_2O_3$ 标准溶液（0.0050mol·$L^{-1}$）滴定其中一只呈淡黄色时（注意不要滴过量），注入 4mL 淀粉溶液（0.2%），此时溶液应呈蓝色，继续滴定至蓝色刚好消

失。记下所消耗的 $Na_2S_2O_3$ 标准溶液的体积。平行测定第二份清液。

同样方法滴定 2 号瓶上层的清液。

④ 用 50mL 移液管取 3 号瓶上层清液两份，用 $Na_2S_2O_3$ 标准溶液（$0.0050mol \cdot L^{-1}$）滴定，方法同上。将数据记录在表 7-11 中。

表 7-11　数据记录及处理　　　　　　　　室温____

| 项目 | | 瓶号 | | |
|---|---|---|---|---|
| | | 1 | 2 | 3 |
| 取样体积 $V$/mL | | 10.00 | 10.00 | 50.00 |
| $Na_2S_2O_3$ 溶液用量/mL | $V_1$ | | | |
| | $V_2$ | | | |
| | $\overline{V}$ | | | |
| $Na_2S_2O_3$ 溶液浓度/(mol·L$^{-1}$) | | | | |
| $I_2$ 和 $I_3^-$ 的总浓度/(mol·L$^{-1}$) | | | | — |
| 水溶液中碘的平衡浓度/(mol·L$^{-1}$) | | — | — | |
| $[I_2]$/(mol·L$^{-1}$) | | | | — |
| $[I_3^-]$/(mol·L$^{-1}$) | | | | — |
| $c_0$/(mol·L$^{-1}$) | | | | — |
| $[I^-]$/(mol·L$^{-1}$) | | | | |
| $K$ | | | | |
| $\overline{K}$ | | | | — |

⑤ 数据记录和处理

用 $Na_2S_2O_3$ 标准溶液滴定碘时，相应的碘的浓度计算方法如下

1、2 号瓶

$$c = \frac{c_{Na_2S_2O_3} V_{Na_2S_2O_3}}{2V_{KI\text{-}I_2}}$$

3 号瓶

$$c' = \frac{c_{Na_2S_2O_3} V_{Na_2S_2O_3}}{2V_{H_2O\text{-}I_2}}$$

实验测定 $K$ 值在 $1.0 \times 10^{-3} \sim 2.0 \times 10^{-3}$ 范围内合格（文献值 $K = 1.5 \times 10^{-3}$）。

【实验习题】

1. 本实验中碘的用量是否要准确称量？为什么？

2. 出现下列情况，将会对本实验的测定结果产生何种影响？

（1）所称取碘的量不够；

（2）三只碘量瓶没有充分振荡；

（3）在吸取清液时，不注意将少量固体碘代入吸量管。

3. 为什么本实验中量取标准溶液，有的用移液管，有的可用量筒？

4. 进行滴定分析，仪器要做哪些准备？由于碘易挥发，所以在取液和滴定操作时要注意什么？

5. 在实验中以固体碘与水的平衡浓度代替碘与 $I^-$ 的平衡浓度，会引起怎样的误差？为什么可以替代？

## 实验 14
## 碘化铅溶度积常数的测定

【实验目的】

1. 了解用分光光度计测定溶度积常数的原理和方法。

2. 熟练掌握分光光度计的使用方法。

【实验原理】

碘化铅是难溶电解质，在其饱和溶液中存在着下列沉淀-溶解平衡：

$$PbI_2(s) \Longleftrightarrow Pb^{2+}(aq) + 2I^-(aq)$$

$PbI_2$ 的溶度积常数表达式为

$$K_{sp}^{\ominus}(PbI_2) = \left[\frac{c(Pb^{2+})}{c^{\ominus}}\right]\left[c(I^-)/c^{\ominus}\right]^2$$

在一定温度下，如果测出 $PbI_2$ 饱和溶液中的 $c(Pb^{2+})$ 和 $c(I^-)$，则可以求得 $K_{sp}^{\ominus}(PbI_2)$。

若将已知浓度的 $Pb(NO_3)_2$ 溶液和 KI 溶液按不同体积比混合，生成的 $PbI_2$ 沉淀和溶液达到平衡，通过测定溶液中的 $c(I^-)$，再根据系统的初始组成及沉淀反应中 $Pb^{2+}$ 和 $I^-$ 的化学计量关系，可以计算溶液中的 $c(Pb^{2+})$。由此可以求得 $PbI_2$ 的溶度积常数。

本实验采用分光光度法测定溶液中的 $c(I^-)$。尽管 $I^-$ 是无色的，但可在酸性条件下用 $KNO_2$ 将 $I^-$ 氧化为 $I_2$（保持 $I_2$ 浓度低于其饱和浓度），$I_2$ 在水溶液中呈棕黄色。用分光光度计在 525nm 波长下测定由各饱和溶液配制的溶液的吸光度 $A$，然后由标准吸收曲线查出 $c(I^-)$，则可计算出饱和溶液中的 $c(I^-)$。

【仪器、药品及材料】

仪器与材料：分光光度计、比色皿（2cm）4 个、烧杯（50mL）6 个、试管（12mm×150mm）6 支、吸量管（1mL 3 支、5mL 3 支、10mL 1 支）、漏斗 3 个、洗耳球、滤纸、擦镜纸、橡胶塞。

药品：HCl(6mol·$L^{-1}$)、$KNO_2$(0.020mol·$L^{-1}$)、$Pb(NO_3)_2$(0.015mol·$L^{-1}$)、KI(0.035mol·$L^{-1}$、0.0035mol·$L^{-1}$)。

**【实验内容】**

**1. 绘制 $A$-$c(I^-)$ 标准曲线**

在 5 支干燥的小试管分别中加入 1.00mL、1.50mL、2.00mL、2.50mL、3.00mL 0.0035mol·$L^{-1}$ KI 溶液，并加入去离子水使总体积为 4.00mL，再分别加入 2.00mL 0.020mol·$L^{-1}$ $KNO_2$ 溶液及 1 滴 6mol·$L^{-1}$ HCl 溶液。摇匀后，分别倒入比色皿中。以水作参比溶液，在 525nm 波长下测定吸光度 $A$。以吸光度 $A$ 为纵坐标，以相应 $I^-$ 浓度为横坐标，绘制 $A$-$c(I^-)$ 标准曲线。

注意，氧化后得到的 $I_2$ 的质量应小于室温下 $I_2$ 的溶解度。不同温度下，$I_2$ 在水中的溶解度如表 7-12 所示。

表 7-12 不同温度下 $I_2$ 的溶解度

| 温度/℃ | 20 | 30 | 40 |
|---|---|---|---|
| 溶解度/(g·$100g^{-1}$) | 0.029 | 0.056 | 0.078 |

**2. 制备 $PbI_2$ 饱和溶液**

① 按表 7-13 的用量用吸量管移取 $Pb(NO_3)_2$(0.015mol·$L^{-1}$)、KI(0.035mol·$L^{-1}$)、去离子水于 3 支干净、干燥的大试管，使每个试管中溶液的总体积为 10.00mL。

表 7-13 试剂用量

| 试管编号 | $V[Pb(NO_3)_2]$/mL | $V(KI)$/mL | $V(H_2O)$/mL |
|---|---|---|---|
| 1 | 5.00 | 3.00 | 2.00 |
| 2 | 5.00 | 4.00 | 1.00 |
| 3 | 5.00 | 5.00 | 0.00 |

② 用橡胶塞塞紧试管，充分摇荡试管，大约摇荡 20min，静置 3~5min。

③ 在装有干燥滤纸的干燥漏斗上，将制得的含有 $PbI_2$ 固体的饱和溶液过滤，同时用干燥的试管接取滤液。弃去沉淀，保留滤液。

**3. 测定吸光度**

用吸量管分别移取 1、2、3 号大试管中 $PbI_2$ 饱和溶液 2.00mL 于 3 支干燥小试管。再在各小试管中加入 2mL 0.02mol·$L^{-1}$ $KNO_2$、2mL 去离子水和 1 滴 6mol·$L^{-1}$ HCl 溶液。摇匀后，分别倒入 2cm 比色皿中，以水作参比溶液，在 525nm 波长下测定溶液的吸光度，记录在表 7-14。

**4. 数据记录与处理**

表 7-14 数据记录及处理

| 项目 | 试管编号 | | |
|---|---|---|---|
| | 1 | 2 | 3 |
| $V[Pb(NO_3)_2]$/mL | | | |
| $V(KI)$/mL | | | |
| $V(H_2O)$/mL | | | |

续表

| 项目 | 试管编号 | | |
|---|---|---|---|
| | 1 | 2 | 3 |
| $V_{总}/mL$ | | | |
| 稀释后溶液的吸光度 $A$ | | | |
| 由标准曲线查得 $c(I^-)/(mol \cdot L^{-1})$ | | | |
| 平衡时 $c(I^-)/(mol \cdot L^{-1})$ | | | |
| 平衡时溶液中 $n(I^-)/mol$ | | | |
| 初始 $n(Pb^{2+})/mol$ | | | |
| 初始 $n(I^-)/mol$ | | | |
| 沉淀中 $n(I^-)/mol$ | | | |
| 沉淀中 $n(Pb^{2+})/mol$ | | | |
| 平衡时溶液中 $n(Pb^{2+})/mol$ | | | |
| 平衡时 $c(Pb^{2+})/(mol \cdot L^{-1})$ | | | |
| $K_{sp}^{\ominus}(PbI_2)$ | | | |

注：饱和溶液中 $K^+$、$NO_3^-$ 浓度不同会影响溶解度。为保证溶液中离子强度一致，各种溶液都应以 $0.20mol \cdot L^{-1}$ $KNO_3$ 溶液为介质配制，但测得的 $K_{sp}^{\ominus}(PbI_2)$ 比在水中的大。本实验未考虑离子强度的影响。

## 【实验习题】

1. 配制 $PbI_2$ 饱和溶液为什么要充分摇荡？
2. 如果用湿的小试管配制比色溶液，对实验结果将产生什么影响？

## 实验 15

# 银氨离子配位数及稳定常数的测定

## 【实验目的】

1. 应用配位平衡和溶度积规则测定 $[Ag(NH_3)_n]^+$ 的配位数 $n$ 及其稳定常数 $K_f^{\ominus}$。
2. 学习作图法处理数据的过程和规则。
3. 练习吸量管、滴定管等规范操作。

## 【实验原理】

在硝酸银溶液中加入过量氨水，生成稳定的 $[Ag(NH_3)_n]^+$

$$Ag^+(aq) + nNH_3(aq) \rightleftharpoons [Ag(NH_3)_n]^+(aq) \tag{7-6}$$

$$K_f^{\ominus}([Ag(NH_3)_n]^+) = \frac{c([Ag(NH_3)_n]^+)/c^{\ominus}}{[c(Ag^+)/c^{\ominus}][c(NH_3)/c^{\ominus}]^n} \tag{7-7}$$

再往溶液中逐滴加入溴化钾溶液，直到开始有淡黄色的 AgBr 沉淀出现为止

$$Ag^+(aq) + Br^-(aq) \rightleftharpoons AgBr(s) \tag{7-8}$$

$$K_{sp}^{\ominus}(AgBr) = [c(Ag^+)/c^{\ominus}][c(Br^-)/c^{\ominus}] \tag{7-9}$$

反应式(7-8)一式(7-6)得

$$[Ag(NH_3)_n]^+(aq) + Br^-(aq) \rightleftharpoons AgBr(s) + n\,NH_3(aq)$$

$$
\begin{aligned}
K^{\ominus} &= \frac{[c(NH_3)/c^{\ominus}]^n}{[c([Ag(NH_3)_n]^+)/c^{\ominus}][c(Br^-)/c^{\ominus}]} \\
&= \frac{1}{K_f^{\ominus}\{[Ag(NH_3)_n]^+\}K_{sp}^{\ominus}(AgBr)}
\end{aligned} \tag{7-10}
$$

式(7-10)中的 $c([Ag(NH_3)_n]^+)$、$c(Br^-)$ 和 $c(NH_3)$ 均为平衡浓度,它们可以通过下述近似计算求得。

氨水过量的前提下,体系只生成单核配离子 $[Ag(NH_3)_n]^+$ 和 AgBr 沉淀,没有其他副反应发生。每份混合溶液中最初取的 $AgNO_3$ 溶液的体积 $V(Ag^+)$ 均相同,浓度为 $c_0(Ag^+)$;每份加入的氨水(过量)和 KBr 溶液的体积分别为 $V(NH_3)$ 和 $V(Br^-)$,其浓度分别为 $c_0(NH_3)$ 和 $c_0(Br^-)$,混合溶液的总体积 $V_{总}$。混合后达到平衡时

$$c([Ag(NH_3)_n]^+) = \frac{c_0(Ag^+)V(Ag^+)}{V_{总}} \tag{7-11}$$

$$c(Br^-) = \frac{c_0(Br^-)V(Br^-)}{V_{总}} \tag{7-12}$$

$$c(NH_3) = \frac{c_0(NH_3)V(NH_3)}{V_{总}} \tag{7-13}$$

将式(7-11)、式(7-12)、式(7-13)代入式(7-10),经整理后得

$$V(Br^-) = \frac{K_f^{\ominus}([Ag(NH_3)_n]^+)K_{sp}^{\ominus}(AgBr)\left[\dfrac{c_0(NH_3)}{c^{\ominus}V_{总}}\right]^n[V(NH_3)]^n}{\dfrac{c_0(Ag^+)V(Ag^+)}{c^{\ominus}V_{总}} \times \dfrac{c_0(Br^-)}{c^{\ominus}V_{总}}} \tag{7-14}$$

式(7-14)等号右边除 $[V(NH_3)]^n$ 外,其余皆为常数或已知量,故式(7-14)可改写为

$$V(Br^-) = K'[V(NH_3)]^n \tag{7-15}$$

将式(7-15)两边取对数得直线方程:

$$\lg[V(Br^-)] = n\lg[V(NH_3)] + \lg K' \tag{7-16}$$

以 $\lg[V(Br^-)]$ 为纵坐标,$\lg[V(NH_3)]$ 为横坐标作图,求出该直线的斜率 $n$,即得 $[Ag(NH_3)_n]^+$ 的配位数 $n$。由直线在 $\lg[V(Br^-)]$ 轴上的截距 $\lg K'$,求出 $K'$,并利用式(7-14)求得 $K_f^{\ominus}\{[Ag(NH_3)_n]^+\}$。

## 【仪器、药品及材料】

仪器与材料:吸量管(5mL、10mL)、锥形瓶(125mL)、量筒(10mL、25mL)、酸式滴定管(25mL)、洗耳球、铁架台、万用夹。

药品:$NH_3 \cdot H_2O(2.0\,mol \cdot L^{-1})$、$AgNO_3(0.010\,mol \cdot L^{-1})$、$KBr(0.010\,mol \cdot L^{-1})$。

**【实验内容】**

1. 按表 7-15 所列用量，依次加入 $0.010\text{mol} \cdot \text{L}^{-1}$ $AgNO_3$、$NH_3 \cdot H_2O(2.0\text{mol} \cdot \text{L}^{-1})$ 及去离子水于各锥形瓶中，然后用 $KBr(0.010\text{mol} \cdot \text{L}^{-1})$ 滴定至溶液中刚开始出现浑浊并不再消失为止。记下所消耗的 KBr 溶液的体积 $V(\text{Br}^-)$ 和溶液的总体积 $V_{\text{总}}$。从编号 2 开始，当滴定接近终点时，加入适量去离子水（使溶液的总体积都与编号 1 的总体积基本相同），继续滴定至终点。

2. 以 $\lg[V(\text{Br}^-)]$ 为纵坐标，$\lg[V(\text{NH}_3)]$ 为横坐标作图求直线的斜率 $n$；由直线在纵坐标轴上的截距 $\lg K'$ 求 $K'$，并利用式（7-14）求出 $K_{\text{f}}^{\ominus}\{[\text{Ag}(\text{NH}_3)_n]^+\}$ ［已知 25℃时，$K_{\text{sp}}^{\ominus}(\text{AgBr})=5.3\times10^{-13}$］。

将所得数据记录于表 7-15 中。

表 7-15 数据记录及处理

| 实验编号 | $V(\text{Ag}^+)/\text{mL}$ | $V(\text{NH}_3)/\text{mL}$ | $V(\text{Br}^-)/\text{mL}$ | $V(\text{H}_2\text{O})/\text{mL}$ | $V_{\text{总}}/\text{mL}$ | $\lg[V(\text{NH}_3)]$ | $\lg[V(\text{Br}^-)]$ |
|---|---|---|---|---|---|---|---|
| 1 | 4.00 | 8.00 | | 8.0 | | | |
| 2 | 4.00 | 7.00 | | 9.0 | | | |
| 3 | 4.00 | 6.00 | | 10.0 | | | |
| 4 | 4.00 | 5.00 | | 11.0 | | | |
| 5 | 4.00 | 4.00 | | 12.0 | | | |
| 6 | 4.00 | 3.00 | | 13.0 | | | |
| 7 | 4.00 | 2.00 | | 14.0 | | | |

注：实验中的近似处理包括：①氨浓度约为初始浓度｛忽略了 $[\text{Ag}(\text{NH}_3)_n]^+$ 解离产生的 $NH_3$｝；②$\text{Br}^-$ 浓度通过滴定用量计算（忽略了 AgBr 沉淀消耗的 $\text{Br}^-$）；③沉淀平衡时 $[\text{Ag}(\text{NH}_3)_n]^+$ 浓度约为初始 $\text{Ag}^+$ 浓度（忽略了游离的 $\text{Ag}^+$ 及 AgBr 沉淀消耗的 $\text{Ag}^+$）。

**【实验习题】**

1. 由初始浓度 $c(\text{Ag}^+)$、$c(\text{NH}_3)$、$c([\text{Ag}(\text{NH}_3)_2]^+)$ 求 $K_{\text{f}}^{\ominus}\{[\text{Ag}(\text{NH}_3)_n]^+\}$，以及总反应平衡常数 $K^{\ominus}$。

2. $AgNO_3$ 溶液为什么要放在棕色瓶中？还有哪些试剂要放在棕色瓶中？

# 第八章

## 元素性质实验

### 实验 16

## 含卤素物质（氯气、次氯酸盐、氯酸盐）的制备和性质

**【实验目的】**

1. 学习氯气、次氯酸盐、氯酸盐的制备方法。
2. 掌握次氯酸盐、氯酸盐强氧化性的区别。
3. 掌握气体发生装置的安装方法和产生气体的原理。
4. 了解氯、溴、氯酸钾的安全操作。

**【实验原理】**

氯、溴、碘单质与水主要发生歧化反应，反应进行的程度随原子序数的增大而依次减小，在碱性溶液中易发生如下的歧化反应：

$$X_2 + 2OH^- \rightleftharpoons X^- + OX^- + H_2O(X=Cl、Br、I) \tag{8-1}$$

$$3OX^- \rightleftharpoons 2X^- + XO_3^- \tag{8-2}$$

氯在 20℃时，只有反应式(8-1) 进行得很快，在 70℃时，反应式(8-2) 才进行得很快。因此，氯与碱作用在常温时主要生成次氯酸盐，加热条件下主要生成氯酸盐。

氯、溴、碘单质氧化性的强弱次序为：$Cl_2 > Br_2 > I_2$。卤化氢还原性强弱的次序为：$HI > HBr > HCl$。HBr 和 HI 能分别将浓硫酸还原为 $SO_2$ 和 $H_2S$。$Br^-$ 能被 $Cl_2$ 氧化为 $Br_2$，在 $CCl_4$ 中呈棕黄色。$I^-$ 能被 $Cl_2$ 氧化为 $I_2$，在 $CCl_4$ 中呈紫色。当 $Cl_2$ 过量时，$I_2$ 被氧化为无色的 $IO_3^-$。

次氯酸及其盐具有强氧化性。酸性条件下，卤酸盐都具有强氧化性，其强弱次序为：$BrO_3^- > ClO_3^- > IO_3^-$。

**【仪器、药品及材料】**

仪器与材料：铁架台、石棉网、蒸馏烧瓶、分液漏斗（或恒压滴液漏斗）、烧杯、大试管、滴管、试管、表面皿、酒精灯、锥形瓶、温度计、玻璃管、橡胶管、橡胶塞、脱脂棉、冰、广泛 pH 试纸、滤纸、淀粉-KI 试纸。

药品：$MnO_2$（s）、HCl（浓）、$H_2SO_4$（$3mol \cdot L^{-1}$，$1mol \cdot L^{-1}$）、KOH（30%）、NaOH（$2mol \cdot L^{-1}$）、KI（$0.2mol \cdot L^{-1}$）、KBr（$0.2mol \cdot L^{-1}$）、$MnSO_4$（$0.2mol \cdot L^{-1}$）、氯水（自制）、溴水、碘水、$CCl_4$、品红溶液、$Na_2S_2O_3$ 溶液。

## 【实验内容】

### 1. 氯酸钾和次氯酸钠的制备

实验装置见图 8-1（本实验必须在通风橱中进行）。蒸馏烧瓶中装入 15g $MnO_2(s)$，分液漏斗中加入 30mL 浓 HCl；A 管中加入 15mL 去离子水，B 管中加入 15mL 30％的 KOH 溶液，并置于 70～80℃的热水浴中；C 管中装有 15mL $2mol \cdot L^{-1}$ NaOH 溶液，并置于冰水浴中；锥形瓶 D 中装有 $2mol \cdot L^{-1}$ NaOH 溶液以吸收多余的氯气。锥形瓶口覆盖浸过硫代硫酸钠溶液的脱脂棉。

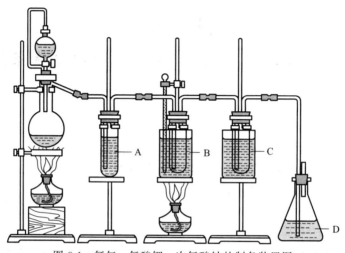

图 8-1　氯气、氯酸钾、次氯酸钠的制备装置图

检查装置的气密性。在确保系统严密后，旋开分液漏斗旋塞，点燃氯气发生器的酒精灯，让浓盐酸缓慢而均匀地滴入蒸馏烧瓶中，反应生成的氯气均匀地通过 A、B、C 管。当 B 管中碱液呈黄色，进而出现大量小气泡，溶液由黄色转变为无色时，停止加热氯气发生器。待反应停止后，向蒸馏烧瓶中注入大量水，然后拆除装置。冷却 B 管中的溶液，析出氯酸钾晶体。过滤，用少量冷水洗涤晶体一次，用倾析法倾去溶液，将晶体移至表面皿上，用滤纸吸干。所得氯酸钾、C 管中的次氯酸钠溶液和 A 管中的氯水留作下面的实验用。

记录现象，写出蒸馏烧瓶、B 管、C 管中所发生的化学反应方程式。注意：制备实验必须在通风橱中进行。

### 2. $Cl_2$、$Br_2$、$I_2$ 的氧化性及 $Cl^-$、$Br^-$、$I^-$ 的还原性

用所给试剂 KI、KBr、氯水（自制）、溴水、碘水、$CCl_4$，设计实验并验证卤素单质的氧化性顺序和卤离子的还原性强弱。

根据实验现象写出反应方程式，查出有关的标准电极电势，解释卤素单质的氧化性顺序和卤离子的还原性顺序。

### 3. 卤素含氧酸盐的性质

（1）次氯酸钠的氧化性

取三支试管分别注入 0.5mL 制得的次氯酸钠溶液。于第一支试管中加入 4～5 滴 $0.2mol \cdot L^{-1}$ KI 溶液，2 滴 $1mol \cdot L^{-1}$ $H_2SO_4$ 溶液。第二支试管中加入 4～5 滴 $0.2mol \cdot L^{-1}$ 的 $MnSO_4$ 溶液。第三支试管加入 2 滴品红溶液。观察以上实验现象，写出有关的反应方程式。

（2）氯酸钾的氧化性

取少量前面制得的氯酸钾晶体加水溶液配制成 $KClO_3$ 溶液。向 $0.5mL$ $0.2mol \cdot L^{-1}$ KI 溶液中滴入几滴自制的 $KClO_3$ 溶液，观察有何现象。再用 $3mol \cdot L^{-1}$ $H_2SO_4$ 酸化，观察溶液颜色的变化，继续往该溶液中滴加 $KClO_3$ 溶液，又有何变化？解释实验现象，写出相应的反应方程式。根据实验，总结氯元素含氧酸盐的性质。

### 【实验习题】

1. 在本实验中如果没有二氧化锰，可用哪些药品代替二氧化锰？
2. 用淀粉-KI 试纸检验氯气时，试纸先呈蓝色，当在氯气中放置时间较长时，蓝色褪去。为什么？

## 实验 17

# 非金属元素（氧、硫、氮、磷、硅、硼）的性质

### 【实验目的】

1. 掌握 $H_2O_2$、硫化物、亚硫酸盐的某些重要性质。
2. 掌握硝酸盐、亚硝酸盐热分解的规律。
3. 掌握磷酸盐的酸碱性、溶解性和配位性。
4. 了解硅酸、硅酸盐、硼酸的性质及硼酸盐的颜色鉴定反应。

### 【实验原理】

**1. 氧和硫**

氧族元素位于周期表中ⅥA族，其价电子构型为 $ns^2np^4$，其中氧和硫为较活泼的非金属元素。在氧的化合物中，$H_2O_2$ 是一种淡蓝色的黏稠液体，通常所用的 $H_2O_2$ 溶液为含 $H_2O_2$ 3％和 30％的水溶液。

$H_2O_2$ 不稳定，易分解放出 $O_2$。光照、受热、增大溶液碱度或存在痕量重金属物质（如 $Cu^{2+}$、$MnO_2$ 等）都会加速 $H_2O_2$ 的分解。

$H_2O_2$ 中氧的氧化态居中，所以 $H_2O_2$ 既有氧化性又有还原性。在酸性溶液中，$H_2O_2$ 能使 $Cr_2O_7^{2-}$ 生成深蓝色的 $CrO(O_2)_2$。$CrO(O_2)_2$ 不稳定，在水溶液中与 $H_2O_2$ 进一步反应生成 $Cr^{3+}$，蓝色消失。

$$4H_2O_2 + Cr_2O_7^{2-} + 2H^+ =\!=\!= 2CrO(O_2)_2 + 5H_2O$$

$$2CrO(O_2)_2 + 7H_2O_2 + 6H^+ =\!=\!= 2Cr^{3+} + 7O_2\uparrow + 10H_2O$$

由于 $CrO(O_2)_2$ 能与某些有机溶剂（如乙醚、戊醇等）形成较稳定的蓝色配合物，故此反应常用来鉴定 $H_2O_2$。

硫的化合物中，$H_2S$、$S^{2-}$ 具有强还原性，而浓 $H_2SO_4$、$H_2S_2O_8$ 及其盐具有强氧化性。如：

$$2H_2S+O_2 \xrightarrow{\quad\quad} 2S\downarrow+2H_2O$$

$$5S_2O_8^{2-}+2Mn^{2+}+8H_2O \xrightarrow{Ag^+} 2MnO_4^-+10SO_4^{2-}+16H^+$$

氧化数在 +6~-2 之间的硫的化合物既有氧化性又有还原性，但以还原性为主。如：

$$2S_2O_3^{2-}+I_2 \xrightarrow{\quad\quad} S_4O_6^{2-}+2I^-$$

$$S_2O_3^{2-}+4Cl_2+5H_2O \xrightarrow{\quad\quad} 2SO_4^{2-}+8Cl^-+10H^+$$

在水溶液中不存在 $H_2S_2O_3$ 和 $H_2SO_3$，而只存在 $S_2O_3^{2-}$ 和 $SO_3^{2-}$ 的盐溶液。这些盐溶液遇酸则分解：

$$S_2O_3^{2-}+2H^+ \xrightarrow{\quad\quad} SO_2\uparrow+S\downarrow+H_2O$$

大多数金属硫化物溶解度小，且具有特征的颜色。

**2. 氮和磷**

氮、磷位于周期表 ⅤA 族，其价电子层中有 5 个电子，主要形成氧化数为 -3、+3、+5 的化合物。

$HNO_2$ 极不稳定，常温下即发生歧化分解：

$$2HNO_2 \xrightarrow{\quad\quad} NO_2\uparrow+NO\uparrow+H_2O$$

铵盐的热分解随组成铵盐的酸根的性质及分解条件的不同而不同，硝酸盐的热分解则随金属元素活泼性的不同而不同。

硝酸具有强氧化性。亚硝酸及其盐有氧化性也有还原性，当遇到强氧化剂时它显示还原性，遇到强还原剂时它显示氧化性。

磷酸为非氧化性的三元中强酸，分子间易脱水缩合形成环状或链状的多磷酸，如偏磷酸、焦磷酸等，这些酸根对金属离子有很强的配位能力，故可作为金属离子的掩蔽剂，以及软水剂、去垢剂等。

与磷酸的分级解离相对应，易溶的磷酸盐发生分级水解。在难溶的磷酸盐中，正盐的溶解度最小。

**3. 硅和硼**

硅酸是一种几乎不溶于水的二元弱酸，由于其易发生缩合作用，所以从水溶液中析出时一般呈凝胶状，烘干脱水后得到干燥剂——硅胶。

硼的价电子构型为 $2s^2 2p^1$，其价电子数少于其价层轨道数，故硼的化学性质主要表现在缺电子的性质上。

硼酸是一元弱酸，它在水溶液中本身不释放 $H^+$，而是分子中的硼原子结合水的 $OH^-$ 使水释放出 $H^+$：

$$H_3BO_3+H_2O \xrightarrow{\quad\quad} H^++[B(OH)_4]^-$$

于硼酸溶液中加入多羟基化合物（如甘油），由于生成了比 $[B(OH)_4]^-$ 更稳定的配离子，上述平衡右移，从而大大增强硼酸的酸性。

在浓 $H_2SO_4$ 存在下，硼酸能与醇（如甲醇、乙醇）发生酯化反应生成硼酸酯，其燃烧呈特有的绿色火焰。此性质用于鉴别硼酸根。

硼酸可缩合为链状或环状的多硼酸。常见的多硼酸是四硼酸，其盐为硼砂。硼砂、$B_2O_3$、$H_3BO_3$ 在熔融状态均能溶解一些金属氧化物，并依金属的不同而显示特征颜色。如：

$$3Na_2B_4O_7+Cr_2O_3 \xrightarrow{\quad\quad} 6NaBO_2 \cdot 2Cr(BO_2)_3(绿色)$$

$$CoO + B_2O_3 \rightleftharpoons Co(BO_2)_2(蓝色)$$

**【仪器、药品及材料】**

仪器与材料：电动离心机、烧杯、试管、镍铬丝、广泛 pH 试纸、红色石蕊试纸。

药品：$H_2O_2$（3%）、$KMnO_4$（0.2mol·$L^{-1}$）、KI（0.2mol·$L^{-1}$）、$CH_3CSNH_2$（硫代乙酰胺，0.1mol·$L^{-1}$）、$H_2SO_4$（1mol·$L^{-1}$，3mol·$L^{-1}$）、$K_2Cr_2O_7$（0.5mol·$L^{-1}$）、$MnSO_4$（0.002mol·$L^{-1}$，0.2mol·$L^{-1}$）、$Pb(NO_3)_2$（0.2mol·$L^{-1}$）、$CuSO_4$（0.2mol·$L^{-1}$）、$Na_2S$（0.2mol·$L^{-1}$）、HCl（浓，6mol·$L^{-1}$，2mol·$L^{-1}$）、$HNO_3$（浓）、$Na_2SO_3$（0.5mol·$L^{-1}$）、$AgNO_3$（0.2mol·$L^{-1}$）、$Na_3PO_4$（0.1mol·$L^{-1}$）、$Na_2HPO_4$（0.1mol·$L^{-1}$）、$NaH_2PO_4$（0.1mol·$L^{-1}$）、$Na_4P_2O_7$（0.1mol·$L^{-1}$）、$CaCl_2$（0.5mol·$L^{-1}$）、$NH_3·H_2O$（2.0mol·$L^{-1}$）、$MnO_2$（s）、$Na_2SO_3$（s）、$K_2S_2O_8$（s）、$NH_4Cl$（s）、$(NH_4)_2SO_4$（s）、$(NH_4)_2Cr_2O_7$（s）、$NaNO_3$（s）、$Cu(NO_3)_2$（s）、$AgNO_3$（s）、$Na_2SiO_3$（20%）、$Co(NO_3)_2$（s）、$Sr(NO_3)_2$（s）、$CrCl_3$（s）、$CaCl_2$（s）、$CuSO_4$（s）、$NiSO_4$（s）、$ZnSO_4$（s）、$MnSO_4$（s）、$FeSO_4$（s）、$FeCl_3$（s）、$H_3BO_3$ 饱和溶液、乙醚、甘油、硼砂（s）。

**【实验内容】**

**1. $H_2O_2$ 的性质**

（1）设计实验

用 3% $H_2O_2$ 溶液、$MnO_2$、0.2mol·$L^{-1}$ $KMnO_4$ 溶液、3mol·$L^{-1}$ $H_2SO_4$ 溶液、0.2mol·$L^{-1}$ KI 溶液，设计一组实验，验证 $H_2O_2$ 的分解和氧化还原性。

（2）$H_2O_2$ 的鉴定反应

在试管中加入 2mL 3% $H_2O_2$ 溶液、0.5mL 乙醚、1mL 1mol·$L^{-1}$ $H_2SO_4$ 溶液，3~4 滴 0.5mol·$L^{-1}$ 的 $K_2Cr_2O_7$ 溶液，振荡试管，观察溶液和乙醚层的颜色变化情况。

**2. 硫的化合物的性质**

（1）硫化物的溶解性

取 3 支试管分别加入 0.2mol·$L^{-1}$ $MnSO_4$ 溶液、0.2mol·$L^{-1}$ $Pb(NO_3)_2$ 溶液、0.2mol·$L^{-1}$ $CuSO_4$ 溶液各 1~2 滴，然后各滴加 0.2mol·$L^{-1}$ $Na_2S$ 溶液 3~4 滴，观察沉淀生成的多少和颜色。继续往上述试液中分别滴加 2mol·$L^{-1}$ 盐酸、浓盐酸和浓硝酸，观察沉淀的溶解情况。

根据以上实验现象，填写表 8-1。

表 8-1 硫化物的溶解性实验现象

| 物质 | 沉淀颜色 | 溶解性 | | |
|---|---|---|---|---|
| | | HCl（2mol·$L^{-1}$） | HCl（浓） | $HNO_3$（浓） |
| MnS | | | | |
| PbS | | | | |
| CuS | | | | |

（2）亚硫酸盐的性质

往试管中加入 2mL 0.5mol·L$^{-1}$ Na$_2$SO$_3$ 溶液，用 3mol·L$^{-1}$ H$_2$SO$_4$ 酸化，观察有无气体产生（如现象不明显，可用 Na$_2$SO$_3$ 固体代替 0.5mol·L$^{-1}$ Na$_2$SO$_3$ 溶液）。用润湿的 pH 试纸移近管口，有何现象？然后将溶液分为两份，一份滴加 0.1mol·L$^{-1}$ 硫代乙酰胺溶液，另一份滴加 0.5mol·L$^{-1}$ K$_2$Cr$_2$O$_7$ 溶液，观察现象，说明亚硫酸盐具有什么性质，写出有关化学反应方程式。

（3）过二硫酸盐的氧化性

在试管中加入少量 3mol·L$^{-1}$ H$_2$SO$_4$ 溶液、3mL 蒸馏水、3 滴 0.002mol·L$^{-1}$ 的 MnSO$_4$ 溶液，混合均匀后分为两份。在第一份中加入少量过二硫酸钾（K$_2$S$_2$O$_8$）固体。第二份中加入 1 滴 0.2mol·L$^{-1}$ 硝酸银溶液和少量过二硫酸钾固体。将两支试管放入同一热水浴中加热，溶液的颜色有何变化？比较以上实验结果并解释。

**3. 铵盐和硝酸盐的热分解**

① 在一支干燥的硬质试管中放入约 1g 氯化铵，将试管垂直固定、加热，并用湿润的 pH 试纸放在管口，观察试纸的颜色变化。在试管壁上部有何现象发生？解释现象，写出反应方程式。

② 分别用硫酸铵和重铬酸铵重复①的实验，观察实验现象并比较它们的热分解产物有何不同，写出反应方程式。

根据①和②的实验现象，填写表 8-2，并根据实验结果总结铵盐热分解产物与阴离子规律。

表 8-2　铵盐的热分解实验现象

| 物质 | 加热现象 | 反应方程式 |
|---|---|---|
| NH$_4$Cl | | |
| (NH$_4$)$_2$SO$_4$ | | |
| (NH$_4$)$_2$Cr$_2$O$_7$ | | |
| 总结 | | |

③ 分别设计固体硝酸钠、硝酸铜、硝酸银的热分解实验，观察反应的情况和产物的颜色，检验反应生成的气体，写出反应方程式。

根据以上实验现象，填写表 8-3，并总结硝酸盐的热分解与阳离子的关系。

表 8-3　硝酸盐的热分解实验现象

| 物质 | 加热现象 | 反应方程式 |
|---|---|---|
| NaNO$_3$ | | |
| Cu(NO$_3$)$_2$ | | |
| AgNO$_3$ | | |
| 总结 | | |

**4. 磷酸盐的性质**

（1）酸碱性

用 pH 试纸测定 0.1mol·L$^{-1}$ Na$_3$PO$_4$ 溶液、0.1mol·L$^{-1}$ Na$_2$HPO$_4$ 溶液和 0.1mol·

$L^{-1}$ $NaH_2PO_4$ 溶液的 pH 值。

分别往三支试管中注入 0.5mL 0.1mol·$L^{-1}$ $Na_3PO_4$ 溶液、0.1mol·$L^{-1}$ $Na_2HPO_4$ 溶液和 0.1mol·$L^{-1}$ $NaH_2PO_4$ 溶液，再各滴加适量的 0.1mol·$L^{-1}$ $AgNO_3$ 溶液，观察是否有沉淀产生，并试验溶液的酸碱性有无变化。解释并写出相应的化学方程式。

根据以上实验现象，填写表 8-4。

表 8-4　磷酸盐的酸碱性实验现象

| 物质 | $pH_1$ | 加 $AgNO_3$ (0.1mol·$L^{-1}$) | $pH_2$ | 反应方程式 |
|---|---|---|---|---|
| 0.1mol·$L^{-1}$ $Na_3PO_4$ | | | | |
| 0.1mol·$L^{-1}$ $Na_2HPO_4$ | | | | |
| 0.1mol·$L^{-1}$ $NaH_2PO_4$ | | | | |
| 总结 | | | | |

（2）溶解性

分别取 0.1mol·$L^{-1}$ $Na_3PO_4$ 溶液、0.1mol·$L^{-1}$ $Na_2HPO_4$ 溶液和 0.1mol·$L^{-1}$ $NaH_2PO_4$ 溶液各 0.5mL 加入三支试管中，加入等量的 0.5mol·$L^{-1}$ $CaCl_2$ 溶液，观察有何现象，用 pH 试纸测定它们的 pH 值。滴加 2.0mol·$L^{-1}$ 氨水，各有何变化？再滴加 2.0mol·$L^{-1}$ 盐酸，又有何变化？

比较磷酸钙、磷酸氢钙、磷酸二氢钙的溶解性，说明它们之间相互转化的条件，写出反应方程式。

根据以上实验现象，填写表 8-5。

表 8-5　磷酸盐的溶解性实验现象

| 物质 | 加 $CaCl_2$ | pH | 加 $NH_3·H_2O$ (2.0mol·$L^{-1}$) | 加 HCl (2.0mol·$L^{-1}$) | 反应方程式 |
|---|---|---|---|---|---|
| $Na_3PO_4$ | | | | | |
| $Na_2HPO_4$ | | | | | |
| $NaH_2PO_4$ | | | | | |
| 总结 | | | | | |

（3）配位性

取 0.5mL 0.2mol·$L^{-1}$ $CuSO_4$ 溶液，逐滴加入 0.1mol·$L^{-1}$ $Na_4P_2O_7$（焦磷酸钠）溶液，观察沉淀的生成。继续滴加焦磷酸钠溶液，沉淀是否溶解？写出相应的反应方程式。

**5. 硅酸与硅酸盐的生成**

（1）硅酸水凝胶的生成

往 2mL 20％硅酸钠溶液中滴加 6mol·$L^{-1}$ 盐酸，观察产物的颜色、状态。

（2）硅酸盐的生成——水中花园实验

在 100mL 小烧杯中加入 50～70mL 20％硅酸钠溶液，然后将氯化钙、硝酸钴、硫酸铜、硫酸镍、硫酸锌、硫酸锰、硫酸亚铁、三氯化铁固体各一小粒投入杯内（注意各固体之间保持一定间隔），放置一段时间后观察现象。

根据以上实验现象，填写表 8-6。

表 8-6 硅酸盐的生成实验现象

| 物质 | 颜色 | 晶体生长形状 | 晶体生长速度 | 反应方程式 |
|---|---|---|---|---|
| $CaCl_2$ | | | | |
| $Co(NO_3)_2$ | | | | |
| $CuSO_4$ | | | | |
| $NiSO_4$ | | | | |
| $ZnSO_4$ | | | | |
| $MnSO_4$ | | | | |
| $FeSO_4$ | | | | |
| $FeCl_3$ | | | | |
| 总结 | | | | |

### 6. 硼酸与硼砂的性质

① 取 1mL 饱和硼酸溶液，用 pH 试纸测定其 pH 值。在硼酸溶液中滴加 3～4 滴甘油，再测溶液的 pH 值。该实验说明硼酸具有什么性质？

② 在试管中加入 1g 硼砂和 2mL 去离子水，微热使其溶解，用 pH 试纸测定溶液的 pH 值。然后加入 1mL 6mol·$L^{-1}$ 硫酸溶液，将试管放在冷水中冷却，并用玻璃棒不断搅拌，片刻后观察硼酸晶体的析出。写出有关的反应方程式。

③ 镍铬丝尖端弯一个小圆环，用 6mol·$L^{-1}$ 盐酸清洗镍铬丝，然后将其置于氧化焰中灼烧片刻，取出再浸入酸中，如此重复数次至镍铬丝在氧化焰中灼烧不产生离子的特征颜色，表示镍铬丝已经洗干净了。将这样处理过的镍铬丝蘸上一些硼砂固体，在氧化焰中灼烧并熔融成圆珠，观察硼砂珠的颜色和状态。

④ 用灼热的硼砂珠分别蘸取少量的硝酸钴、硝酸镍、三氯化铬、硝酸锶、氯化钙、硝酸铜固体，熔融。冷却后观察硼砂珠的颜色。写出相应的反应方程式。

根据以上实验现象，填写表 8-7。

表 8-7 硼酸与硼砂的性质实验现象

| 物质 | 颜色 | 反应方程式 |
|---|---|---|
| $Co(NO_3)_2$ | | |
| $Ni(NO_3)_2$ | | |
| $Cu(NO_3)_2$ | | |
| $Sr(NO_3)_2$ | | |
| $CaCl_2$ | | |
| $CrCl_3$ | | |
| 总结 | | |

**【实验习题】**

1. 如何区别硫酸钠、亚硫酸钠、硫代硫酸钠、硫化钠？

2. 总结铵盐热分解产物和阴离子的关系；总结硝酸盐分解与阳离子的关系。

3. 用酸溶解磷酸银沉淀，在盐酸、硫酸、硝酸中选用哪一种最适宜？为什么？

4. 为什么说硼酸是一元酸？在硼酸溶液中加入多羟基化合物后，溶液的酸度会怎样变化？为什么？

5. 现有一瓶白色固体，它可能是碳酸钠、硝酸钠、硫酸钠、氯化钠、溴化钠、磷酸钠中的任意一种。试设计鉴别方案。

## 实验 18

# 主族金属（碱金属、碱土金属、铝、锡、铅、锑、铋）的性质

**【实验目的】**

1. 比较碱金属和碱土金属的活泼性。

2. 比较碱土金属、铝、锡、铅、锑、铋的氢氧化物和盐类的溶解性。

3. 练习焰色反应并熟悉使用金属钠、钾的安全措施。

**【实验原理】**

主族金属包括ⅠA、ⅡA族元素，以及 p 区所有金属元素。

金属元素的金属性表现在：其单质在能量不高时，易参加化学反应，易呈现低的正氧化态（+1、+2、+3），并形成离子键化合物；标准电极电势有较负的数值，氧化物的水合物呈碱性或两性偏碱性。

碱金属和碱土金属位于ⅠA和ⅡA族。在同一族中，金属活泼性由上而下逐渐增强，在同一周期中从左到右金属性逐渐减弱。例如ⅠA中钠、钾与水作用活泼性依次增强，第3周期的钠、镁与水作用的活泼性依次减弱。碱金属和碱土金属都易和氧化合。碱金属在室温下能迅速地与空气中的氧反应。钠、钾在空气中稍微加热即可燃烧生成过氧化物和超氧化物（如 $Na_2O_2$ 和 $KO_2$）。碱土金属活泼性略差，室温下这些金属表面会缓慢氧化生成氧化膜。

碱金属盐类的最大特点是绝大多数易溶于水，而且在水中能完全电离，只有极少数是微溶的（例如：六羟基合锑酸钠 $Na[Sb(OH)_6]$、酒石酸氢钾 $KHC_4H_4O_6$、六硝基合钴酸钾钠 $K_2Na[Co(NO_2)_6]$ 等）。钠、钾的一些微溶盐常用于钠、钾离子的鉴定。

碱土金属盐类的重要特征是它们的难溶性，除氯化物、硝酸盐、硫酸镁、铬酸镁、铬酸钙易溶于水外，其余碳酸盐、硫酸盐、草酸盐、铬酸盐等皆难溶。

碱金属和钙、钡的挥发性盐在氧化焰中灼烧时，能使火焰呈现一定颜色，称为焰色反应。可以根据火焰的颜色定性地鉴别这些元素的存在。

铝、锡、铅是常见的金属元素。铝很活泼，在一般化学反应中它的氧化态为+3，既是典型的两性元素，又是亲氧元素。铝的标准电极电势数值虽较负，但在水中稳定，主要是由

于金属表面形成致密的氧化膜难溶于水，这种氧化物膜有良好的抗腐蚀作用。

锡、铅的价电子结构为 $ns^2np^2$，它们为紧接 ds 区的 p 区元素，属于低熔点金属，是中等活泼的金属，氧化态有＋2、＋4，它们的氧化物难溶于水。Sn（Ⅱ）和 Pb（Ⅱ）的氢氧化物都是白色沉淀，具有两性；但相同氧化态，锡的氢氧化物的碱性小于铅的氢氧化物的碱性，而酸性则相反。

铅的＋2氧化态较稳定，锡的＋4氧化态较稳定；Sn（Ⅱ）具有还原性，而在酸性介质中 $PbO_2$ 具有强氧化性。可溶于水的锡盐和铅盐易发生水解。

$Pb_3O_4$ 俗称铅丹或红铅，当用硝酸处理红铅时，有 2/3 溶解变成 $Pb^{2+}$，有 1/3 是以黑色的 $PbO_2$ 形式沉淀，其反应式为

$$Pb_3O_4 + 4H^+ \rightleftharpoons PbO_2 \downarrow + 2Pb^{2+} + 2H_2O$$

$PbCl_2$ 是白色沉淀，微溶于冷水，易溶于热水，也溶于浓盐酸中形成配合物 $H_2[PbCl_4]$。$PbI_2$ 为金黄色丝状有亮光的沉淀，易溶于沸水，溶于过量 KI 溶液中形成可溶性配合物 $K_2[PbI_4]$。$PbCrO_4$ 为难溶的黄色沉淀，溶于硝酸和较浓的碱。$PbSO_4$ 为白色沉淀，能溶解于饱和的 $NH_4Ac$ 溶液中。$Pb(Ac)_2$ 是可溶性铅化合物，它是弱电解质，易溶于沸水。

锑、铋以＋3、＋5氧化态存在。而铋由于惰性电子对效应（$6s^2$），以＋3氧化态较稳定。锑、铋的氢氧化物，前者既溶于酸，又溶于碱，后者溶于酸，不溶于碱。

锡、铅、锑、铋都能生成有颜色的难溶于水的硫化物。SnS 呈棕色，PbS 呈黑色，$Sb_2S_3$ 呈橘黄色，$Bi_2S_3$ 呈棕黑色，$SnS_2$ 呈黄色。

### 【仪器、药品及材料】

仪器与材料：烧杯（250mL）、试管（10mL）、小刀、镊子、坩埚、坩埚钳、漏斗、pH 试纸、滤纸、砂纸、镍铬丝、玻璃棒、钴玻璃。

药品：钠（s）、钾（s）、镁条（s）、铝片（s）、醋酸钠（s）、$NaCl$（$1mol \cdot L^{-1}$）、KCl（$1mol \cdot L^{-1}$）、$MgCl_2$（$0.5mol \cdot L^{-1}$）、LiCl（$1mol \cdot L^{-1}$）、$BaCl_2$（$0.5mol \cdot L^{-1}$）、$SrCl_2$（$0.5mol \cdot L^{-1}$）、$CaCl_2$（$0.5mol \cdot L^{-1}$）、NaOH（新配 $2mol \cdot L^{-1}$，$6mol \cdot L^{-1}$）、$NH_3 \cdot H_2O$（$0.5mol \cdot L^{-1}$，$6mol \cdot L^{-1}$）、$AlCl_3$（$0.5mol \cdot L^{-1}$）、$SnCl_2$（$0.5mol \cdot L^{-1}$）、$NH_4Cl$（饱和）、$SnCl_4$（$0.5mol \cdot L^{-1}$）、$Pb(NO_3)_2$（$0.5mol \cdot L^{-1}$）、$HgCl_2$（$0.2mol \cdot L^{-1}$）、$SbCl_3$（$0.5mol \cdot L^{-1}$）、$Bi(NO_3)_3$（$0.5mol \cdot L^{-1}$）、HCl（$1mol \cdot L^{-1}$，$2mol \cdot L^{-1}$，$6mol \cdot L^{-1}$，浓）、$H_2SO_4$（$2mol \cdot L^{-1}$）、$HNO_3$（$2mol \cdot L^{-1}$，$6mol \cdot L^{-1}$，浓）、$(NH_4)_2S_x$ 溶液、$(NH_4)_2S$（新配 $1mol \cdot L^{-1}$）、$K_2CrO_4$（$0.5mol \cdot L^{-1}$）、KI（$1mol \cdot L^{-1}$）、$Na_2SO_4$（$0.1mol \cdot L^{-1}$）、$KMnO_4$（$0.01mol \cdot L^{-1}$）、$CH_3CSNH_2$（硫代乙酰胺，$0.1mol \cdot L^{-1}$）、酚酞指示剂。

### 【实验内容】

**1. 钠、钾、镁、铝的性质**

（1）钠与空气中氧气的作用

用镊子取一小块（绿豆大小）金属钠，用滤纸吸干其表面的煤油，立即放在坩埚中加热。当开始燃烧时，停止加热。观察反应情况和产物的颜色、状态。冷却后，往坩埚中加入 2mL 蒸馏水使产物溶解，然后把溶液转移到一支试管中，用 pH 试纸测定溶液的酸碱性。

再用 $2mol \cdot L^{-1}$ $H_2SO_4$ 酸化，滴加 $1\sim2$ 滴 $0.01mol \cdot L^{-1}$ $KMnO_4$ 溶液，观察紫色是否褪去。由此说明水溶液中是否有 $H_2O_2$，从而推知钠在空气中燃烧是否有 $Na_2O_2$ 生成。写出以上有关反应式。

（2）金属钠、钾、镁、铝与水的作用

分别取一小块（绿豆大小）金属钠和钾，用滤纸吸干其表面煤油，把它们分别投入盛有半杯水的烧杯中，观察反应情况。为了安全起见，当金属块投入水中时，立即倒置漏斗覆盖在烧杯口上。反应完后，滴入 $1\sim2$ 滴酚酞指示剂，检验溶液的酸碱性。根据反应进行的剧烈程度，说明钠、钾的金属活泼性。写出反应式。

分别取一小段镁条和一小块铝片，用砂纸擦去其表面氧化物，分别放入试管中，加入少量冷水，观察反应现象。然后加热煮沸，观察又有何现象发生，用酚酞指示剂检验产物酸碱性。写出反应式。

另取一小片铝片，用砂纸擦去其表面氧化物，然后在其上滴加 2 滴 $0.2mol \cdot L^{-1}$ $HgCl_2$ 溶液，观察产物的颜色和状态。用脱脂棉或纸将液体擦干后，将此金属置于空气中，观察铝片的白色铝毛。再将铝片置于盛水的试管中，观察氢气的放出，如反应缓慢可将试管加热。写出有关反应式。

**2. 镁、钙、钡、铝、锡、铅、锑、铋的氢氧化物的溶解性**

① 在 8 支试管中，分别加入浓度均为 $0.5mol \cdot L^{-1}$ 的 $MgCl_2$ 溶液、$CaCl_2$ 溶液、$BaCl_2$ 溶液、$AlCl_3$ 溶液、$SnCl_2$ 溶液、$Pb(NO_3)_2$ 溶液、$SbCl_3$ 溶液、$Bi(NO_3)_3$ 溶液各 $0.5mL$，均加入等体积新配制的 $2mol \cdot L^{-1}$ $NaOH$ 溶液，观察沉淀的生成并写出反应方程式。

把以上沉淀分成两份，分别加入 $6mol \cdot L^{-1}$ $NaOH$ 溶液和 $6mol \cdot L^{-1}$ $HCl$ 溶液，观察沉淀是否溶解，写出反应方程式。

② 在 2 支试管中，分别盛有 $0.5mL$ $0.5mol \cdot L^{-1}$ $MgCl_2$ 溶液、$AlCl_3$ 溶液，加入等体积 $0.5mol \cdot L^{-1}$ $NH_3 \cdot H_2O$，观察反应生成物的颜色和状态。往有沉淀的试管中加入饱和 $NH_4Cl$ 溶液，又有何现象？为什么？写出有关反应方程式。

**3. ⅠA、ⅡA 族元素的焰色反应**

取镶嵌有镍铬丝的玻璃棒一根（镍铬丝的尖端弯成小环状），先按以下方法清洁：将镍铬丝浸于 $6mol \cdot L^{-1}$ $HCl$ 溶液中（放在小试管内），然后取出在氧化焰中灼烧片刻，再浸入酸中，再灼烧，如此重复二至三次，至火焰不再呈现任何离子的特征颜色才算此镍铬丝洁净。

用洁净的镍铬丝分别蘸取 $1mol \cdot L^{-1}$ $LiCl$ 溶液、$1mol \cdot L^{-1}$ $NaCl$ 溶液、$1mol \cdot L^{-1}$ $KCl$ 溶液、$0.5mol \cdot L^{-1}$ $CaCl_2$ 溶液、$0.5mol \cdot L^{-1}$ $SrCl_2$ 溶液、$0.5mol \cdot L^{-1}$ $BaCl_2$ 溶液在氧化焰中灼烧。观察火焰的颜色。在观察钾盐的焰色时要用一块蓝色钴玻璃片滤光后观察。

**4. 锡、铅、锑和铋的难溶盐**

（1）硫化亚锡、硫化锡的生成和性质

在两支试管中分别注入 $0.5mL$ $0.5mol \cdot L^{-1}$ $SnCl_2$ 溶液和 $0.5mL$ $0.5mol \cdot L^{-1}$ $SnCl_4$ 溶液，分别注入少许 $0.1mol \cdot L^{-1}$ $CH_3CSNH_2$ 溶液，观察沉淀的颜色有何不同。分别试验沉淀物与 $1mol \cdot L^{-1}$ $HCl$ 溶液、$1mol \cdot L^{-1}$ $(NH_4)_2S$ 溶液和 $1mol \cdot L^{-1}$ $(NH_4)_2S_x$ 溶液的反应。通过硫化亚锡、硫化锡的实验得出什么结论？写出有关反应方程式。

根据以上实验现象，填写表 8-8。

表 8-8　SnS、SnS₂ 的相关性质实验现象

| 物质 | 颜色 | 溶解性 | | |
|---|---|---|---|---|
| | | HCl (1mol·L⁻¹) | (NH₄)₂S (1mol·L⁻¹) | (NH₄)₂Sₓ (1mol·L⁻¹) |
| SnS | | | | |
| SnS₂ | | | | |

（2）铅、锑、铋硫化物

在三支试管中分别加入 0.5mL 0.5mol·L⁻¹ Pb(NO₃)₂ 溶液、SbCl₃ 溶液、Bi(NO₃)₃ 溶液，然后各加入少许 0.1mol·L⁻¹ CH₃CSNH₂ 溶液，观察沉淀的颜色有何不同。分别试验沉淀物与浓盐酸、2mol·L⁻¹ NaOH 溶液、0.5mol·L⁻¹ (NH₄)₂S 溶液、(NH₄)₂Sₓ 溶液、浓硝酸溶液的反应。

根据以上实验现象，填写表 8-9。

表 8-9　铅、锑、铋的硫化物的性质实验现象

| 物质 | 颜色 | 溶解性 | | | | |
|---|---|---|---|---|---|---|
| | | HCl（浓） | NaOH (2mol·L⁻¹) | (NH₄)₂S (0.5mol·L⁻¹) | (NH₄)₂Sₓ (0.5mol·L⁻¹) | 硝酸（浓） |
| PbS | | | | | | |
| Sb₂S₃ | | | | | | |
| Bi₂S₃ | | | | | | |

（3）氯化铅

在 0.5mL 蒸馏水中滴入 5 滴 0.5mol·L⁻¹ Pb(NO₃)₂ 溶液，再滴入 3～5 滴稀盐酸，即有白色氯化铅沉淀生成。将所得白色沉淀连同溶液一起加热，沉淀是否溶解？再把溶液冷却，又有什么变化？说明氯化铅的溶解度与温度的关系。取以上白色沉淀少许，加入浓盐酸，观察沉淀溶解情况。

（4）碘化铅

取 5 滴 0.5mol·L⁻¹ Pb(NO₃)₂ 溶液用水稀释至 1mL 后，滴加 1mol·L⁻¹ KI 溶液，即生成橙黄色碘化铅沉淀，试验它在热水、冷水中的溶解情况。

（5）铬酸铅

取 5 滴 0.5mol·L⁻¹ Pb(NO₃)₂ 溶液，再滴加几滴 0.5mol·L⁻¹ K₂CrO₄ 溶液。观察 PbCrO₄ 沉淀的生成。试验它在 6mol·L⁻¹ HNO₃ 和 6mol·L⁻¹ NaOH 溶液中的溶解情况。写出有关反应方程式。

（6）硫酸铅

在 1mL 蒸馏水中滴入 5 滴 0.5mol·L⁻¹ Pb(NO₃)₂ 溶液，再滴入几滴 0.1mol·L⁻¹ Na₂SO₄ 溶液，即得白色 PbSO₄ 沉淀。加入少许固体 NaAc，微热，并不断搅拌，沉淀是否溶解？解释上述现象。写出有关反应方程式。

根据（3）～（6）的实验现象，填写表 8-10。

表 8-10　铅盐的溶解性实验现象

| 物质 | 颜色 | 溶解性 | | | | | |
|------|------|--------|------|------|------|------|------|
| | | 冷水 | 热水 | HCl（稀） | HCl（浓） | $HNO_3$（$6mol \cdot L^{-1}$） | NaOH（$6mol \cdot L^{-1}$） |
| $PbCl_2$ | | | | | | | |
| $PbI_2$ | | | | | | | |
| $PbCrO_4$ | | | | | | | |
| $PbSO_4$ | | | | | | | |

【实验习题】

1. 实验中如何配制氯化亚锡溶液？
2. 预测二氧化铅和浓盐酸反应的产物是什么？写出其反应方程式。
3. 今有未贴标签、无色透明的氯化亚锡、四氯化锡溶液各一瓶，试设法鉴别。
4. 若实验室中发生镁燃烧，可否用水或二氧化碳灭火器扑灭？为什么？
5. 如何鉴定溶液可能含有 $Na^+$、$K^+$、$Ca^{2+}$、$Al^{3+}$？

【附注】

1. 硫化钠溶液易变质，本实验用硫化铵溶液代替硫化钠。硫化铵溶液的制法：取一定量氨水，将其均分为两份，往其中一份通硫化氢至饱和，而后与另一份氨水混合。

2. $SnCl_2$ 溶液（$0.1mol \cdot L^{-1}$）的配制：称取 22.6g 氯化亚锡（含两个结晶水）固体，用 160mL 浓盐酸溶解，然后加入蒸馏水稀释至 1L，再加入数粒纯锡以防氧化。

3. 金属钠、钾平时应保存在煤油或石蜡油中。取用时，可在煤油中用小刀切割，用镊子夹取，并用滤纸把煤油吸干。切勿与皮肤接触，未用完的金属碎屑不能乱丢，可放回原瓶中，或者放在少量酒精中使其缓慢反应消耗掉。

### 实验 19

# 第一过渡系元素（钒、铬、锰、铁、钴、镍）的性质

【实验目的】

1. 掌握钒、铬、锰主要氧化态的化合物的重要性质及各氧化态之间相互转化的条件。
2. 掌握二价铁、钴、镍的还原性和三价铁、钴、镍的氧化性。
3. 掌握铁、钴、镍配合物的生成及性质变化。
4. 练习沙浴加热操作。

【实验原理】

位于周期表中第四周期的 Sc～Ni 称为第一过渡系元素，其中 V、Cr、Mn、Fe、Co、

Ni 是过渡元素中常见的重要元素。它们的主要性质如下。

**1. V**

钒属ⅤB族元素，在化合物中的氧化值主要是+5。五氧化二钒是钒的重要化合物之一，可由偏钒酸铵加热分解制得：

$$2NH_4VO_3 \xrightarrow{\triangle} V_2O_5 + 2NH_3\uparrow + H_2O$$

五氧化二钒呈橙色至深红色，微溶于水，是两性偏酸性的氧化物，易溶于碱，能溶于强酸中：

$$V_2O_5 + 6NaOH == 2Na_3VO_4 + 3H_2O$$
$$V_2O_5 + H_2SO_4 == (VO_2)_2SO_4 + H_2O$$

五氧化二钒溶解在盐酸中时，钒（Ⅴ）被还原成钒（Ⅳ）：

$$V_2O_5 + 6HCl == 2VOCl_2 + Cl_2\uparrow + 3H_2O$$

在钒酸盐的酸性溶液中，加入还原剂（如锌粉），可观察到溶液的颜色由黄色逐渐变成蓝色、绿色，最后变成紫色。这些颜色各对应于钒（Ⅳ）、钒（Ⅲ）和钒（Ⅱ）的化合物：

$$NH_4VO_3 + 2HCl == VO_2Cl + NH_4Cl + H_2O$$
$$2VO_2Cl + Zn + 4HCl == 2VOCl_2 + ZnCl_2 + 2H_2O$$
$$2VOCl_2 + Zn + 4HCl == 2VCl_3 + ZnCl_2 + 2H_2O$$
$$2VCl_3 + Zn == 2VCl_2 + ZnCl_2$$

向钒酸盐溶液中加酸，随pH逐渐下降，生成不同缩合度的多钒酸盐。其缩合平衡为：

$$2VO_4^{3-} + 2H^+ \rightleftharpoons 2HVO_4^{2-} \rightleftharpoons V_2O_7^{4-} + H_2O(pH>13)$$
$$3V_2O_7^{4-} + 6H^+ \rightleftharpoons 2V_3O_9^{3-} + 3H_2O(10<pH<13)$$
$$10V_3O_9^{3-} + 12H^+ \rightleftharpoons 3V_{10}O_{28}^{6-} + 6H_2O(3<pH<8)$$

缩合度增大，溶液的颜色逐渐加深，由淡黄色变到深红色。溶液转为酸性后，缩合度不再改变，而是发生了获得质子的反应：

$$V_{10}O_{28}^{6-} + H^+ \rightleftharpoons [HV_{10}O_{28}]^{5-}$$
$$[HV_{10}O_{28}]^{5-} + H^+ \rightleftharpoons [H_2V_{10}O_{28}]^{4-}$$

在 pH≈2 时，有红棕色五氧化二钒水合物沉淀析出，pH=1时，溶液中存在稳定的黄色 $VO_2^+$：

$$[H_2V_{10}O_{28}]^{4-} + 14H^+ \rightleftharpoons 10VO_2^+ + 8H_2O$$

在钒酸盐的溶液中加过氧化氢，若溶液呈弱碱性、中性或弱酸性，得到黄色的二过氧钒酸离子；若溶液呈强酸性，得到红棕色的过氧化钒阳离子，两者间存在下列平衡：

$$[HVO_2(O_2)_2]^{3-} + 6H^+ \rightleftharpoons [VO_2]^{3+} + H_2O_2 + 2H_2O$$

在分析上可作为鉴定钒和比色测定用。

**2. Cr**

铬属ⅥB族元素，最常见的是+3和+6氧化值的化合物。铬（Ⅲ）盐溶液与氨水或氢氧化钠溶液反应可制得氢氧化铬灰蓝色胶状沉淀。它具有两性，既溶于酸又溶于碱：

$$Cr^{3+} + 3OH^- == Cr(OH)_3\downarrow$$
$$Cr(OH)_3 + 3H^+ == Cr^{3+} + 3H_2O$$
$$Cr(OH)_3 + 3OH^- == CrO_2^- + 2H_2O$$

在碱性溶液中铬（Ⅲ）有较强的还原性：

$$2CrO_2^- +3H_2O_2+2OH^- =\!=\!= 2CrO_4^{2-}+4H_2O$$

工业上和实验室中铬（Ⅵ）化合物是它的含氧酸盐：铬酸盐和重铬酸盐。它们在水溶液中存在下列平衡：

$$2CrO_4^{2-}+2H^+ \Longleftrightarrow Cr_2O_7^{2-}+H_2O$$

除加酸、碱条件下可使上述平衡发生移动外，向溶液中加入 $Ba^{2+}$、$Pb^{2+}$ 或 $Ag^+$，由于生成溶度积较小的铬酸盐，也能使上述平衡向左移动。所以，即使向重铬酸盐溶液中加入这些金属离子，生成的也是铬酸盐沉淀。如：

$$Cr_2O_7^{2-}+2Ba^{2+}+H_2O =\!=\!= 2H^+ +2BaCrO_4\downarrow$$

重铬酸盐在酸性溶液中是强氧化剂，其还原产物都是 Cr（Ⅲ）的盐。如：

$$Cr_2O_7^{2-}+3SO_3^{2-}+8H^+ =\!=\!= 2Cr^{3+}+3SO_4^{2-}+4H_2O$$

$$Cr_2O_7^{2-}+6Fe^{2+}+14H^+ =\!=\!= 2Cr^{3+}+6Fe^{3+}+7H_2O$$

后一个反应在分析化学中，常用来测定铁。

### 3. Mn

锰属ⅦB族元素，最常见的是 +2、+4 和 +7 氧化态的化合物。

$Mn^{2+}$ 在酸性介质中比较稳定，在碱性介质中易被氧化：

$$Mn^{2+}+2OH^- =\!=\!= Mn(OH)_2\downarrow$$

$$2Mn(OH)_2+O_2 =\!=\!= 2MnO(OH)_2$$

$$2Mn(OH)_2+ClO^- =\!=\!= MnO(OH)_2+Cl^-$$

氢氧化锰（Ⅱ）属碱性氢氧化物，溶于酸及酸性盐溶液中，而不溶于碱：

$$Mn(OH)_2+2H^+ =\!=\!= Mn^{2+}+2H_2O$$

$$Mn(OH)_2+2NH_4^+ =\!=\!= Mn^{2+}+2NH_3+2H_2O$$

二氧化锰是锰（Ⅳ）的重要化合物，可由锰（Ⅶ）与锰（Ⅱ）的化合物作用而得到：

$$2MnO_4^- +3Mn^{2+}+2H_2O =\!=\!= 5MnO_2+4H^+$$

在酸性介质中二氧化锰是一种强氧化剂：

$$MnO_2+SO_3^{2-}+2H^+ =\!=\!= Mn^{2+}+SO_4^{2-}+H_2O$$

$$2MnO_2+2H_2SO_4(浓) =\!=\!= 2MnSO_4+O_2\uparrow+2H_2O$$

在碱性介质中，有氧化剂存在时，锰（Ⅳ）能被氧化转变为锰（Ⅵ）的化合物：

$$2MnO_2+4KOH+O_2 =\!=\!= 2K_2MnO_4+2H_2O$$

锰酸盐只有在强碱性溶液中（pH≥14.4）才是稳定的。如果在酸性、弱碱性或中性条件下，会发生歧化反应：

$$3MnO_4^{2-}+4H^+ =\!=\!= 2MnO_4^- +MnO_2+2H_2O$$

锰（Ⅶ）的化合物中最重要的是高锰酸钾。其固体加热到 473K 以上分解放出氧气，是实验室制备氧气的简便方法：

$$2KMnO_4 \xrightarrow{\triangle} K_2MnO_4+MnO_2+O_2\uparrow$$

高锰酸钾是最重要和常用的氧化剂之一，它的还原产物因介质的酸碱性不同而不同。

酸性介质：$2MnO_4^- +5SO_3^{2-}+6H^+ =\!=\!= 2Mn^{2+}+5SO_4^{2-}+3H_2O$

中性介质：$2MnO_4^- +3SO_3^{2-}+H_2O =\!=\!= 2MnO_2+3SO_4^{2-}+2OH^-$

碱性介质：$2MnO_4^- + SO_3^{2-} + 2OH^- \rule[0.5ex]{1.5em}{0.4pt} 2MnO_4^{2-} + SO_4^{2-} + H_2O$

### 4. 铁系元素

Fe、Co、Ni 属Ⅷ族元素，常见氧化值+2 和+3。

铁系元素氢氧化物均难溶于水，其氧化还原性质可归纳如下。

← 还原性增强 ——————

| $Fe(OH)_2$ | $Co(OH)_2$ | $Ni(OH)_2$ |
| 白色 | 粉红 | 绿色 |
| $Fe(OH)_3$ | $Co(OH)_3$ | $Ni(OH)_3$ |
| 棕红色 | 棕色 | 黑色 |

—————— 氧化性增强 →

有关反应式：

$Fe^{2+} + 2OH^- \rule[0.5ex]{1.5em}{0.4pt} Fe(OH)_2 \downarrow$          $4Fe(OH)_2 + O_2 + 2H_2O \rule[0.5ex]{1.5em}{0.4pt} 4Fe(OH)_3 \downarrow$

$CoCl_2 + 2NaOH \rule[0.5ex]{1.5em}{0.4pt} Co(OH)_2 \downarrow + 2NaCl$          $4Co(OH)_2 + O_2 + 2H_2O \rule[0.5ex]{1.5em}{0.4pt} 4Co(OH)_3 \downarrow$

$NiSO_4 + 2NaOH \rule[0.5ex]{1.5em}{0.4pt} Ni(OH)_2 \downarrow + Na_2SO_4$

$2Ni(OH)_2 + Cl_2 + 2NaOH \rule[0.5ex]{1.5em}{0.4pt} 2Ni(OH)_3 \downarrow + 2NaCl$

$Fe(OH)_3 + 3HCl \rule[0.5ex]{1.5em}{0.4pt} FeCl_3 + 3H_2O$

$2CoO(OH) + 6HCl \rule[0.5ex]{1.5em}{0.4pt} 2CoCl_2 + Cl_2 \uparrow + 4H_2O$          $Co(OH)_3 \rule[0.5ex]{1.5em}{0.4pt} CoO(OH) + H_2O$

$2NiO(OH) + 6HCl \rule[0.5ex]{1.5em}{0.4pt} 2NiCl_2 + Cl_2 \uparrow + 4H_2O$          $Ni(OH)_3 \rule[0.5ex]{1.5em}{0.4pt} NiO(OH) + H_2O$

铁系元素能形成多种配合物。这些配合物的形成，常常作为 $Fe^{2+}$、$Fe^{3+}$、$Co^{2+}$、$Ni^{2+}$ 的鉴定方法，如铁的配合物：

$$2[Fe(CN)_6]^{3-} + 3Fe^{2+} \rule[0.5ex]{1.5em}{0.4pt} Fe_3[Fe(CN)_6]_2 \downarrow （滕氏蓝）$$

$$3[Fe(CN)_6]^{4-} + 4Fe^{3+} \rule[0.5ex]{1.5em}{0.4pt} Fe_4[Fe(CN)_6]_3 \downarrow （普鲁士蓝）$$

$$Fe^{3+} + nSCN^- \rule[0.5ex]{1.5em}{0.4pt} [Fe(SCN)_n]^{3-n} （n=1\sim6）（血红色）$$

实验已经证明普鲁士蓝和滕氏蓝在组成上都具有相同的结构单元 $Fe_4^{III}[Fe^{II}(CN)_6]_3 \cdot xH_2O(x=14\sim16)$。

钴的配合物：

$$Co^{2+} + 4SCN^- \xrightarrow{\text{乙醚}} [Co(SCN)_4]^{2-} （蓝色）$$

镍的配合物：

$$2\begin{matrix} H_3C-C=NOH \\ | \\ H_3C-C=NOH \end{matrix} + Ni^{2+} + 2NH_3 \rule[0.5ex]{1.5em}{0.4pt} \begin{matrix} H_3C-C=N \quad N=C-CH_3 \\ Ni \\ H_3C-C=N \quad N=C-CH_3 \end{matrix} + 2NH_4^+$$

丁二酮肟          桃红色沉淀

Fe(Ⅱ)、Fe(Ⅲ) 均不形成氨配合物，Co(Ⅱ)、Co(Ⅲ) 均可形成氨配合物，但后者比前者稳定：

$$CoCl_2 + NH_3 \cdot H_2O \rule[0.5ex]{1.5em}{0.4pt} Co(OH)Cl \downarrow + NH_4Cl$$

$$Co(OH)Cl + 7NH_3 + H_2O =\!\!=\!\!= [Co(NH_3)_6](OH)_2 + NH_4Cl$$

$$2[Co(NH_3)_6](OH)_2 + 1/2O_2 + H_2O =\!\!=\!\!= 2[Co(NH_3)_6](OH)_3$$

$Ni^{2+}$ 与 $NH_3$ 能形成蓝色 $[Ni(NH_3)_6]^{2+}$，但该配离子遇酸、遇碱、水稀释、受热均可发生分解反应：

$$[Ni(NH_3)_6]^{2+} + 6H^+ =\!\!=\!\!= Ni^{2+} + 6NH_4^+$$

$$[Ni(NH_3)_6]^{2+} + 2OH^- =\!\!=\!\!= Ni(OH)_2 \downarrow + 6NH_3 \uparrow$$

$$2[Ni(NH_3)_6]SO_4 + 2H_2O \xrightarrow{\triangle} Ni_2(OH)_2SO_4 \downarrow + 10NH_3 \uparrow + (NH_4)_2SO_4$$

**【仪器、药品及材料】**

仪器与材料：试管、离心试管、托盘天平、沙浴皿、蒸发皿、广泛 pH 试纸、沸石、KI-淀粉试纸。

药品：$NH_4VO_3$(s，饱和)、锌粒(s)、$MnO_2$(s)、$Na_2SO_3$(s，$0.1mol \cdot L^{-1}$)、$KMnO_4$(s)、$(NH_4)_2Fe(SO_4)_2 \cdot 6H_2O$(s)、$KSCN$(s)、$H_2SO_4$(浓，$1mol \cdot L^{-1}$，$6mol \cdot L^{-1}$)、$H_2O_2$(3%)、$NaOH$($6mol \cdot L^{-1}$，$2mol \cdot L^{-1}$，$0.2mol \cdot L^{-1}$，$0.1mol \cdot L^{-1}$)、$K_2Cr_2O_7$($0.1mol \cdot L^{-1}$)、$HCl$(浓，$6mol \cdot L^{-1}$，$2mol \cdot L^{-1}$，$0.1mol \cdot L^{-1}$)、$NH_3 \cdot H_2O$($2mol \cdot L^{-1}$，$6mol \cdot L^{-1}$，浓)、$FeSO_4$($0.5mol \cdot L^{-1}$)、$K_2CrO_4$($0.1mol \cdot L^{-1}$)、$AgNO_3$($0.1mol \cdot L^{-1}$)、$NaClO$(稀)、$BaCl_2$($0.1mol \cdot L^{-1}$)、$Pb(NO_3)_2$($0.1mol \cdot L^{-1}$)、$MnSO_4$($0.2mol \cdot L^{-1}$，$0.5mol \cdot L^{-1}$)、$NH_4Cl$($2mol \cdot L^{-1}$)、$Na_2S$($0.1mol \cdot L^{-1}$，$0.5mol \cdot L^{-1}$)、$KMnO_4$($0.1mol \cdot L^{-1}$)、$(NH_4)_2SO_4$($1mol \cdot L^{-1}$)、$H_2S$(饱和)、$(NH_4)_2Fe(SO_4)_2$($0.1mol \cdot L^{-1}$)、$CoCl_2$($0.1mol \cdot L^{-1}$)、$NiSO_4$($0.1mol \cdot L^{-1}$)、$KI$($0.5mol \cdot L^{-1}$)、$K_4[Fe(CN)_6]$($0.5mol \cdot L^{-1}$)、氯水、碘水、$FeCl_3$($0.2mol \cdot L^{-1}$)、$KSCN$($0.5mol \cdot L^{-1}$)、四氯化碳、戊醇、乙醚。

**【实验内容】**

**1. 钒的化合物的重要性质**

(1) 取 0.5g 偏钒酸铵固体放入蒸发皿中，在沙浴上加热，并不断搅拌，观察并记录反应过程中固体颜色的变化，然后把产物分为四份。在第一份固体中，加入 1mL 浓 $H_2SO_4$ 振荡，放置。观察溶液颜色，固体是否溶解？在第二份固体中，加入 $6mol \cdot L^{-1}$ $NaOH$ 溶液加热。有何变化？在第三份固体中，加入少量蒸馏水，煮沸、静置，待冷却后，用 pH 试纸测定溶液的 pH。在第四份固体中，加入浓盐酸，观察有何变化。微沸，检验气体产物，加入少量蒸馏水，观察溶液颜色。写出有关反应方程式，总结五氧化二钒的特性。

(2) 低价钒的化合物的生成

在盛有 1mL 氯化氧钒溶液（在 1g 偏钒酸铵固体中，加入 20mL $6mol \cdot L^{-1}$ HCl 溶液和 10mL 蒸馏水）的试管中，加入 2 粒锌粒，放置片刻，观察并记录反应过程中溶液颜色的变化，并加以解释。

(3) 过氧钒阳离子的生成

在盛有 0.5mL 饱和偏钒酸铵溶液的试管中，加入 0.5mL $2mol \cdot L^{-1}$ HCl 溶液和 2 滴 3% $H_2O_2$ 溶液，观察并记录产物的颜色和状态。

（4）钒酸盐的缩合反应

① 取四支试管，分别加入 10mL pH 分别为 14、3、2 和 1（用 $0.1mol \cdot L^{-1}$ NaOH 溶液和 $0.1mol \cdot L^{-1}$ 盐酸配制）的溶液，再向每支试管中加入 0.1g 偏钒酸铵固体。振荡试管使之溶解，观察现象并加以解释。

② 将 pH 为 1 的试管放入热水浴中，向试管内缓慢滴加 $0.1mol \cdot L^{-1}$ NaOH 溶液并振荡试管。观察颜色变化，记录该颜色下溶液的 pH。

③ 将 pH 为 14 的试管放入热水浴中，向试管内缓慢滴加 $0.1mol \cdot L^{-1}$ 盐酸，并振荡试管。观察颜色变化，记录该颜色下溶液的 pH。

将上面实验②、③和①中的现象加以对比，总结出钒酸盐缩合反应的一般规律。

**2. 铬的化合物的重要性质**

（1）铬（Ⅵ）的氧化性：$Cr_2O_7^{2-}$ 转变为 $Cr^{3+}$

设计实验方案，选择合适的还原剂，加入 1mL $0.1mol \cdot L^{-1}$ 重铬酸钾溶液中，观察溶液颜色的变化（如果现象不明显，该怎么办），写出反应方程式。保留溶液供下面步骤（3）用。

转化反应必须在何种介质（酸性或碱性）中进行？为什么？从电极电势值和还原剂被氧化后产物的颜色考虑，选择哪些还原剂为宜？是否可以选择亚硝酸钠溶液？

（2）$Cr_2O_7^{2-}$ 与 $CrO_4^{2-}$ 的相互转化

① 取少量 $0.1mol \cdot L^{-1}$ 重铬酸钾溶液，加入所选择的试剂使 $Cr_2O_7^{2-}$ 转变为 $CrO_4^{2-}$。

② 在上述 $CrO_4^{2-}$ 溶液中，加入所选择的试剂使其变为 $Cr_2O_7^{2-}$。

$Cr_2O_7^{2-}$ 与 $CrO_4^{2-}$ 在何种介质中可相互转化？

（3）氢氧化铬（Ⅲ）的两性：$Cr^{3+}$ 转变为 $Cr(OH)_3$ 沉淀，并试验 $Cr(OH)_3$ 的两性

在步骤（1）所保留的 $Cr^{3+}$ 溶液中，逐滴加入 $6mol \cdot L^{-1}$ NaOH 溶液，观察沉淀物的颜色，写出反应方程式。将所得沉淀物分成两份，分别试验与酸、碱的反应，观察溶液的颜色，写出反应方程式。保留与碱反应的溶液供下面步骤（4）用。

（4）铬（Ⅲ）的还原性：$CrO_2^-$ 转变为 $CrO_4^{2-}$

在步骤（3）得到的 $CrO_2^-$ 溶液中，加入少量选择的氧化剂，水浴加热，观察溶液颜色的变化，写出反应方程式。

（5）重铬酸盐和铬酸盐的溶解性

分别在少量 $0.1mol \cdot L^{-1}$ $K_2Cr_2O_7$ 和 $0.1mol \cdot L^{-1}$ $K_2CrO_4$ 溶液中，各加入少量的浓度均为 $0.1mol \cdot L^{-1}$ 的 $Pb(NO_3)_2$、$BaCl_2$ 和 $AgNO_3$ 溶液，观察产物的颜色和状态，比较并解释实验结果，写出反应方程式。

**3. 锰的化合物的重要性质**

（1）氢氧化锰（Ⅱ）的生成和性质

① 取 4mL $0.2mol \cdot L^{-1}$ $MnSO_4$ 溶液分成四份：

第一份：滴加 $0.2mol \cdot L^{-1}$ NaOH 溶液，观察沉淀的颜色，振荡试管，有何变化？

第二份：滴加 $0.2mol \cdot L^{-1}$ NaOH 溶液，产生沉淀的同时，立刻加入过量的 NaOH 溶液，沉淀是否溶解？

第三份：滴加 $0.2mol \cdot L^{-1}$ NaOH 溶液，迅速加入 $2mol \cdot L^{-1}$ 盐酸，有何现象发生？

第四份：滴加 $0.2mol \cdot L^{-1}$ NaOH 溶液，迅速加入 $2mol \cdot L^{-1}$ $NH_4Cl$ 溶液，沉淀是否溶解？

写出上述有关反应方程式。此实验说明 $Mn(OH)_2$ 具有哪些性质？

② $Mn^{2+}$ 的氧化。试验硫酸锰和次氯酸钠溶液在酸、碱介质中的反应，比较 $Mn^{2+}$ 在何种介质中易被氧化。

③ 硫化锰的生成和性质。往少量 $0.2mol \cdot L^{-1}$ 硫酸锰溶液中逐滴加入饱和硫化氢溶液，观察有无沉淀产生。若用硫化钠溶液代替硫化氢溶液，观察有无沉淀产生。上述反应如有沉淀产生，离心分离，在沉淀中滴加 $2mol \cdot L^{-1}$ HAc 溶液，观察现象，写出有关反应方程式。

试总结 $Mn^{2+}$ 的性质。

（2）二氧化锰的生成和氧化性

① 往盛有少量 $0.1mol \cdot L^{-1}$ $KMnO_4$ 溶液中，逐滴加入 $0.5mol \cdot L^{-1}$ $MnSO_4$ 溶液，观察沉淀的颜色。往沉淀中加入 $1mol \cdot L^{-1}$ $H_2SO_4$ 溶液和 $0.1mol \cdot L^{-1}$ $Na_2SO_3$ 溶液，沉淀是否溶解？写出有关反应方程式。

② 在盛有少量（米粒大小）二氧化锰固体的试管中加入 2mL 浓硫酸，加热，观察反应前后颜色。有何气体产生？写出反应方程式。

（3）高锰酸钾的性质

分别试验高锰酸钾溶液与亚硫酸钠溶液在酸性（$1mol \cdot L^{-1}$ $H_2SO_4$）、近中性（蒸馏水）、碱性（$6mol \cdot L^{-1}$ NaOH 溶液）介质中的反应，比较它们的产物因介质不同有何不同。写出反应方程式。

**4. 铁（Ⅱ）、钴（Ⅱ）、镍（Ⅱ）的化合物的还原性**

① 酸性介质。往盛有 0.5mL 氯水的试管中加入 3 滴 $6mol \cdot L^{-1}$ $H_2SO_4$ 溶液，然后滴加 $(NH_4)_2Fe(SO_4)_2$ 溶液，观察现象，写出反应方程式（如现象不明显，可滴加 1 滴 KSCN 溶液，出现红色，证明有 $Fe^{3+}$ 生成）。

② 碱性介质。向试管中加入 2mL 蒸馏水和 3 滴 $6mol \cdot L^{-1}$ $H_2SO_4$ 溶液后煮沸，以赶尽溶于其中的空气，然后溶入少量硫酸亚铁铵晶体。在另一试管中加入 3mL NaOH 溶液煮沸，冷却后，用一长滴管吸取 NaOH 溶液，插入 $(NH_4)_2Fe(SO_4)_2$ 溶液（直至试管底部），慢慢挤出滴管中的 NaOH 溶液，观察产物颜色和状态，振荡后放置一段时间，观察有何变化，写出反应方程式。产物留作实验内容 5 用。

思考：实验步骤②要求所有操作都要尽量避免空气带进溶液中，为什么？

③ 往盛有 0.5mL $0.1mol \cdot L^{-1}$ $CoCl_2$ 溶液的试管中加入氯水，观察有何变化。

④ 往盛有 1mL $0.1mol \cdot L^{-1}$ $CoCl_2$ 溶液的试管中滴入稀 NaOH 溶液，观察沉淀的生成。所得沉淀分成两份，一份置于空气中，一份加入氯水，观察有何变化。第二份溶液留作实验内容 5 用。

⑤ 用 $NiSO_4$ 溶液按③、④实验步骤操作，观察现象，第二份沉淀留作实验内容 5 用。

**5. 铁（Ⅲ）、钴（Ⅲ）、镍（Ⅲ）的化合物的氧化性**

① 在实验内容 4 保留下来的氢氧化铁（Ⅲ）、氢氧化钴（Ⅲ）和氢氧化镍（Ⅲ）沉淀中均加入浓盐酸，振荡后各有何变化？并用 KI-淀粉试纸检验所放出的气体。

② 在上述制得的 $FeCl_3$ 溶液中加入 KI 溶液，再加入 $CCl_4$，振荡后观察现象，写出反

应方程式。

**6. 铁、钴、镍配合物的生成**

① 往盛有 1mL $K_4[Fe(CN)_6]$ ［六氰合铁（Ⅱ）酸钾］溶液的试管中，加入约 0.5mL 的碘水。振荡试管后，滴入数滴硫酸亚铁铵溶液，有何现象发生？此为 $Fe^{2+}$ 的鉴定反应。

② 向盛有 1mL 新配制的 $(NH_4)_2Fe(SO_4)_2$ 溶液的试管中加入碘水，摇动试管后，将溶液分成两份，各滴入数滴硫氰酸钾溶液，然后向其中一支试管中注入约 0.5mL 3% $H_2O_2$ 溶液，观察现象。此为 $Fe^{3+}$ 的鉴定反应。

③ 往 $FeCl_3$ 溶液中加入 $K_4[Fe(CN)_6]$ 溶液，观察现象，写出反应方程式。这也是鉴定 $Fe^{3+}$ 的一种常用方法。

④ 往盛有 0.5mL $0.2mol \cdot L^{-1}$ $FeCl_3$ 溶液的试管中，滴入浓氨水直至过量，观察沉淀是否溶解。

⑤ 往盛有 1mL $CoCl_2$ 溶液的试管里加入少量硫氰酸钾固体，观察固体周围的颜色，再加入 0.5mL 戊醇和 0.5mL 乙醚，振荡后观察水相和有机相的颜色，这个反应可鉴定 $Co^{2+}$。

⑥ 往 0.5mL $CoCl_2$ 溶液中滴加浓氨水，至生成的沉淀刚好溶解为止，静置一段时间后，观察溶液的颜色有何变化。

⑦ 往盛有 2mL $0.1mol \cdot L^{-1}$ $NiSO_4$ 溶液中加入过量 $6mol \cdot L^{-1}$ 氨水，观察现象。静置片刻，再观察现象，写出离子反应方程式。把溶液分成四份，一份加入 $2mol \cdot L^{-1}$ NaOH 溶液，一份加入 $1mol \cdot L^{-1}$ $H_2SO_4$ 溶液，一份加水稀释，一份加热，观察有何变化。

**【实验习题】**

1. 试总结 $CrO_4^{2-}$ 和 $Cr_2O_7^{2-}$ 相互转化的条件及它们形成相应盐的溶解性大小。

2. 制取 $Co(OH)_3$、$Ni(OH)_3$ 时，为什么要以 Co(Ⅱ)、Ni(Ⅱ) 为原材料在碱性溶液中进行氧化，而不用 Co(Ⅲ)、Ni(Ⅲ) 直接制取？

3. 今有一瓶含有 $Fe^{3+}$、$Cr^{3+}$、$Ni^{2+}$ 的混合液，如何将它们分离出来？请设计分离示意图。

4. 综合上述实验所观察到的现象，总结＋2 氧化值的铁、钴、镍化合物的还原性和＋3 氧化值的铁、钴、镍化合物的氧化性的变化规律。

5. 试从配合物的生成对电极电势的影响来解释为什么 $[Fe(CN)_6]^{4-}$ 能把 $I_2$ 还原成 $I^-$，而 $Fe^{2+}$ 则不能。

6. 根据实验结果比较 $[Co(NH_3)_6]^{2+}$ 配离子和 $[Ni(NH_3)_6]^{2+}$ 配离子氧化还原稳定性的相对大小及溶液稳定性。

7. 有一浅绿色晶体 A，可溶于水得到溶液 B，于 B 中加入不含氧气的 $6mol \cdot L^{-1}$ NaOH 溶液，有白色沉淀 C 和气体 D 生成。C 在空气中逐渐变成棕色，气体 D 使红色石蕊试纸变蓝，若将溶液 B 加以酸化再滴加一紫红色溶液 E，则得到浅黄色溶液 F，于 F 中加入黄血盐溶液，立即产生深蓝色沉淀 G。若溶液 B 中加入 $BaCl_2$ 溶液，有白色沉淀 H 析出，此沉淀不溶于强酸。问 A、B、C、D、E、F、G、H 是什么物质，写出分子式和有关的反应方程式。

## 实验 20

# ds 区金属（铜、银、锌、镉）的性质

**【实验目的】**

1. 了解铜、银、锌、镉氧化物或氢氧化物的酸碱性，了解铜、银、锌、镉硫化物的溶解性。

2. 掌握 Cu(Ⅰ)、Cu(Ⅱ) 重要化合物的性质及相互转化条件。

3. 试验并熟悉铜、银、锌、镉的配位能力。

**【实验原理】**

ds 区元素包括周期表中的ⅠB 族和ⅡB 族元素，价电子构型为 $(n-1)d^{10}ns^{1\sim2}$。它们的许多性质与 d 区元素相似，而与相应的ⅠA 和ⅡA 族比较，除了形式上均可形成氧化数为 +1 和 +2 的化合物外，更多地呈现较大的差异性。ⅠB 和ⅡB 族除能形成一些重要的化合物外，最大特点是其离子属于 18 电子构型，具有较强的极化力和变形性，易于形成配合物。

$Cu(OH)_2$ 以碱性为主，溶于酸，但它又有微弱的酸性，溶于过量的浓碱溶液。$AgNO_3$ 是一个重要的化学试剂，易溶于水。卤化银（$AgCl$、$AgBr$、$AgI$）的颜色依氯→溴→碘顺序加深（白→浅黄色→黄），溶解度则依次降低，这是由于阴离子按 $Cl^-\to Br^-\to I^-$ 的顺序变形性增大，使 $Ag^+$ 与它们之间极化作用依次增强。$AgF$ 易溶于水。

$Zn(OH)_2$ 呈两性，$Cd(OH)_2$ 呈两性偏碱性。银的氢氧化物容易脱水而变为棕褐色的 $Ag_2O$，$Ag_2O$ 溶于酸，易与氨水反应形成配合物。

铜、银、锌、镉的硫化物是具有特征颜色的难溶物。如 $CuS\to$ 黑色，$Ag_2S\to$ 黑色，$ZnS\to$ 白色，$CdS\to$ 黄色。

$Cu^+$ 在水溶液中不稳定，自发歧化，生成 $Cu^{2+}$ 和 $Cu$：

$$2Cu^+ \rightleftharpoons Cu+Cu^{2+} \qquad K^\ominus(标准平衡常数)=1.4\times10^6$$

Cu(Ⅰ) 只能存在于稳定的配合物和固体化合物之中，例如：$[CuCl_2]^-$、$[Cu(NH_3)]^+$、$CuI$、$Cu_2O$。Cu(Ⅰ) 与 Cu(Ⅱ) 之间发生如下所列反应：

$$[CuCl_4]^{2-}+Cu(沸)===2[CuCl_2]^-$$

$$[CuCl_2]^-(稀释)===CuCl\downarrow(白)+Cl^-$$

$$CuCl+2NH_3===[Cu(NH_3)_2]^++Cl^-$$

$$CuCl+Cl^-(浓)===[CuCl_2]^-$$

$$2Cu^{2+}+4I^-===2CuI\downarrow(白)+I_2$$

$$Cu_2O+4NH_3+H_2O===2[Cu(NH_3)_2]^++2OH^-$$

**【仪器、药品及材料】**

仪器与材料：烧杯（250mL）、试管（10mL）、离心机、离心试管、玻璃棒、广泛 pH 试纸。

药品：铜屑（s）、HCl（2mol·L$^{-1}$，浓）、H$_2$SO$_4$（2mol·L$^{-1}$）、HNO$_3$（2mol·L$^{-1}$，浓）、NaOH（2mol·L$^{-1}$，6mol·L$^{-1}$，40%）、CuSO$_4$（0.2mol·L$^{-1}$，0.1mol·L$^{-1}$）、ZnSO$_4$（0.2mol·L$^{-1}$）、氨水（2mol·L$^{-1}$，浓）、CdSO$_4$（0.2mol·L$^{-1}$）、双硫腙的CCl$_4$溶液、CuCl$_2$（0.5mol·L$^{-1}$）、AgNO$_3$（0.1mol·L$^{-1}$）、Na$_2$S（0.1mol·L$^{-1}$）、KI（0.2mol·L$^{-1}$）、Na$_2$S$_2$O$_3$（0.5mol·L$^{-1}$）、Zn（NO$_3$）$_2$（0.1mol·L$^{-1}$）、Na$_2$SO$_3$（0.5mol·L$^{-1}$）、HAc（2mol·L$^{-1}$）、葡萄糖溶液（10%）。

**【实验内容】**

**1. 铜、银、锌、镉氧化物或氢氧化物的制备和性质**

（1）铜、锌、镉氢氧化物的制备和性质

向三支分别盛有0.5mL 0.2mol·L$^{-1}$的CuSO$_4$、ZnSO$_4$、CdSO$_4$溶液的试管中滴加新配制的2mol·L$^{-1}$NaOH溶液，观察溶液颜色及状态。将各试管中沉淀分成两份：一份加2mol·L$^{-1}$H$_2$SO$_4$，另一份继续滴加6mol·L$^{-1}$NaOH溶液。观察现象，写出反应方程式。

（2）银氧化物的制备和性质

取0.5mL 0.1mol·L$^{-1}$AgNO$_3$溶液，滴加新配制的2mol·L$^{-1}$NaOH溶液，观察Ag$_2$O（为什么不是AgOH）的颜色和状态。离心分离沉淀并洗涤，将沉淀分成两份，一份加入2mol·L$^{-1}$HNO$_3$，另一份加入2mol·L$^{-1}$氨水。观察现象，写出反应方程式。

**2. 铜、银、锌、镉硫化物的制备和性质**

往四支分别盛有0.5mL 0.2mol·L$^{-1}$CuSO$_4$、AgNO$_3$、ZnSO$_4$、CdSO$_4$溶液的离心试管中滴加1mol·L$^{-1}$Na$_2$S溶液。观察沉淀的生成和颜色。将沉淀离心分离、洗涤，然后将每种沉淀分成四份，分别加入2mol·L$^{-1}$盐酸、浓盐酸、浓硝酸和王水（自配）。水浴加热后，观察沉淀溶解情况，并记录在表8-11。根据实验现象并查阅有关数据，对铜、银、锌、镉硫化物的溶解情况作出结论，并写出有关反应方程式。

表8-11　铜、银、锌、镉硫化物的溶解性实验现象

| 硫化物 | 颜色 | 溶解性 | | | | $K_{sp}^{\ominus}$ |
| --- | --- | --- | --- | --- | --- | --- |
| | | 加2mol·L$^{-1}$盐酸 | 加浓盐酸 | 加浓硝酸 | 加王水 | |
| CuS | | | | | | |
| Ag$_2$S | | | | | | |
| ZnS | | | | | | |
| CdS | | | | | | |

**3. 铜、银、锌的氨配合物的生成**

往三支分别盛有0.5mL 0.2mol·L$^{-1}$CuSO$_4$、AgNO$_3$、ZnSO$_4$溶液的试管中滴加2mol·L$^{-1}$的氨水，观察沉淀的生成。继续加入过量的2mol·L$^{-1}$氨水，又有何现象发生？写出有关方程式。比较Cu$^{2+}$、Ag$^+$、Zn$^{2+}$与氨水反应有什么不同。

**4. 铜的氧化还原性**

（1）氧化亚铜的制备和性质

取0.5mL 0.2mol·L$^{-1}$CuSO$_4$溶液，滴加过量的6mol·L$^{-1}$NaOH溶液，使起初生

成的蓝色沉淀溶解呈深蓝色。然后在溶液中加入 1mL 10%葡萄糖溶液，混匀后微热，有黄色沉淀产生进而变成红色沉淀。写出有关反应方程式。

将沉淀离心分离、洗涤，然后沉淀分成两份。一份沉淀与 1mL 2mol·L$^{-1}$ H$_2$SO$_4$ 作用，静置一会，注意沉淀的变化。然后加热至沸，观察有何现象。另一份沉淀中加入 1mL 浓氨水，振荡后，静置一段时间，观察溶液的颜色。放置一段时间后，溶液为什么会变成深蓝色？

（2）氯化亚铜的制备和性质

取 10mL 0.5mol·L$^{-1}$ CuCl$_2$ 溶液，加入 3mL 浓盐酸和少量铜屑，加热沸腾至其中液体呈深棕色（绿色完全消失）。取几滴上述溶液加入 10mL 蒸馏水中，如有白色沉淀产生，则迅速把全部溶液倾入 100mL 蒸馏水中，将白色沉淀洗涤至无蓝色为止。

取少许白色沉淀分成两份：一份与 3mL 浓氨水作用，观察有何变化；另一份与 3mL 浓盐酸作用，观察又有何变化。写出有关反应方程式。

（3）碘化亚铜的制备和性质

在盛有 0.5mL 0.2mol·L$^{-1}$ CuSO$_4$ 溶液的试管中，边滴加 0.2mol·L$^{-1}$ KI 溶液边振荡，溶液变为棕黄色（CuI 为白色沉淀，I$_2$ 溶于 KI 呈黄色）。再滴加适量 0.5mol·L$^{-1}$ Na$_2$SO$_3$ 溶液，以除去反应中生成的碘。观察产物的颜色和状态，写出反应式。

**5. Cu$^{2+}$ 和 Zn$^{2+}$ 的鉴定**

① 在点滴板上加 1 滴 0.1mol·L$^{-1}$ CuSO$_4$ 溶液，再加 1 滴 2mol·L$^{-1}$ HAc 溶液和 1 滴 0.1mol·L$^{-1}$ K$_4$[Fe(CN)$_6$] 溶液，观察现象。写出化学方程式。

② 取 2 滴 0.1mol·L$^{-1}$ Zn(NO$_3$)$_2$ 溶液，加几滴 6mol·L$^{-1}$ NaOH 溶液，再加 0.5mL 双硫腙的 CCl$_4$ 溶液，摇匀试管，观察水层和 CCl$_4$ 层颜色的变化。写出化学方程式。

【实验习题】

1. 在白色氯化亚铜沉淀中加入浓氨水或浓盐酸后形成什么颜色溶液？放置一段时间后会变成蓝色溶液，为什么？

2. 往 CuCl$_2$ 溶液中加入浓盐酸和少量铜屑，加热沸腾后液体呈深棕色，深棕色液体是什么物质？加入蒸馏水发生了什么反应？

3. 加入硫代硫酸钠是为了和溶液中产生的碘作用，而便于观察碘化亚铜白色沉淀的颜色；但若硫代硫酸钠过量，则看不到白色沉淀，为什么？

## 实验 21

# 离子鉴定和未知物的鉴别

【实验目的】

1. 运用所学的元素及化合物的基本性质，进行常见物质的鉴定或鉴别。

2. 进一步巩固常见阳离子和阴离子重要反应的基本知识。

**【实验原理】**

当一个试样需要鉴定或者一组未知物需要鉴别时，通常可根据以下几个方面进行判断：

**1. 物态**

① 观察试样在常温时的状态，如果是固体要观察它的晶形。

② 观察试样的颜色，这是判断未知物的一个重要因素。溶液试样可根据未知物离子的颜色，固体试样可根据未知物的颜色以及配成溶液后离子的颜色，预测哪些离子可能存在，哪些离子不可能存在。

③ 嗅、闻试样的气味。

**2. 溶解性**

固体试样的溶解性也是判断未知物的一个重要因素。首先试验是否溶于水，在冷水中怎样？热水中怎样？不溶于水的再依次用盐酸（稀、浓）、硝酸（稀、浓）试验其溶解性。

**3. 酸碱性**

酸或碱可直接通过对指示剂的反应加以判断。两性物质借助于既能溶于酸，又能溶于碱的性质加以判别。可溶性盐的酸碱性可用它的水溶液加以判别。有时也可以根据试液的酸碱性排除某些离子存在的可能性。

**4. 热稳定性**

物质的热稳定性是有差别的，有的物质常温时就不稳定，有的物质灼热时易分解，还有的物质受热时易挥发或升华。

**5. 鉴定或鉴别反应**

结合前面对试样的观察和初步试验，再进行相应的鉴定或鉴别反应，就能给出更准确的判断。在基础无机化学实验中鉴定反应大致采用以下几种方式：

① 通过与某试剂反应，生成沉淀，或沉淀溶解，或放出气体。必要时再对生成的沉淀或气体做性质试验。

② 显色反应。

③ 焰色反应。

④ 硼砂珠试验。

⑤ 其他特征反应。

以上只是提供一个途径，具体问题可灵活运用。

**【仪器、药品及材料】**

仪器与材料：电子天平、烧杯、量筒、离心机、离心试管、试管、表面皿、广泛 pH 试纸。

药品：$HCl$（浓，$2mol \cdot L^{-1}$）、$HNO_3$（浓，$2mol \cdot L^{-1}$）、$HAc$（浓，$2mol \cdot L^{-1}$）、$NH_3 \cdot H_2O$（浓，$2mol \cdot L^{-1}$）、$NaOH$（$2mol \cdot L^{-1}$）、$H_2O_2$（3%）、$AgNO_3$（$0.1mol \cdot L^{-1}$）、$KI$（$0.1mol \cdot L^{-1}$）、$KSCN$（$0.1mol \cdot L^{-1}$）、$Na_2S$（$0.1mol \cdot L^{-1}$）、$NaF$（$0.1mol \cdot L^{-1}$）、$Na_3[Co(NO_2)_6]$（$0.1mol \cdot L^{-1}$）、$Ba(NO_3)_2$（$0.1mol \cdot L^{-1}$）、$NaBiO_3$（s）、戊醇、丁二酮肟。

**【实验内容】**

根据下述实验内容列出实验用品及分析步骤。

1. 区分两种银白色金属片：铝片和锌片。

2. 鉴别四种黑色和近于黑色的氧化物：$CuO$、$Co_2O_3$、$PbO_2$、$MnO_2$。

3. 未知混合液含有 $Cr^{3+}$、$Mn^{2+}$、$Fe^{3+}$、$Co^{2+}$、$Ni^{2+}$ 中的大部分或全部，设计一实验方案以确定未知液中含有哪几种离子，哪几种离子不存在。

4. 盛有以下十种硝酸盐溶液的试剂瓶标签被腐蚀，试加以鉴别。

$AgNO_3$、$Hg(NO_3)_2$、$Hg_2(NO_3)_2$、$Pb(NO_3)_2$、$NaNO_3$、$Cd(NO_3)_2$、$Zn(NO_3)_2$、$Al(NO_3)_3$、$KNO_3$、$Mn(NO_3)_2$

5. 盛有下列十种固体钠盐的试剂瓶标签脱落，试加以鉴别。

$NaNO_3$、$Na_2S$、$Na_2S_2O_3$、$Na_3PO_4$、$NaCl$、$Na_2CO_3$、$NaHCO_3$、$Na_2SO_4$、$NaBr$、$Na_2SO_3$

**【实验习题】**

1. 请指出鉴定和鉴别的区别。

2. 溶液中含有 $Fe^{3+}$、$Al^{3+}$、$Zn^{2+}$ 三种混合离子，如何依次分离和鉴别？

# 第九章

## 无机化合物制备实验

实验22

### 硝酸钾的转换法制备及提纯

【实验目的】

1. 学习重结晶法提纯物质的方法。
2. 巩固溶解、过滤、结晶等操作。

【实验原理】

工业上常采用转换法制备硝酸钾晶体，其反应如下：

$$NaNO_3 + KCl \rightleftharpoons NaCl + KNO_3$$

反应是可逆的。根据氯化钠的溶解度随温度变化不大，而氯化钾、硝酸钠和硝酸钾在高温时具有较大或很大的溶解度而温度降低时溶解度明显减小（如氯化钾、硝酸钠）或急剧下降（硝酸钾）的这种差别（见表9-1），将一定浓度的硝酸钠和氯化钾混合液加热浓缩。当温度达100℃时，由于硝酸钾溶解度增加很多，达不到饱和，不析出；而氯化钠的溶解度增加甚少，随浓缩、溶剂减少，析出。通过热过滤滤出氯化钠，将此滤液冷却至室温，即有大量硝酸钾析出，氯化钠仅有少量析出，从而得到硝酸钾粗品。再经过重结晶提纯，可得到纯品。

表9-1　不同温度下四种盐在水中的溶解度　　　　　　单位：g·100g$^{-1}$

| 盐 | 0℃ | 10℃ | 20℃ | 30℃ | 40℃ | 60℃ | 80℃ | 90℃ | 100℃ |
|---|---|---|---|---|---|---|---|---|---|
| KNO$_3$ | 13.9 | 21.2 | 31.6 | 45.3 | 61.3 | 106 | 167 | 203 | 245.0 |
| KCl | 28.0 | 31.2 | 34.2 | 37.2 | 40.1 | 45.8 | 51.3 | 53.9 | 56.3 |
| NaNO$_3$ | 73.0 | 80.8 | 87.6 | 94.9 | 102 | 122 | 148 | — | 180 |
| NaCl | 35.7 | 35.8 | 35.9 | 36.1 | 36.4 | 37.1 | 38.0 | 38.5 | 39.2 |

数据来源：James G. Speight. Lange's Handbook of Chemistry. 16th ed. New York：McGraw-Hill Companies Inc，2005；Table 1.68.

【仪器、药品及材料】

仪器与材料：量筒、烧杯、电子天平（0.1g）、石棉网、三脚架、铁架台、热滤漏斗、布氏漏斗、吸滤瓶、水泵、坩埚钳、温度计（200℃）、硬质试管、滤纸。

药品：硝酸钠（s，工业级）、氯化钾（s，工业级）、AgNO$_3$（0.1mol·L$^{-1}$）、硝酸（5mol·L$^{-1}$）、甘油。

**【实验内容】**

**1. 溶解蒸发**

称取 11g $NaNO_3$ 和 7.5g KCl，放入一支硬质试管中，加 18mL 水。将试管置于甘油浴中加热（试管用铁夹垂直固定在铁架台，用一只 500mL 烧杯盛甘油至大约烧杯容积的 3/4 作为甘油浴，试管中液面低于甘油，并在烧杯外对准试管内液面高度处做一标记）。甘油浴温度可达 140~150℃，注意控温，不要使其热分解，产生刺激性的丙烯醛。

待盐全部溶解，继续加热，使溶液体积蒸发至原来体积的 2/3。这时试管中有晶体析出，趁热用热滤漏斗过滤。滤液盛于小烧杯自然冷却。随着温度的下降，即有晶体析出。注意，不要骤冷，以防结晶过于细小。用减压法过滤，尽量抽干。$KNO_3$ 晶体水浴烘干后称重。计算理论产量和产率。

**2. 粗产品的重结晶**

① 除保留少量（0.1~0.2g）粗产品供纯度检验外，按粗产品：水＝2：1（质量比）的比例，将粗产品溶于蒸馏水中。

② 加热、搅拌，待晶体全部溶解后停止加热。若溶液沸腾时，晶体还未全部溶解，可再加少量蒸馏水使其溶解。

③ 待溶液冷却至室温后抽滤，可得到纯度较高的硝酸钾晶体，称量。

**3. 定性检验**

分别取 0.1g 粗产品和一次重结晶得到的产品放入两支小试管中，各加入 2mL 蒸馏水配成溶液。在溶液中分别滴入 1 滴 5mol·$L^{-1}$ 硝酸酸化，再各加入 0.1mol·$L^{-1}$ $AgNO_3$ 溶液 2 滴，观察现象，进行对比，重结晶后的产品溶液应为澄清。

**【实验习题】**

1. 何为重结晶？本实验设计哪些基本操作？应注意什么？

2. 制备硝酸钾晶体时，为什么要把溶液进行加热和热过滤？

## 实验 23

# 硫酸铝钾的制备

**【实验目的】**

1. 了解从铝制备硫酸铝钾的原理。

2. 进一步理解铝和氢氧化铝的两性。

3. 熟练掌握称量、溶解、结晶和减压过滤等基本操作。

**【实验原理】**

硫酸铝和硫酸钾生成硫酸铝钾复盐 $KAl(SO_4)_2 \cdot 12H_2O$（俗称明矾）。它是一种无色晶体，不溶于乙醇，易溶于水（不同温度下硫酸铝钾在水中的溶解度见表 9-2），并可水解生

成 $Al(OH)_3$ 胶状沉淀，具有强的吸附性能。它是工业上重要的铝盐，可作为净水剂、造纸填充剂、媒染剂等。

本实验利用金属铝溶于 NaOH 溶液，生成可溶性的四羟基合铝（Ⅲ）酸钠：

$$2Al+2NaOH+6H_2O = 2Na[Al(OH)_4]+3H_2\uparrow$$

随后用 $H_2SO_4$ 调节此溶液的 pH 值为 8～9，即有 $Al(OH)_3$ 沉淀产生：

$$2Na[Al(OH)_4]+H_2SO_4 = Na_2SO_4+2Al(OH)_3\downarrow+2H_2O$$

分离后在沉淀中加入 $H_2SO_4$ 致使 $Al(OH)_3$ 转化为 $Al_2(SO_4)_3$：

$$2Al(OH)_3+3H_2SO_4 = Al_2(SO_4)_3+6H_2O$$

在 $Al_2(SO_4)_3$ 溶液中加入等物质的量的 $K_2SO_4$，即可得硫酸铝钾。

$$Al_2(SO_4)_3+K_2SO_4+24H_2O = 2KAl(SO_4)_2 \cdot 12H_2O$$

表 9-2　不同温度下硫酸铝钾在水中的溶解度

| 温度/℃ | 0 | 10 | 20 | 30 | 40 | 60 | 80 | 90 |
|---|---|---|---|---|---|---|---|---|
| 溶解度/(g·100g$^{-1}$) | 3.00 | 3.99 | 5.90 | 8.39 | 11.7 | 24.8 | 71.0 | 109.0 |

## 【仪器、药品及材料】

仪器与材料：烧杯、电子天平（0.1g）、吸滤瓶、布氏漏斗、循环水真空泵、温度计。

药品：铝屑（s）、$K_2SO_4$(s)、NaOH(s)、$H_2SO_4$（3mol·L$^{-1}$，1:1）、饱和酒石酸氢钠、HAc(2mol·L$^{-1}$)、铝试剂（0.1%）、氨水（6mol·L$^{-1}$）、HCl(6mol·L$^{-1}$)、$BaCl_2$ (0.1mol·L$^{-1}$)。

## 【实验内容】

### 1. $Al(OH)_3$ 的制备

称取 4.5g NaOH 固体，置于 250mL 烧杯中，加入 60mL 去离子水溶解。称 2.0g 铝屑，分批加入 NaOH 溶液中（在通风橱中进行，反应开始阶段可用水浴加热，期间反应较剧烈时，为防止溅出，可停止加热）。反应至不再有气泡产生，说明反应已经完全。然后再加入去离子水，使体积约为 80mL，趁热过滤，将滤液转入 250mL 烧杯中，加热至沸，在不断搅拌下，滴加 3mol·L$^{-1}$ 的 $H_2SO_4$，使溶液的 pH 值为 8～9，继续搅拌煮沸数分钟，然后抽滤，并用沸水洗涤沉淀，直至洗涤液 pH 值降至 7 左右。

### 2. $Al_2(SO_4)_3$ 的制备

将制得的 $Al(OH)_3$ 沉淀转入烧杯中，加入约 16mL 1:1 $H_2SO_4$，并不断搅拌，小火加热使得沉淀溶解，得 $Al_2(SO_4)_3$ 溶液。

### 3. $KAl(SO_4)_2 \cdot 12H_2O$ 的制备

将 $Al_2(SO_4)_3$ 溶液与 6.5g $K_2SO_4$ 配制的饱和溶液相混合，搅拌均匀，充分冷却后，减压过滤，产品晾干，称重，计算产率。

### 4. 性质实验

用实验证实硫酸铝钾中存在 $K^+$、$Al^{3+}$ 和 $SO_4^{2-}$。具体步骤如下：

取少量产品于烧杯中，加蒸馏水搅拌溶解后，备用。

（1）$K^+$ 的鉴定

取 0.5mL 上述溶液于试管中，滴加 0.5mL 饱和酒石酸氢钠（$NaHC_4H_4O_6$）溶液，如有白色结晶状沉淀产生，表示有 $K^+$ 存在。如无沉淀产生，可用玻璃棒摩擦试管内壁，再观察。写出反应方程式。

（2）$Al^{3+}$ 的鉴定

取 0.5mL 上述溶液于小试管中，加 0.5mL $2mol \cdot L^{-1}$ HAc 及 5 滴 0.1% 铝试剂，搅拌后，置水浴上加热片刻，再滴加少量 $6mol \cdot L^{-1}$ 氨水，有红色絮状沉淀产生，表示有 $Al^{3+}$ 存在。写出反应方程式。

（3）$SO_4^{2-}$ 的鉴定

取 0.5mL 上述溶液于试管中，加 0.5mL $6mol \cdot L^{-1}$ HCl 和滴加少量 $0.1mol \cdot L^{-1}$ $BaCl_2$ 溶液，如有白色沉淀，表示有 $SO_4^{2-}$ 存在。写出反应方程式。

**【实验习题】**

1. 为什么要用碱溶解 Al？
2. 铝屑中的杂质是如何除去的？
3. 如何制得明矾的大晶体？制备明矾大晶体应注意什么？
4. 硫酸铝钾的制备方法有哪些？
5. 明矾净水的原理是什么？为什么现在不主张用明矾作饮用水净水剂？

### 实验 24

## 碳酸钠的制备

**【实验目的】**

1. 了解联合制碱法的反应原理。
2. 学习利用盐类溶解度的差异，通过复分解反应制取化合物的方法。
3. 巩固沉淀的洗涤、过滤等基本操作。

**【实验原理】**

碳酸钠又名苏打，工业上称为纯碱，是一种重要的化工原料，应用广泛。工业上的联合制碱法是将二氧化碳和氨气通入氯化钠溶液中，先生成碳酸氢钠，再在高温下灼烧，转化为碳酸钠，反应如下：

$$NH_3 + CO_2 + H_2O + NaCl = NaHCO_3 \downarrow + NH_4Cl$$

$$NaHCO_3 \xrightarrow{\text{高温}} Na_2CO_3 + CO_2 \uparrow + H_2O$$

上述第一个反应中，实质上是碳酸氢铵与氯化钠在水溶液中的复分解反应，因此可直接用碳酸氢铵与氯化钠作用制取碳酸氢钠：

$$NH_4HCO_3 + NaCl = NaHCO_3 \downarrow + NH_4Cl$$

NaCl、NH₄HCO₃、NaHCO₃ 和 NH₄Cl 四种盐在不同温度下溶解度数据见表9-3。若反应体系的温度低于30℃，原料 NH₄HCO₃ 的溶解度较小而影响反应的进行，若高于35℃，NH₄HCO₃ 将会分解，而且在 30～35℃ 范围内，NaHCO₃ 的溶解度在四种盐最低，因此在该条件下即可达到析出目标产物 NaHCO₃ 的目的。

表9-3　四种盐在不同温度下水中的溶解度　　　　　单位：$g \cdot 100g^{-1}$

| 盐 | 温度/℃ | | | | | | | |
|---|---|---|---|---|---|---|---|---|
| | 0 | 10 | 20 | 30 | 40 | 50 | 60 | 70 |
| NaCl | 35.7 | 35.8 | 36.0 | 36.3 | 36.6 | 37.0 | 37.3 | 37.8 |
| NH₄HCO₃ | 11.9 | 15.8 | 21.0 | 27.0 | — | — | — | — |
| NaHCO₃ | 6.9 | 8.2 | 9.6 | 11.1 | 12.7 | 14.5 | 16.4 | — |
| NH₄Cl | 29.4 | 33.3 | 37.2 | 41.4 | 45.8 | 50.4 | 55.2 | 60.2 |

本实验就是通过碳酸氢铵与氯化钠的复分解反应，控制 30～35℃ 的反应条件，将研细的 NH₄HCO₃ 固体粉末，溶于浓的 NaCl 溶液中，在充分搅拌下制取 NaHCO₃ 晶体，再加热分解 NaHCO₃ 晶体制得纯碱。

### 【仪器、药品及材料】

仪器与材料：电子天平（0.1g）、烧杯、温度计、量筒、吸滤瓶、布氏漏斗、循环水真空泵、电热恒温水浴锅、蒸发皿、广泛 pH 试纸、滤纸。

药品：$NaOH(3mol \cdot L^{-1})$、$Na_2CO_3(3mol \cdot L^{-1})$、$HCl(6mol \cdot L^{-1})$、NH₄HCO₃(s)、粗食盐水溶液（25%）。

### 【实验内容】

#### 1. 粗盐与精制

150mL 烧杯中加入 50mL 25% 粗食盐水溶液，用 $3mol \cdot L^{-1}$ NaOH 与等体积的 $3mol \cdot L^{-1}$ Na₂CO₃ 组成的混合溶液调节溶液 pH 约为11，得到胶状沉淀 [Mg₂(OH)₂CO₃·CaCO₃]，加热至沸腾，减压抽滤，沉淀弃之，滤液用 $6mol \cdot L^{-1}$ HCl 调 pH＝7。

#### 2. 制备 NaHCO₃

将盛有滤液的烧杯用水浴加热，控制溶液温度在 30～35℃ 之间，持续搅拌下，分数次把 21g 研细的碳酸氢铵固体加到滤液中。加完后继续保持反应温度搅拌30min，保证反应充分进行。静置，抽滤，用少量水洗涤 NaHCO₃ 产品，称量。

#### 3. 制备 Na₂CO₃

将 NaHCO₃ 转移至蒸发皿中，用酒精灯大火灼烧，冷却至室温后，称量，计算产率，产品回收。

### 【实验习题】

1. 粗盐为什么要精制？

2. 制备 NaHCO₃ 时，为什么要控制溶液温度在 30～35℃ 之间？

3. 本实验中影响 Na₂CO₃ 产率的主要因素有哪些？

## 实验 25

# 醋酸亚铬（Ⅱ）水合物的制备

## 【实验目的】

1. 学习在无氧条件下制备易被氧化的不稳定化合物的原理和方法。
2. 巩固沉淀的洗涤、过滤等基本操作。

## 【实验原理】

通常 Cr(Ⅱ) 化合物对空气非常敏感，极容易被空气中的氧氧化为 Cr(Ⅲ) 化合物而观察到显著的颜色变化。在惰性气氛中，Cr(Ⅱ) 的卤化物、磷酸盐、碳酸盐和醋酸盐可存在于干燥状态下。

醋酸亚铬（Ⅱ）是深红色结晶状的物质，微溶于冷水和醇，溶于热水及大多数酸，如易溶于盐酸，不溶于醚。醋酸亚铬（Ⅱ）是常见的铬（Ⅱ）化合物之一，通常以二水化合物 $[Cr_2(CH_3COO)_4(H_2O)_2]$ 和无水物 $[Cr_2(CH_3COO)_4]$ 的形式存在，对空气敏感，极易被氧化为 Cr(Ⅲ) 化合物而发生颜色变化。醋酸亚铬是亚铬化合物中相对稳定的一个，常作为其他铬（Ⅱ）化合物的制备原料。如它与氯化氢反应可以得到氯化亚铬，与乙酰丙酮反应可以得到乙酰丙酮铬（Ⅱ）。此外，醋酸亚铬也用作有机试剂（对 $\alpha$-溴代醇进行脱卤）、氧气吸收剂及聚合物工业上的试剂。

$[Cr_2(CH_3COO)_4(H_2O)_2]$ 是有羧桥结构的双核分子，如图 9-1 所示，铬中心为六配位八面体几何构型，每个醋酸根通过其两个氧原子把两个铬中心桥连在一起。每个铬中心分别与来自四个醋酸根的四个氧原子在同一个平面配位，并与一个铬原子形成了金属-金属四重键。两个水分子占上下，分别与一个铬中心配位。Cr(Ⅱ) 为 $d^4$ 构型，因金属-金属键而完全成对，所以醋酸亚铬在室温时为反磁性。

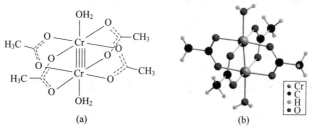

(a)　　　　　　　　　(b)

图 9-1　$[Cr_2(CH_3COO)_4(H_2O)_2]$ 的双核结构

容易被空气氧化的化合物的制备常用惰性气体作保护性气氛，如 $N_2$、Ar 等气氛，有时也在还原性气体如 $H_2$ 气氛下合成。

本实验在封闭体系中利用锌粒与浓盐酸反应生成的氢气起到隔绝空气的作用，同时起到保持反应体系还原性气氛的作用，而且通过氢气的生成增大反应体系的压力使得 Cr(Ⅱ) 溶液进入醋酸钠溶液中。主要反应如下：

$$Zn + 2HCl \xrightarrow{\quad\quad} ZnCl_2 + H_2 \uparrow$$

$$2CrCl_3（绿色）+Zn \longrightarrow 2CrCl_2（蓝色）+ZnCl_2$$
$$2CrCl_2+4CH_3COONa+2H_2O \longrightarrow [Cr(CH_3COO)_2]_2 \cdot 2H_2O（深红色）+4NaCl$$

**【仪器、药品及材料】**

仪器与材料：电子天平（0.1g）、烧杯、锥形瓶、吸滤瓶、量筒、分液漏斗、布氏漏斗、循环水真空泵、表面皿、橡胶管、螺旋夹、双孔橡胶塞、滤纸。

药品：$CrCl_3 \cdot 6H_2O(s)$、锌粒、无水醋酸钠、盐酸（浓）、去氧水、乙醚、无水乙醇。

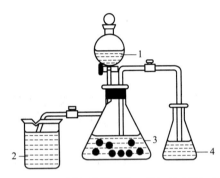

图 9-2　制备醋酸亚铬（Ⅱ）装置图
1—分液漏斗内装浓盐酸；2—水封；3—吸滤瓶内装锌粒、$CrCl_3 \cdot 6H_2O$ 和去氧水；4—锥形瓶内装醋酸钠水溶液

**【实验内容】**

制备醋酸亚铬的装置图如图 9-2 所示。

① 制备去氧水。用锥形瓶将 100mL 蒸馏水煮沸 10min 后塞上塞子备用。

② 称取 10g 无水醋酸钠置于锥形瓶中，用 24mL 去氧水溶解得到溶液。

③ 称取 16g 锌粒与 10g $CrCl_3 \cdot 6H_2O$ 晶体于吸滤瓶中，加入 12mL 去氧水，塞紧双孔塞，摇动溶液成深绿色混合物。按图 9-2 组装好仪器，分液漏斗中加入 15mL 浓盐酸，烧杯中加入自来水。

④ 首先夹住通往醋酸钠溶液的橡胶管，松开通入水封的橡胶管，缓慢滴加浓盐酸，并不停地摇动吸滤瓶，观察溶液的颜色变化，由深绿色过渡到蓝绿色，最后形成亮蓝色溶液。此时仍然继续保持氢气的较快放出，松开通往醋酸钠溶液橡胶管的夹子，夹紧通往水封橡胶管的夹子，利用氢气将二氯化铬溶液压入醋酸钠溶液锥形瓶中，可立刻观察到深红色醋酸亚铬沉淀的生成，铺双层滤纸减压抽滤，用少量去氧水和乙醚洗涤沉淀。将沉淀平铺于表面皿上，在室温下使其干燥。称量，计算产率。

**【实验习题】**

1. 醋酸亚铬水合物的制备为什么要在封闭体系中进行？
2. 为什么在该反应体系中锌粒要过量？
3. 产物为什么要用去氧水和乙醚洗涤？
4. 根据醋酸亚铬的性质，该化合物如何保存？
5. 为什么滴加浓盐酸的速度不宜过快，反应时间要足够长（约 1h）？

**实验 26**

# 五水硫酸铜的制备及水分子含量的测定

**【实验目的】**

1. 学习由粗氧化铜为原料制备五水硫酸铜的原理和方法。

2. 巩固加热、溶解、常压过滤、蒸发、结晶、减压过滤等无机化合物制备的基本操作。

3. 学习热重分析法测定五水硫酸铜中水分子含量的原理和方法。

**【实验原理】**

$CuSO_4 \cdot 5H_2O$ 俗称胆矾或蓝矾，蓝色晶体，易溶于水，难溶于乙醇。在干燥空气中 $CuSO_4 \cdot 5H_2O$ 可缓慢风化，在不同温度下会逐步脱水，将其加热至 260℃以上，可失去全部结晶水而成为白色的无水 $CuSO_4$ 粉末。

本实验通过粗 CuO 粉末和稀 $H_2SO_4$ 按如下的反应制备硫酸铜：

$$CuO + H_2SO_4 \Longrightarrow CuSO_4 + H_2O$$

所得粗品中含有杂质，主要包括少量不溶性杂质和可溶性杂质 $FeSO_4$、$Fe_2(SO_4)_3$ 等。不溶性杂质可在溶解、过滤的过程中除去。相对于 $Fe^{3+}$，由于 $Fe^{2+}$ 完全沉淀所需的 pH 较高（见表 9-4）。为防止在较高 pH 条件下 $Cu^{2+}$ 沉淀而影响硫酸铜的产量，实验过程中用氧化剂，如 $H_2O_2$ 或 $Br_2$ 等，将 $Fe^{2+}$ 氧化成 $Fe^{3+}$，然后通过调节溶液 pH，使 $Fe^{3+}$ 水解生成 $Fe(OH)_3$ 沉淀，再过滤除去，反应如下：

$$2Fe^{2+} + H_2O_2 + 2H^+ \Longrightarrow 2Fe^{3+} + 2H_2O$$

$$Fe^{3+} + 3H_2O \Longrightarrow Fe(OH)_3 \downarrow + 3H^+$$

**表 9-4 $Fe^{3+}$、$Fe^{2+}$ 和 $Cu^{2+}$ 在不同浓度下开始沉淀和完全沉淀所需的 pH**

| 金属离子 | $K_{sp}$ | | 离子浓度 $c/(mol \cdot L^{-1})$ | | | | |
| --- | --- | --- | --- | --- | --- | --- | --- |
| | | | $10^{-1}$ | $10^{-2}$ | $10^{-3}$ | $10^{-4}$ | $10^{-5}$（沉淀完全） |
| $Fe^{3+}$ | $2.79 \times 10^{-39}$ | | 1.5 | 1.8 | 2.2 | 2.5 | 2.8 |
| $Fe^{2+}$ | $4.87 \times 10^{-17}$ | pH | 6.3 | 6.8 | 7.3 | 7.8 | 8.3 |
| $Cu^{2+}$ | $2.2 \times 10^{-20}$ | | 4.7 | 5.2 | 5.7 | 6.2 | 6.7 |

数据来源：北京师范大学，华中师范大学，南京师范大学. 无机化学. 5 版. 北京：高等教育出版社，2020：359。

由于温度变化对 $CuSO_4$ 的溶解度影响较大，所以可以通过将除去铁离子后的滤液蒸发、浓缩、冷却结晶、过滤，除去其他微量可溶性杂质，获得较纯净的 $CuSO_4 \cdot 5H_2O$ 晶体。

$CuSO_4 \cdot 5H_2O$ 在不同温度下逐步脱水：

$$CuSO_4 \cdot 5H_2O \xrightarrow[-2H_2O]{375K} CuSO_4 \cdot 3H_2O \xrightarrow[-2H_2O]{386K} CuSO_4 \cdot H_2O \xrightarrow[-H_2O]{531K} CuSO_4$$

热重分析法（TGA）是测定结晶水合物热分解和失重过程的常用方法之一。水合物中的水分子因存在的环境不同，开始脱水的温度也不同，热重（TG）曲线能够反映出水合物热分解过程中分步脱水的温度与质量分数，因而热重分析法通过测定晶体的失重率随温度的变化，可以研究分步脱掉水分子的细节。本实验通过热重分析法测定 $CuSO_4 \cdot 5H_2O$ 晶体中水分子的含量。

**【仪器、药品及材料】**

仪器与材料：电子天平、烧杯、布氏漏斗、吸滤瓶、蒸发皿、量筒、表面皿、漏斗、热重分析仪（流动氮气气氛）、精密 pH 试纸（0.5～5.0）、滤纸。

药品：粗 CuO(s)、$H_2SO_4$（$1mol \cdot L^{-1}$，$3mol \cdot L^{-1}$）、$NH_3 \cdot H_2O$（$2mol \cdot L^{-1}$）、$H_2O_2$（3%）、乙醇（95%）。

**【实验内容】**

**1. 五水硫酸铜的制备**

称取 5.0g 粗 CuO 置于 100mL 的小烧杯中，加 25mL 3mol·$L^{-1}$ $H_2SO_4$，用小火加热，边加热边搅拌。在反应过程中，若发现溶液蒸发变少，有少量蓝色晶体析出，可适当补充少量蒸馏水。趁热减压过滤，将滤液转入蒸发皿中，然后加热、蒸发浓缩至溶液表面出现晶膜，冷却结晶、抽滤，即得 $CuSO_4·5H_2O$ 粗产品。用 95% 乙醇洗涤、干燥后称重。

**2. 五水硫酸铜的提纯**

将 $CuSO_4·5H_2O$ 粗产品置于 100mL 的小烧杯中，加入 25mL $H_2O$ 加热溶解。加入 1mL 3mol·$L^{-1}$ $H_2SO_4$ 使其酸化，搅拌滴加 5mL 3% $H_2O_2$。继续搅拌加热 3~5min 后，逐滴加入 2mol·$L^{-1}$ $NH_3·H_2O$ 至溶液的 pH=3.5~4.0（用精密 pH 试纸测试）。继续加热数分钟，待过量的 $H_2O_2$ 完全分解后，趁热过滤。将滤液转入干净的蒸发皿中，用 1mol·$L^{-1}$ $H_2SO_4$ 调节溶液的 pH 至 1~2，然后加热、蒸发浓缩至溶液表面出现晶膜，冷却结晶、抽滤，即得精制 $CuSO_4·5H_2O$ 晶体。用 95% 乙醇洗涤、干燥后称重。观察晶体的形状、颜色并计算产率。（注意：产品可保存作为碱式碳酸铜制备用原料。）

**3. 水分子含量的测定**

利用热重分析仪，取一定量样品，在氮气气氛下，且在室温至 280℃ 温度范围内，以 50mL·$min^{-1}$ 的氮气流速，20℃·$min^{-1}$ 的升温速率对产物热稳定性进行研究。根据实验数据，绘制热重分析曲线，计算样品中水分子的含量，并对失水过程进行分析讨论。

**【实验习题】**

1. $CuSO_4·5H_2O$ 提纯实验中为什么要将 $Fe^{2+}$ 氧化为 $Fe^{3+}$，且要将溶液 pH 调节为 4 左右？
2. 与其他氧化剂相比，采用 $H_2O_2$ 作为氧化剂有什么优点？
3. 为何要将除去 $Fe^{3+}$ 后的滤液的 pH 调节至 1~2，再进行蒸发浓缩？

**实验 27**

**碱式碳酸铜的制备**

**【实验目的】**

1. 学习文献调研和查阅方法，拟出制备目标产物的实验方案。
2. 通过碱式碳酸铜制备条件的探索和生成物颜色、状态的分析，研究反应物的合理配料比并确定制备反应合适的温度条件，培养独立设计实验的能力。
3. 掌握水浴恒温加热、减压过滤、沉淀洗涤等操作技能。

**【实验原理】**

碱式碳酸铜 $Cu_2(OH)_2CO_3$ 为天然孔雀石的主要成分，呈暗绿色或淡蓝绿色，加热至 200℃ 即分解，在水中的溶解度很小，新制备的试样在沸水中很易分解。

**【仪器、药品及材料】**

由学生自行列出所需仪器、药品、材料之清单，经指导老师的同意，即可进行实验。

**【实验内容】**

**1. 溶液配制**

配制 $0.5mol \cdot L^{-1} CuSO_4$ 溶液 $100mL$ 和 $1.0mol \cdot L^{-1} Na_2CO_3$ 溶液 $60mL$。

**2. 制备反应条件的探求**

（1）反应温度的探求

在四支试管中，均加入 $2.0mL$ $0.5mol \cdot L^{-1} CuSO_4$ 溶液。另取四支试管，均加入 $1.0mL$ $1.0mol \cdot L^{-1} Na_2CO_3$ 溶液。将这两列试管中的各四支分别置于室温、$50℃$、$75℃$、$100℃$ 的恒温水浴中，数分钟后将 $CuSO_4$ 溶液分别倒入 $Na_2CO_3$ 溶液中。振荡后，继续保持相关温度 $5min$ 并观察现象。可根据沉淀的颜色、沉淀的多少、反应快慢等实验现象来确定制备反应的合适温度。

（2）$CuSO_4$ 和 $Na_2CO_3$ 溶液的合适配比

四支试管内均加入 $3.0mL$ $0.5mol \cdot L^{-1} CuSO_4$ 溶液，再分别取 $1.0mol \cdot L^{-1} Na_2CO_3$ 溶液 $1.2mL$、$1.5mL$、$1.8mL$、$2.1mL$ 依次加入另外四支编号的试管中。将 8 支试管放在实验（1）确定的适宜温度进行预热。几分钟后，依次将 $CuSO_4$ 溶液分别倒入 $Na_2CO_3$ 溶液中的试管中。振荡试管，继续保持相关温度，反应 $5min$。比较试管中沉淀的生成速度、沉淀的数量及颜色，从中得出两种物质反应的最佳比例。

**3. 碱式碳酸铜制备**

取 $60mL$ $0.5mol \cdot L^{-1}$ 的 $CuSO_4$ 溶液，根据上面实验确定的反应物配料比及适宜温度制取碱式碳酸铜。待沉淀完全后，减压过滤，用蒸馏水洗涤沉淀数次，直到沉淀中不含 $SO_4^{2-}$ 为止，吸干。将所得产品在烘箱中 $100℃$ 烘干，待冷却至室温后称量，并计算产率。

**【实验习题】**

1. 哪些铜盐适合制取碱式碳酸铜？写出硫酸铜溶液和碳酸钠溶液反应的化学方程式。

2. 根据实验结果，讨论反应温度、反应物质种类、反应物浓度、反应物配料比和反应时间对产物质量的影响。

3. 各试管中沉淀的颜色为何会有差别？估计何种颜色产物的碱式碳酸铜含量最高？

4. 若将 $Na_2CO_3$ 溶液倒入 $CuSO_4$ 溶液，其结果是否会有所不同？

5. 自行设计一个实验，测定产物中铜及碳酸根的含量，从而分析所制得的碱式碳酸铜的质量。

---

### 实验28

# 三氯化六氨合钴（Ⅲ）的合成和组成分析

**【实验目的】**

1. 学会三氯化六氨合钴（Ⅲ）的制备原理及其组成的确定方法。

2. 加深对多氧化态金属离子电对、电极电势变化的理解。

3. 巩固电导测定原理与方法。

**【实验原理】**

在水溶液中，电对 $Co^{3+}|Co^{2+}$ 在酸性和碱性溶液中的标准电极电势分别为 $E_A^{\ominus}=1.84V$ 及 $E_B^{\ominus}=0.17V$，在通常情况下，水溶液中 $Co^{2+}$ 是稳定的。按晶体场理论，在八面体中，$d^6$ 构型的 $Co^{3+}$ 的配合物在强场中稳定化能要比 $d^7$ 构型的 $Co^{2+}$ 大，因而 $Co^{3+}$ 的配合物的稳定性高于 $Co^{2+}$ 配合物的稳定性。例如，$E^{\ominus}\{[Co(NH_3)_6]^{3+}\}|\{[Co(NH_3)_6]^{2+}\}=0.1V$，说明在形成氨配合物后 $Co^{3+}$ 的稳定性大为提高。事实上，空气中的氧或 $H_2O_2$ 就可将 $[Co(NH_3)_6]^{2+}$ 氧化为 $[Co(NH_3)_6]^{3+}$。

钴（Ⅲ）的氨配合物有多种，主要有 $[Co(NH_3)_6]Cl_3$（橙黄色晶体）、$[Co(NH_3)_5(H_2O)]Cl_3$（砖红色晶体）、$[Co(NH_3)_5Cl]Cl_2$（紫红色晶体）等。它们的制备条件各不相同。例如，在没有活性炭的存在时，由 $CoCl_2$ 与过量 $NH_3$、$NH_4Cl$ 反应的主要产物是 $[Co(NH_3)_5Cl]Cl_2$，有活性炭存在时制得的主要产物为 $[Co(NH_3)_6]Cl_3$。

本实验利用活性炭的选择催化作用，在过量 $NH_3$ 和 $NH_4Cl$ 存在下，以 $H_2O_2$ 为氧化剂氧化 Co(Ⅱ) 溶液，制备 $[Co(NH_3)_6]Cl_3$ 化合物：

$$2CoCl_2+10NH_3+2NH_4Cl+H_2O_2 == 2[Co(NH_3)_6]Cl_3+2H_2O$$

三氯化六氨合钴（Ⅲ）为橙黄色单斜晶体，293K 下在水中饱和溶解度为 $0.26mol \cdot L^{-1}$。为了除去产物中混有的催化剂，可将产物溶解在酸性溶液中，过滤除去活性炭，然后在高浓度盐酸存在下使产物结晶析出。

在水溶液中，$K_{不稳}^{\ominus}\{[Co(NH_3)_6]^{3+}\}=2.2\times10^{-34}$；在室温下基本不被强碱或强酸破坏，只有在煮沸的条件下，才被过量强碱分解。

$$[Co(NH_3)_6]Cl_3+3NaOH == Co(OH)_3+6NH_3\uparrow+3NaCl$$

用化学分析方法确定某配合物的组成时，通常先确定配合物的外界，然后将配离子破坏再来看其内界。配离子的稳定性受很多因素影响，通常可用加热或改变溶液酸碱性的方法来破坏它。一般用定性、半定量甚至估量的分析方法来初步推断配合物的组成。因电解质溶液的导电性与离子浓度有关，在初步推定配合物的组成后，可用电导率仪来测定一定浓度配合物溶液的导电性，并与一定浓度的已知电解质溶液的导电性进行对比，从而推断配合物溶液中的离子数，进一步确定其化学式。

游离的 $Co^{2+}$ 在酸性溶液中可与硫氰化钾作用生成蓝色配合物 $[Co(SCN)_4]^{2-}$。因其在水中解离度大，故常加入硫氰化钾浓溶液或固体，并加入戊醇和乙醚以提高稳定性。由此可用来鉴定 $Co^{2+}$ 的存在。其反应如下：

$$Co^{2+}+4SCN^- == [Co(SCN)_4]^{2-}（蓝色）$$

游离的 $NH_4^+$ 可由奈斯勒试剂来鉴定，其反应如下：

$$NH_4^+ + 2[HgI_4]^{2-} + 4OH^- == \underbrace{HgO \cdot Hg(NH_2)I}\downarrow + 7I^- + 3H_2O$$

$$\underset{（奈斯勒试剂）}{} \qquad \underset{（红褐色）}{}$$

**【仪器、药品及材料】**

仪器与材料：台秤、烧杯、锥形瓶、量筒、研钵、漏斗、铁架台、酒精灯、试管、滴管、药勺、试管夹、漏斗架、布氏漏斗、抽滤瓶、石棉网、温度计、恒温水浴、电导率仪、广泛 pH 试纸、红色石蕊试纸、滤纸、尖嘴玻璃棒。

药品：活性炭（s）、氯化铵（s）、氯化钴（s）、硫氰化钾（s）、氨水（浓）、硝酸（浓）、盐酸（6mol·L$^{-1}$，浓）、H$_2$O$_2$（6%）、AgNO$_3$（0.1mol·L$^{-1}$）、奈斯勒试剂、SnCl$_2$（0.5mol·L$^{-1}$，新配）、乙醚、戊醇、无水乙醇。

**【实验内容】**

**1. [Co(NH$_3$)$_6$]Cl$_3$ 化合物的制备**

在 100mL 锥形瓶中加入 6g 研细的 CoCl$_2$·6H$_2$O 晶体、4g NH$_4$Cl 和 7mL 去离子水，加热溶解后加入 0.1～0.2g 活性炭。摇动锥形瓶，使其混合均匀。用流水冷却后，加入 14mL 浓氨水，再冷却至 10℃ 以下，用滴管逐滴加入 14mL 6% 的 H$_2$O$_2$ 之后，将反应器置于 60℃ 左右的水浴上，恒温 20min，并不断摇动锥形瓶。用水浴冷却至 10℃ 左右，抽滤，将沉淀转移到含有 2mL 浓盐酸的 50mL 沸水中，溶解完全后，趁热过滤。弃去固体，往滤液中慢慢加入 7mL 6mol·L$^{-1}$ 盐酸，即有大量橙黄色晶体析出，用冰浴冷却后，过滤。晶体用少许无水乙醇洗涤，吸干。于水浴上烘干后称量，计算产率。

**2. 组成的初步推断**

① 取产物 0.1g 放入小烧杯中，加 35mL 蒸馏水，溶解后用 pH 试纸检验其酸碱性。

② 用离心试管取①中溶液 3～5mL，慢慢滴加 0.1mol·L$^{-1}$ AgNO$_3$ 溶液，边加边振荡，直至沉淀完全。然后离心分离，将清液取出转移至另一支离心试管中，加 1～2mL 浓硝酸，用尖嘴玻璃棒搅拌，再慢慢滴加 0.1mol·L$^{-1}$ AgNO$_3$，观察有无沉淀生成，并与加硝酸前的沉淀量进行比较。

③ 取 2～3mL 实验①中溶液，加几滴 0.5mol·L$^{-1}$ SnCl$_2$，振荡后加入绿豆大小硫氰化钾固体，振荡后再加 1mL 戊醇和 1mL 乙醚，振荡，观察上层溶液颜色。

④ 2mL 实验①中溶液于试管中，加入少量蒸馏水，得清亮溶液后，加 2 滴奈斯勒试剂，观察溶液有无变化。

⑤ [Co(NH$_3$)$_6$]Cl$_3$ 电离类型的测定。在分析天平上准确称取 0.0268g 产物于 100mL 烧杯中，用少量去离子水溶解后，转入 100mL 容量瓶中，用去离子水稀释至刻度，摇匀。所得浓度为 0.001mol·L$^{-1}$[Co(NH$_3$)$_6$]Cl$_3$ 溶液。用恒温水浴使整个体系处于 25℃ 时，采用电导率仪（选用铂黑电极）测定样品溶液的电导率 $\kappa$，按 $\Lambda_m = \kappa \dfrac{10^{-3}}{c}$ 计算其摩尔电导率 $\Lambda_m$，并确定配合物的离子构型。在 25℃ 时，浓度为 0.001mol·L$^{-1}$ 溶液的摩尔电导率 $\Lambda_m$ 与离子构型的关系如表 9-5 所示。

表 9-5　溶液的摩尔电导率 $\Lambda_m$ 与离子构型的关系

| 离子构型 | 类型（离子数） | 25℃时，浓度为 0.001mol·L$^{-1}$ 溶液的摩尔电导率 $\Lambda_m$/(S·m$^2$·mol$^{-1}$) |
|---|---|---|
| MA | 1-1 型(2) | 118～133 |
| MA$_2$ 或 M$_2$A | 1-2 型(3) | 235～273 |
| MA$_3$ 或 M$_3$A | 1-3 型(4) | 403～442 |
| MA$_4$ 或 M$_4$A | 1-4 型(5) | 523～558 |

通过这些实验初步推断配合物的组成，并写出分子式。

## 【实验习题】

1. 要使本实验制备的产品的产率高，你认为哪些步骤是比较关键的？为什么？
2. 在 $[Co(NH_3)_6]Cl_3$ 制备过程中，$NH_4Cl$、活性炭、$H_2O_2$ 各起什么作用？
3. 如何定性检验配合物的内界 $NH_3$ 配体和外界 $Cl^-$？
4. 由实验结果确定自制的 $[Co(NH_3)_6]Cl_3$ 的组成，并分析与理论值有差别的原因。

## 实验 29

# 钴（Ⅲ）配合物的制备和组成推断

## 【实验目的】

1. 学习采用配体取代法和氧化还原法制备配合物的基本原理和方法。
2. 学习初步推断配合物组成的方法。
3. 学习电导率仪的使用方法。

## 【实验原理】

在水溶液中，采用取代反应来制取配合物，实质上就是用适当的配体来部分或全部取代水合离子中的配位水分子。随后，利用氧化还原反应，改变中心金属离子的氧化态，得到目标配合物。

Co(Ⅱ) 的配合物能很快地进行取代反应，为活性配合物；而 Co(Ⅲ) 配合物的取代反应很慢，为惰性配合物。在制备 Co(Ⅲ) 的配合物时，首先使 $[Co(H_2O)_6]^{2+}$ 和配体（L）发生快速取代反应生成配合物 $[Co(H_2O)_xL_y]^{2+}$，然后通过氧化反应得到 Co(Ⅲ) 目标配合物 $[Co(H_2O)_xL_y]^{3+}$（配位数均为6）。

常见的 Co(Ⅲ) 配合物有：$[Co(NH_3)_6]^{3+}$（橙黄色）、$[Co(NH_3)_5H_2O]^{3+}$（粉红色）、$[Co(NH_3)_5Cl]^{2+}$（紫红色）、$[Co(NH_3)_4CO_3]^+$（紫红色）、$[Co(NH_3)_3(NO_2)_3]$（黄色）、$[Co(CN)_6]^{3-}$（紫色）、$[Co(NO_2)_6]^{3-}$（黄色）等。

## 【仪器、药品及材料】

仪器与材料：台秤、烧杯、锥形瓶、量筒、研钵、漏斗、铁架台、酒精灯、试管、滴管、药勺、试管夹、漏斗架、石棉网、温度计、电导率仪、广泛 pH 试纸、红色石蕊试纸、滤纸。

药品：氯化铵（s）、氯化钴（s）、硫氰化钾（s）、氨水（浓）、硝酸（浓）、$H_2O_2$（30%）、盐酸 [$6mol·L^{-1}$（冷），浓]、$AgNO_3$（$0.1mol·L^{-1}$）、$SnCl_2$（$0.5mol·L^{-1}$，新配）、奈斯勒试剂、乙醚、戊醇、无水乙醇。

## 【实验内容】

### 1. Co(Ⅲ) 配合物的制备

在锥形瓶中将 3.0g 氯化铵溶于 18mL 浓氨水，待完全溶解后手持锥形瓶颈不断振荡，使溶液均匀。分数次加入 6.0g 氯化钴粉末，边加边摇动，加完后继续摇动使溶液呈棕色稀浆。再往其中滴加过氧化氢（30%）6～9mL，边加边摇动，加完后再摇动。当固体完全溶解，溶液中停止起泡时，慢慢加入 18mL 浓盐酸，边加边摇动，并在水浴上微热，温度不要超过 85℃，边摇边加热 10～15min，然后在室温下冷却混合物并摇动，待完全冷却后过滤出沉淀。用 15mL 冷水分数次洗涤沉淀，接着用 15mL 冷的 6mol·L$^{-1}$ 盐酸洗涤，最后用 15mL 无水乙醇洗涤。产物在 105℃ 左右烘干并称量，保存该样品留作后面实验用。

**2. 组成的初步推断**

① 取产物 0.1g 放入小烧杯中，加 35mL 蒸馏水，溶解后用 pH 试纸检验其酸碱性。

② 用离心试管取①中溶液 3～5mL，慢慢滴加 0.1mol·L$^{-1}$ AgNO$_3$ 溶液，边加边振荡，直至沉淀完全。然后离心分离，将清液取出转移至另一支离心试管中，加 1～2mL 浓硝酸，用尖嘴玻璃棒搅拌，再慢慢滴加 0.1mol·L$^{-1}$ AgNO$_3$，观察有无沉淀生成，并与加硝酸前的沉淀量进行比较。

③ 取 2～3mL 实验①中溶液，加几滴 0.5mol·L$^{-1}$ SnCl$_2$，振荡后加入绿豆大小硫氰化钾固体，振荡后再加 1mL 戊醇和 1mL 乙醚，振荡，观察上层溶液颜色。

④ 取 2mL 实验①中溶液于试管中，加入少量蒸馏水，得清亮溶液后，加 2 滴奈斯勒试剂，观察溶液有无变化。

⑤ 将实验①中剩余的溶液加热，观察溶液颜色变化，直至完全变成棕黑色后停止加热。冷却后用 pH 试纸测定溶液酸碱性，然后过滤（必要时用双层滤纸）。取滤液，根据实验③、④步骤进行实验，观察现象，与未加热前的现象进行比较，并进行解释。

通过这些实验初步推断配合物的组成，并写出实验式。

⑥ 根据初步推断的配合物的实验式计算分子量，称取并配制 100mL 0.01mol·L$^{-1}$ 该配合物水溶液，用电导率仪测量其电导率。然后将溶液稀释 10 倍，再测电导率。将所测数据与表 9-6 中数据进行比对，确定实验式中所含离子数，写出配合物的化学式。

表 9-6 电解质的电导率

| 电解质 | 类型(离子数) | 电导率/(S·m$^2$) | |
| --- | --- | --- | --- |
| | | 浓度为 0.01mol·L$^{-1}$ 的电解质 | 浓度为 0.001mol·L$^{-1}$ 的电解质 |
| KCl | 1-1 型(2) | 1230 | 133 |
| BaCl$_2$ | 1-2 型(3) | 2150 | 250 |
| K$_3$[Fe(CN)$_6$] | 1-3 型(4) | 3400 | 420 |

**【实验习题】**

1. 要使本实验制备的产品的产率高，你认为哪些步骤是比较关键的？为什么？

2. 总结制备 Co(Ⅲ) 配合物的基本原理及实验步骤。

3. 有五个不同的配合物，分析其组成后确定有共同的实验式 K$_2$CoCl$_2$I$_2$(NH$_3$)$_2$；电导率测定得知在水溶液中五个化合物的电导率数值均与硫酸钠相近。请写出五个不同配合物的结构式，并说明不同配离子间有何不同。

## 实验 30
# 配合物键合异构体的合成及其红外光谱测定

### 【实验目的】

1. 通过 $[Co(NH_3)_5(NO_2)]Cl_2$ 和 $[Co(NH_3)_5(ONO)]Cl_2$ 的制备来了解配合物的键合异构现象。

2. 学习利用红外光谱来鉴别两种不同的键合异构体。

3. 了解傅里叶红外光谱仪的基本原理及其使用方法。

### 【实验原理】

键合异构体是配合物异构现象中的一个重要类型。配合物的键合异构体是多齿配体分别以不同的配位原子和中心原子配位而形成的组成完全相同的多种配合物。如在亚硝酸根和硫氰酸根中，它们与中心原子形成配合物，都显示出这种异构现象。当亚硝酸根通过氮原子与中心原子配位（M←$NO_2$）时形成的配合物称为硝基配合物；而当亚硝酸根通过氧原子跟中心原子配位（M←ONO）时形成的配合物称为亚硝酸根配合物（图 9-3）。同样，硫氰酸根通过硫原子与中心原子配位时形成的配合物称为硫氰酸根配合物；而通过氮原子与中心原子配位时形成的配合物称为异硫氰酸根配合物。

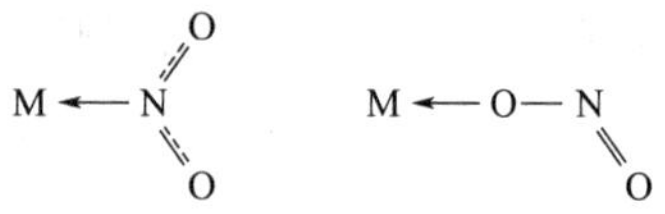

图 9-3 亚硝酸根两种配位模式

红外光谱法是鉴别配合物键合异构体的有效方法，每一个基团都有自己的特征振动频率，基团的特征振动频率是受其原子质量和键的力常数等因素所影响的，可用下式来表示：

$$\nu = \frac{1}{2\pi c}\sqrt{\frac{k}{\mu}}$$

式中，$\nu$ 为振动频率；$k$ 为基团的化学键力常数；$\mu$ 为基团中成键原子的折合质量；$c$ 为光速。$\mu = m_1 m_2/(m_1 + m_2)$，$m_1$ 和 $m_2$ 为相键合的两原子的各自的原子量。由上式可知，基团的化学键力常数 $k$ 越大，折合质量 $\mu$ 越小，则基团的特征频率就越高。反之，基团的力常数 $k$ 越小，折合质量 $\mu$ 越大，则基团的特征频率就越低。当基团与金属离子形成配合物时，配位键的形成不仅引起了金属离子与配位原子之间的振动（这种振动被称为配合物的骨架振动），而且还将影响配体内原来基团的特征频率。配合物的骨架振动直接反映了配位键的特性和强度，这样就可以通过骨架振动的测定直接研究配合物的配位键性质。但是，由于配合物中心原子的质量都比较大，即 $\mu$ 值一般都大，而且配位键的键力常数比较小，即 $k$ 值比较小，因此，这种配位键的振动频率都很低，一般出现在 $500\sim200\mathrm{cm}^{-1}$ 的低频范围，这给研究配位键带来很多困难。因为频率越低，越不容易分为单色光，同时由于配合物的形成，配体中的配位原子与中心原子的配位作用会改变整个配体的对称性和配体中的某些原子的电子云密度，可能还会使配体的构型发生变化，这些因素都能引起配体特征振动频率的变化。因此，可以利用这种配体特征振动频率的变化来研究配位键的性质。

本实验测定 $[Co(NH_3)_5(NO_2)]Cl_2$ 和 $[Co(NH_3)_5(ONO)]Cl_2$ 配合物的红外光谱，利用它们的谱图可以识别哪一个配合物是通过氮原子配位的硝基配合物，哪一个是通过氧原子配位的亚硝酸根配合物。亚硝酸根（$NO_2^-$）以 N 或 O 原子与 $Co^{3+}$ 配位时，对 N—O 键特征频率的影响不同。当 $NO_2^-$ 以 N 原子配位形成 $Co^{3+}$←$NO_2$ 硝基配合物时，由于 N 给出电荷，使 N—O 键力常数减弱。因为两个 N—O 键是等价的，所以力常数的减弱是平均分配的。N 与中心原子配位，使得 N—O 键的伸缩振动频率降低，在 $1430cm^{-1}$ 左右出现特征吸收峰。但当 $NO_2^-$ 以 O 原子配位形成时，两个 N—O 键不等价，配位的 O—N 键力常数减弱，其特征吸收峰出现在 $1065cm^{-1}$ 附近。而另一个没有配位的 O—N 键力常数比用 N 配位时的 N—O 键键力常数大，故在 $1460cm^{-1}$ 附近出现特征吸收峰。因此，可以从它们的红外光谱图来识别其键合异构体。

## 【仪器、药品及材料】

仪器与材料：FT-IR 傅里叶变换红外光谱仪、烧杯、量筒、表面皿、抽滤瓶、布氏漏斗、玛瑙研钵、压片机、广泛 pH 试纸、滤纸、脱脂棉。

药品：亚硝酸钠（s）、盐酸（$4mol \cdot L^{-1}$，浓）、无水乙醇、氨水（$2mol \cdot L^{-1}$，浓）、$[Co(NH_3)_5Cl]Cl_2$（实验 29 自制）、KBr（s，光谱纯）。

## 【实验内容】

**1. 键合异构体的制备**

（1）键合异构体（Ⅰ）的制备

在 15mL $2mol \cdot L^{-1}$ 的氨水中加入 1.0g $[Co(NH_3)_5Cl]Cl_2$，水浴加热使其完全溶解，过滤除去不溶物。滤液冷却后，用 $4mol \cdot L^{-1}$ HCl 调节溶液 pH 至 3，加入 1.5g $NaNO_2$，加热使所生成的沉淀全部溶解。冷却溶液，在通风橱里向冷却的溶液中小心注入 15mL 浓盐酸，再用冰水冷却使结晶完全，滤出棕黄色晶体，用无水乙醇洗涤，晾干，记录产量。

（2）键合异构体（Ⅱ）的制备

在 20mL 水和 7mL 浓氨水的混合溶液中加入 1.0g $[Co(NH_3)_5Cl]Cl_2$，水浴加热使其完全溶解，过滤除去不溶物。滤液冷却后，用 $4mol \cdot L^{-1}$ 的 HCl 调节溶液 pH 至 4，加入 1.0g $NaNO_2$，搅拌使其溶解，再在冰水中冷却，有橙红色的晶体析出。过滤晶体，并用冰水冷却过的无水乙醇洗涤，在室温下干燥，记录产量。

二氯化亚硝酸根五氨合钴（Ⅲ）$[Co(NH_3)_5(ONO)]Cl_2$ 不稳定，容易转变为二氯化硝基五氨合钴（Ⅲ）$[Co(NH_3)_5(NO_2)]Cl_2$。因此必须用新制备的试样来测定其红外光谱。

**2. 键合异构体的红外光谱的测定**

在 $4000\sim400cm^{-1}$ 范围内测定这两种配合物的红外光谱。

**3. 实验结果与处理**

① 比较两个配合物的红外光谱图中特征吸收峰的位置和强度，查找相关文献对主要红外特征吸收峰进行归属。

② 根据红外光谱图，确定键合异构体（Ⅰ）和（Ⅱ）中亚硝酸根的配位模式。

## 【实验习题】

1. 为何配合物中配位键的特征振动频率不易直接测定？

2. 若能测得配合物中配位键的特征振动频率，能否利用这种特征振动频率来鉴别键合异构体？在何种情况下可以直接利用这种特征来鉴别键合异构体？

**实验 31**

# 硫酸亚铁铵的制备

## 【实验目的】

1. 了解复盐的一般特性及硫酸亚铁铵的制备方法。
2. 熟练掌握水浴加热、溶解、蒸发结晶和减压过滤等基本操作。
3. 了解利用目视比色法分析检验产品中杂质含量的方法。

## 【实验原理】

硫酸亚铁铵 $(NH_4)_2Fe(SO_4)_2 \cdot 6H_2O$ 俗称摩尔盐，是浅绿色单斜晶体。它在空气中比一般亚铁盐稳定，不易被氧化，而且价格低，制造工艺简单。其应用广泛，在工业上常用作废水处理的混凝剂，在农业上用作农药及肥料，在定量分析上常用作氧化还原滴定的基准物质。

像所有的复盐一样，硫酸亚铁铵在水中的溶解度比组成它的任何一个组分 $FeSO_4$ 或 $(NH_4)_2SO_4$ 的溶解度都小（见表 9-7）。因此，很容易从浓的硫酸亚铁和硫酸铵的混合溶液中经蒸发浓缩、冷却结晶制得结晶状的硫酸亚铁铵。在制备过程中，为了使 $Fe^{2+}$ 不被氧化和水解，溶液需保持足够的酸度，并在蒸发时避免过高的温度。

表 9-7　硫酸亚铁、硫酸铵、硫酸亚铁铵在水中的溶解度　　单位：$g \cdot 100g^{-1}$

| 物质 | 温度/℃ | | | | | |
|---|---|---|---|---|---|---|
| | 0 | 10 | 20 | 30 | 40 | 60 |
| $(NH_4)_2SO_4$ | 70.6 | 73.0 | 75.4 | 78.0 | 81.0 | 88 |
| $FeSO_4 \cdot 7H_2O$ | 28.8 | 40.0 | 48.0 | 60.0 | 73.3 | 100.7 |
| $(NH_4)_2Fe(SO_4)_2 \cdot 6H_2O$ | 17.23 | 31.0 | 36.47 | 45.0 | — | — |

数据来源：James G. Speight. Lange's Handbook of Chemistry. 16th ed. New York：McGraw-Hill Companies Inc，2005：Table 1.68.

本实验首先采用铁屑与稀硫酸作用生成硫酸亚铁溶液

$$Fe + H_2SO_4 \Longrightarrow FeSO_4 + H_2(g)$$

然后在硫酸亚铁溶液中加入硫酸铵并使其全部溶解，经蒸发浓缩、冷却结晶，得到 $(NH_4)_2Fe(SO_4)_2 \cdot 6H_2O$ 晶体。

$$FeSO_4 + (NH_4)_2SO_4 + 6H_2O \Longrightarrow (NH_4)_2Fe(SO_4)_2 \cdot 6H_2O$$

产品质量鉴定：

① 采用高锰酸钾滴定法确定产品有效成分的含量。在酸性介质中 $Fe^{2+}$ 被 $KMnO_4$ 定量氧化为 $Fe^{3+}$，$KMnO_4$ 的颜色变化可以指示滴定终点的到达。

$$5Fe^{2+} + MnO_4^- + 8H^+ \!\!=\!\!\!= 5Fe^{3+} + Mn^{2+} + 4H_2O$$

② 通过目视比色法确定产品杂质含量，确定产品等级。将产品配成溶液，与标准溶液进行比色，如果产品溶液的颜色比某一标准溶液的颜色浅，就可确定杂质含量低于该标准溶液中的杂质含量，即低于某一规定的限度，所以这种方法又称为限量分析。

### 【仪器、药品及材料】

仪器与材料：电子天平、恒温水浴、酒精灯、石棉网、三脚架、布氏漏斗、吸滤瓶、循环水真空泵、烧杯、量筒、蒸发皿、表面皿、比色管、pH 试纸、红色石蕊试纸。

药品：$Na_2CO_3(1mol \cdot L^{-1})$、$H_2SO_4(6mol \cdot L^{-1})$、$HCl(2mol \cdot L^{-1})$、$(NH_4)_2SO_4(s)$、无水乙醇、系列 $Fe^{3+}$ 标准溶液、$KSCN(1mol \cdot L^{-1})$、铁屑（s）。

### 【实验内容】

**1. 硫酸亚铁铵的制备**

（1）铁屑的净化

称取 3.0g 铁屑于锥形瓶中，加入 30mL 1mol·$L^{-1}$ $Na_2CO_3$ 溶液，小火加热（石棉网上）约 10min，以除去铁屑表面的油污。用倾析法除去碱液，用水洗净铁屑。

（2）硫酸亚铁的制备

在盛有洗净铁屑的锥形瓶中加入 20mL 6mol·$L^{-1}$ $H_2SO_4$ 溶液，70～80℃ 水浴加热（在通风橱中进行），直至不再大量冒气泡，反应基本完全（如反应过程中有固体析出，要适量添加去离子水，补充蒸发掉的水分）。趁热抽滤（用两张滤纸，铁屑残渣留在上层滤纸上，铁屑质量通过两滤纸质量差计算），将滤液转入蒸发皿中。去离子水洗涤残渣，用滤纸吸干后称量，从而计算出溶液中所溶解的铁屑的质量。

（3）硫酸亚铁铵的制备

根据反应掉的铁屑计算出 $FeSO_4$ 的理论产量，然后计算所需 $(NH_4)_2SO_4$ 的用量。称取 $(NH_4)_2SO_4$ 固体，将其加入上述的 $FeSO_4$ 溶液中制得混合溶液，在水浴上加热搅拌，使硫酸铵全部溶解，调 pH 为 1～2，蒸发浓缩至液面出现一层晶膜。停止加热，冷却至室温，使 $(NH_4)_2Fe(SO_4)_2 \cdot 6H_2O$ 结晶出来。减压抽滤，用少量无水乙醇洗去晶体表面附着的水分，转移至表面皿上，晾干（或真空干燥）后称量，计算产率。

**2. 产品中 $Fe^{3+}$ 的限量分析**

准确称取 1.00g 产品，加少量去氧水（去离子水加热除去氧气后，密封冷却）溶解，转移至比色管中，并加 2.00mL 2mol·$L^{-1}$ HCl 溶液、0.50mL 1.0mol·$L^{-1}$ KSCN 溶液，定容至 25.00mL，摇匀。与系列 $Fe^{3+}$ 标准溶液比色，确定产品等级（见表 9-8）。

表 9-8　硫酸亚铁铵产品等级与 $Fe^{3+}$ 的质量分数　　　　　　　　　单位:%

| 产品等级 | Ⅰ级 | Ⅱ级 | Ⅲ级 |
|---|---|---|---|
| $\omega(Fe^{3+})$ | 0.005 | 0.01 | 0.02 |

### 【实验习题】

1. 制备硫酸亚铁铵时，为什么要保持溶液呈强酸性？

2. 产品中 $Fe^{3+}$ 的限量分析时，为什么要用不含氧的去离子水溶解产品？

## 【附注】

$Fe^{3+}$ 标准溶液的配制（实验室配制）

分别量取 $0.01mg \cdot mL^{-1}$ 的 $Fe^{3+}$ 溶液 5.00mL、10.00mL、20.00mL 置于 3 个 25mL 比色管中，并向其中各加入 2.00mL $2mol \cdot L^{-1}$ HCl 和 2 滴 $1mol \cdot L^{-1}$ KSCN，最后用去氧水稀释至刻度，配成表 9-9 所示不同等级的 $Fe^{3+}$ 标准溶液。

表 9-9　不同等级的 $Fe^{3+}$ 标准溶液

| 规格 | Ⅰ级 | Ⅱ级 | Ⅲ级 |
|---|---|---|---|
| 25mL 溶液中 $Fe^{3+}$ 含量/$(mg \cdot mL^{-1})$ | 0.05 | 0.1 | 0.2 |

## 实验 32

# 三草酸合铁（Ⅲ）酸钾的制备、组成测定及表征

## 【实验目的】

1. 了解三草酸合铁（Ⅲ）酸钾的基本物理化学性质，掌握其制备方法。
2. 了解配合物结构表征的方法，掌握确定配合物组成的原理和方法。
3. 掌握用 $KMnO_4$ 滴定法测定 $C_2O_4^{2-}$ 与 $Fe^{3+}$ 含量的原理和方法。
4. 综合训练无机合成、滴定分析的基本操作。
5. 巩固红外光谱仪的基本原理和使用方法。

## 【实验原理】

### 1. 三草酸合铁（Ⅲ）酸钾的制备

三草酸合铁（Ⅲ）酸钾 $K_3[Fe(C_2O_4)_3] \cdot 3H_2O$ 为翠绿色单斜晶体，易溶于水而难溶于乙醇、丙酮等有机溶剂。110℃下失去结晶水，230℃分解。该配合物对光敏感，遇光照射发生分解：

$$2K_3[Fe(C_2O_4)_3] \cdot 3H_2O \Longrightarrow 3K_2C_2O_4 + 2FeC_2O_4 \downarrow （黄色） + 2CO_2 \uparrow + 6H_2O$$

草酸钾和草酸亚铁热稳定性均差，可进一步分解：

$$FeC_2O_4 \Longrightarrow FeO + CO \uparrow + CO_2 \uparrow$$
$$K_2C_2O_4 \Longrightarrow K_2CO_3 + CO \uparrow$$

故总方程式为：

$$2K_3[Fe(C_2O_4)_3] \cdot 3H_2O \Longrightarrow 3K_2CO_3 + 2FeO \downarrow + 4CO_2 \uparrow + 6H_2O + 5CO \uparrow$$

可利用硫酸亚铁铵与草酸反应首先制取草酸亚铁，再在过量草酸根存在下用过氧化氢氧化制得三草酸合铁（Ⅲ）酸钾：

$$(NH_4)_2Fe(SO_4)_2 \cdot 6H_2O + H_2C_2O_4 \Longrightarrow FeC_2O_4 \cdot 2H_2O \downarrow （黄色） + (NH_4)_2SO_4 + H_2SO_4 + 4H_2O$$

$$6FeC_2O_4 \cdot 2H_2O + 3H_2O_2 + 6K_2C_2O_4 \Longrightarrow 4K_3[Fe(C_2O_4)_3] \cdot 3H_2O + 2Fe(OH)_3 \downarrow$$

也可利用草酸与 $Fe(OH)_3$ 反应，转化生成三草酸合铁（Ⅲ）酸钾：

$$2Fe(OH)_3 + 3H_2C_2O_4 + 3K_2C_2O_4 \Longrightarrow 2K_3[Fe(C_2O_4)_3] \cdot 3H_2O$$

**2. 产物的定性分析**

产物组成的定性分析，采用红外吸收光谱法和化学分析法。

草酸根和结晶水可通过红外光谱分析确定其存在，$K_3[Fe(C_2O_4)_3] \cdot 3H_2O$ 的红外光谱图示如图 9-4。其中，结晶水的吸收带在 $3550 \sim 3200\text{cm}^{-1}$ 之间，一般在 $3450\text{cm}^{-1}$ 附近。草酸根与金属离子形成配位化合物时，红外吸收的振动频率和谱带归属如表 9-10。

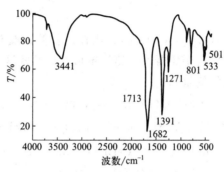

图 9-4 三草酸合铁酸钾的红外光谱图

**表 9-10 $K_3[Fe(C_2O_4)_3] \cdot 3H_2O$ 红外吸收的谱带归属**

| 波数/$cm^{-1}$ | 谱带归属 |
|---|---|
| 1713，1682 | 羰基 $C=O$ 的伸缩振动吸收带 |
| 1391，1271 | $C-O$ 的伸缩振动及 $-O-C=O$ 弯曲振动 |
| 823，801 | $O-C=O$ 弯曲振动及 $M-O$ 键的伸缩振动 |
| 533 | $C-C$ 的伸缩振动吸收带 |
| 501 | 环变形 $O-C=O$ 弯曲振动 |

$K^+$ 与 $Na_3[Co(NO_2)_6]$ 在中性或稀醋酸介质中，生成亮黄色的 $K_2Na[Co(NO_2)_6]$ 沉淀：

$$2K^+ + Na^+ + [Co(NO_2)_6]^{3-} \Longrightarrow K_2Na[Co(NO_2)_6] \downarrow$$

$Fe^{3+}$ 与 KSCN 反应生成血红色 $[Fe(SCN)_n]^{3-n}$，$C_2O_4^{2-}$ 与 $Ca^{2+}$ 生成白色沉淀 $CaC_2O_4$。可通过上述反应现象，判断 $Fe^{3+}$、$C_2O_4^{2-}$ 处于配合物的内层还是外层。

**3. 产物的定量分析**

用 $KMnO_4$ 法测定产品中的 $Fe^{3+}$ 含量和 $C_2O_4^{2-}$ 含量，并确定 $Fe^{3+}$ 和 $C_2O_4^{2-}$ 的配位比。

在酸性介质中，用 $KMnO_4$ 标准溶液滴定试液中的 $C_2O_4^{2-}$，根据 $KMnO_4$ 标准溶液的消耗量可直接计算出 $C_2O_4^{2-}$ 的质量分数，其反应方程式为：

$$5C_2O_4^{2-} + 2MnO_4^- + 16H^+ \Longrightarrow 10CO_2 \uparrow + 2Mn^{2+} + 8H_2O$$

在上述测定草酸根后剩余的溶液中，用锌粉将 $Fe^{3+}$ 还原为 $Fe^{2+}$，再用 $KMnO_4$ 标准溶液滴定 $Fe^{2+}$，其反应方程式为：

$$Zn + 2Fe^{3+} \Longrightarrow 2Fe^{2+} + Zn^{2+}$$

$$5Fe^{2+} + MnO_4^- + 8H^+ = 5Fe^{3+} + Mn^{2+} + 4H_2O$$

根据 $KMnO_4$ 标准溶液的消耗量，可计算出 $Fe^{3+}$ 的质量分数。

根据 $n(Fe^{3+}):n(C_2O_4^{2-}) = [m(Fe^{3+})/55.8]:[m(C_2O_4^{2-})/88.0]$，可确定 $Fe^{3+}$ 与 $C_2O_4^{2-}$ 的配位比。

### 4. 产物的结构分析

通过测定配合物的磁化率，可推算出配合物中心离子的未成对电子数，进而推断中心离子价层电子的排布、配位键类型和配合物的结构等。

### 【仪器、药品及材料】

仪器与材料：电子天平（0.1g，0.001g）、烧杯、量筒、漏斗、布氏漏斗、吸滤瓶、循环水真空泵、表面皿、称量瓶、干燥器、烘箱、锥形瓶、酸式滴定管、红外光谱仪、玛瑙研钵、综合热分析仪（流动氮气气氛）。

药品：$(NH_4)_2Fe(SO_4)_2 \cdot 6H_2O(s)$、$H_2SO_4$（$2mol \cdot L^{-1}$）、$H_2C_2O_4(s)$、$K_2C_2O_4$（饱和，$0.5mol \cdot L^{-1}$）、$H_2O_2$（3%）、乙醇（95%）、$FeCl_3$（$0.1mol \cdot L^{-1}$）、KSCN（$0.1mol \cdot L^{-1}$）、$Na_3[Co(NO_2)_6]$（$0.1mol \cdot L^{-1}$）、$CaCl_2$（$0.5mol \cdot L^{-1}$）、$KMnO_4$（约$0.0200mol \cdot L^{-1}$，标准溶液，需标定）、$H_2C_2O_4 \cdot 2H_2O(s)$、HAc（$6.0mol \cdot L^{-1}$）、KBr 晶体。

### 【实验内容】

#### 1. 三草酸合铁（Ⅲ）酸钾的制备

（1）制取 $FeC_2O_4 \cdot 2H_2O$

称取 6.0g $(NH_4)_2Fe(SO_4)_2 \cdot 6H_2O$ 放入 250mL 锥形瓶中，加入 1.5mL $2mol \cdot L^{-1}$ $H_2SO_4$ 和 20mL 去离子水，加热溶解，得淡绿色溶液。另称取 3.0g $H_2C_2O_4 \cdot 2H_2O$ 放到 100mL 烧杯中，加 30mL 去离子水微热，溶解后量取 22mL 倒入上述硫酸亚铁溶液中，加热搅拌至沸，并维持微沸 5min，得到黄色 $FeC_2O_4 \cdot 2H_2O$ 沉淀。用倾析法倒出清液，再用去离子水洗涤沉淀 3 次，以除去可溶性杂质。

（2）制备 $K_3[Fe(C_2O_4)_3] \cdot 3H_2O$

在上述洗涤过的沉淀中，加入 15mL 饱和 $K_2C_2O_4$ 溶液，水浴加热到 40℃，滴加 25mL 3% 的 $H_2O_2$ 溶液，不断搅拌溶液并维持温度在 40℃ 左右。滴加完后加热溶液至沸，以除去过量的 $H_2O_2$。取适量上述（1）中配制的 $H_2C_2O_4$ 溶液趁热加入使沉淀溶解至溶液呈现翠绿色。停止反应，冷却后，加入 15～30mL 95% 乙醇溶液，在暗处放置，结晶。减压抽滤，用少量 95% 乙醇溶液洗涤 2～3 次，在 60℃ 下干燥后，称量，计算产率。产品置于棕色瓶中并放在干燥器内避光保存。

#### 2. 产物的定性分析

（1）$K^+$ 的鉴定

取少量产物于烧杯中，加去离子水溶解。取 3～4 滴溶液于试管中，然后加入 3～4 滴 $6.0mol \cdot L^{-1}$ HAc 溶液，再加入 2 滴 $0.1mol \cdot L^{-1}$ $Na_3[Co(NO_2)_6]$ 溶液，最后将试管放在沸水浴中加热 2min，若试管中有亮黄色沉淀，表示有 $K^+$ 存在。

（2）$Fe^{3+}$ 的鉴定

在试管中加入少量产物，用去离子水溶解。另取一支试管加入少量的 $0.1mol \cdot L^{-1}$ $FeCl_3$ 溶液。在两支试管中各加入 2 滴 $0.1mol \cdot L^{-1}$ KSCN 溶液，观察现象。然后在装有产物溶液的试管中再加入 3 滴 $2mol \cdot L^{-1}$ $H_2SO_4$，观察溶液颜色有何变化，解释实验现象。

（3）$C_2O_4^{2-}$ 的鉴定

在试管中加入少量产物，用去离子水溶解。另取一支试管加入少量的 $0.5mol \cdot L^{-1}$ $K_2C_2O_4$ 溶液。各加入 2 滴 $0.5mol \cdot L^{-1}$ $CaCl_2$ 溶液，观察实验现象有何不同。

（4）$K_3[Fe(C_2O_4)_3] \cdot 3H_2O$ 感光性质实验

将少许产品放在表面皿上，在日光下（或红外灯照下）观察晶体颜色的变化。与放在暗处的晶体比较。

（5）用红外光谱鉴定 $C_2O_4^{2-}$ 与结晶水

取少量 KBr 晶体及小于 KBr 用量百分之一的样品，在玛瑙研钵中研细，压片，在红外光谱仪上 $4000 \sim 400cm^{-1}$ 范围内测定产物的红外吸收光谱。将谱图的各主要吸收峰与标准红外光谱图或与相关参考文献对照，确定是否含 $C_2O_4^{2-}$ 及结晶水，并进一步对红外光谱吸收峰进行归属。

注意：进行红外光谱分析时，KBr 和样品要充分干燥，并按 100∶1 混合充分研磨，压好的片要又薄又透明。

**3. 产物组成的定量分析**

（1）结晶水质量分数的测定

洗净两个称量瓶，放入烘箱，在 110℃ 下干燥 1h，取出置于干燥器中冷却至室温，用电子天平称量。然后再放入烘箱 110℃ 下干燥 0.5h，重复上述干燥—冷却—称量操作，直至质量恒定（两次称量相差不超过 0.3mg）。

在电子分析天平上准确称取两份产品各 $0.5000 \sim 0.6000g$，分别放入上述已质量恒定的两个称量瓶中。在 110℃ 下干燥 1h，然后置于干燥器中冷却至室温后称量。重复上述干燥（时间改为 0.5h）—冷却—称量操作，直至质量恒定。根据称量结果计算产品中结晶水的质量分数。

（2）草酸根质量分数的测定

在电子天平上准确称取两份产物（约 $0.2000 \sim 0.2500g$），分别放入两个锥形瓶中，均加入 15mL $2mol \cdot L^{-1}$ $H_2SO_4$ 和 15mL 去离子水，微热溶解，加热至 $75 \sim 85℃$（即液面冒水蒸气），趁热用 $0.0200mol \cdot L^{-1}$ $KMnO_4$ 标准溶液滴定至粉红色为终点（保留溶液待下一步分析使用）。根据消耗 $KMnO_4$ 标准溶液的体积，计算产物中 $C_2O_4^{2-}$ 的质量分数。

（3）铁质量分数的测定

在上述保留的溶液中加入一小匙锌粉，加热近沸，直到黄色消失，此时 $Fe^{3+}$ 被全部还原为 $Fe^{2+}$。趁热抽滤，除去多余的锌粉，滤液收集到另一锥形瓶中，再用 5mL 去离子水洗涤漏斗，并将洗涤液也一并收集在上述锥形瓶中。继续用 $0.0200mol \cdot L^{-1}$ $KMnO_4$ 标准溶液进行滴定，至溶液呈粉红色。根据消耗 $KMnO_4$ 标准溶液的体积，计算 $Fe^{3+}$ 的质量分数。

根据上述（1）、（2）、（3）的实验结果，计算 $K^+$ 的质量分数，结合实验内容 2 的结果，推算出配合物的化学式。

（4）热稳定性分析

利用综合热分析仪，取一定量样品，在温度 0～650℃范围内，以及在氮气气氛下，以 $50mL \cdot min^{-1}$ 的氮气流速、$10℃ \cdot min^{-1}$ 的升温速率对产物热稳定性进行研究。根据实验数据，绘制热重分析曲线，并与标准样品谱图进行比对，对实验结果进行分析讨论。

$K_3[Fe(C_2O_4)_3] \cdot 3H_2O$ 的热重分析曲线如图 9-5 所示。从图中可以看出，30～650℃范围内的热解过程中共有四个明显的失重峰：在 100℃ 左右低温失水，相应 TG（热重分析）曲线的失重量为 10.71%，与失去 3 个结晶水的质量接近（理论值 10.99%）。失水温度不高，说明分子中的水是未参与配位的结晶水。在 240～650℃存在 3 个失重峰，且温度范围宽，说明配体分解是分步进行的。在 287.38℃存在一个失重峰，相应 TG 曲线的失重量为 8.90%，与失去 1 个 $CO_2$ 的质量接近（理论值为 8.96%），这一过程为自氧化还原释放出 $CO_2$。在 435.33℃存在一个失重峰，相应 TG 曲线的失重量为 14.85%，与失去 1 个 CO 和 1 个 $CO_2$ 的质量接近（理论值为 14.66%），这一过程为自氧化还原释放出 CO 和 $CO_2$。在 450～580℃存在一个失重峰，相应 TG 曲线的失重量为 8.83%，与失去 1.5 个 CO 的重量接近（理论值为 8.96%），这一过程为自氧化还原释放出 CO。最后在 580℃失重恒定，曲线平稳，样品不再分解，残余物为 FeO、$K_2CO_3$。残余量为 56.71%，与 1 个 FeO 和 1.5 个 $K_2CO_3$ 的量接近（理论值为 56.82%）。

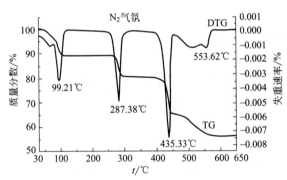

图 9-5　$K_3[Fe(C_2O_4)_3] \cdot 3H_2O$ 的热重分析曲线

## 【实验习题】

1. 氧化 $FeC_2O_4 \cdot 2H_2O$ 时，氧化温度控制在 40℃，不能太高，为什么？

2. $KMnO_4$ 滴定 $C_2O_4^{2-}$ 时，要加热，又不能使温度太高（75～85℃），为什么？

3. 在制备过程中和在分析检测 $Fe^{3+}$ 时均需要加入适量硫酸，其目的是什么？

4. 结晶时加 95% 乙醇溶液的目的是什么？产品为什么不用水洗？

5. 红外光谱分析对样品有什么要求？

# 第十章

---

# 探究性实验

## 实验 33

### 铬（Ⅲ）配合物的制备和分裂能的测定

【实验目的】

1. 了解不同配体对配合物中心离子 d 轨道能级分裂的影响。

2. 学习铬（Ⅲ）配合物的制备。

3. 了解配合物电子光谱的测定和光谱图的绘制。

4. 了解配合物分裂能的测定。

【实验原理】

晶体场理论认为，过渡金属离子形成配合物时，在配体场的作用下，中心离子的 d 轨道发生能级分裂。配体场的对称性不同，分裂的形式不同，分裂后轨道间的能量差也不同。在八面体场中，5 个简并的 d 轨道分裂为 2 个能量较高的 $e_g$ 轨道和 3 个能量较低的 $t_{2g}$ 轨道。$e_g$ 轨道和 $t_{2g}$ 轨道间的能量差称为分裂能，用 $\Delta_o$（或 10Dq）表示。分裂能的大小取决于配体场的强弱。

配合物的分裂能可通过测定其电子光谱求得。对于中心离子价层电子构型为 $d^1 \sim d^9$ 的配合物，用分光光度计在不同波长下测其溶液的吸光度，以吸光度对波长作图即得配合物的电子光谱。由电子光谱上相应吸收峰所对应的波长计算出分裂能 $\Delta_o$，计算公式如下：

$$\Delta_o = \frac{1}{\lambda} \times 10^7$$

式中，$\lambda$ 为波长，nm；$\Delta_o$ 为分裂能，$cm^{-1}$。

对于 d 电子数不同的配合物，其电子光谱不同，计算 $\Delta_o$ 的方法也不同。例如，中心离子价电子构型为 $3d^1$ 的 $[Ti(H_2O)_6]^{3+}$，只有一种 d-d 跃迁，其电子光谱上 493nm 处有一个吸收峰，其分裂能为 $20300cm^{-1}$。本实验中，中心离子的 $Cr^{3+}$ 的价电子构型为 $3d^3$，有 3 种 d-d 跃迁，相应地在电子光谱上应有 3 个吸收峰，但实验中往往只能测得 2 个明显的吸收峰，第 3 个吸收峰则被强烈的电荷迁移吸收所覆盖。配体场理论研究结果表明，对于八面体场中 $d^3$ 电子构型的配合物，在电子光谱中应先确定最大吸收波长的吸收峰所对应的波长 $\lambda_{max}$，然后代入上述公式求其分裂能 $\Delta_o$。

对于相同中心离子的配合物，按其 $\Delta_o$ 的相对大小将配体排序，即得到光谱化学序列，其大小顺序为：

$$I^- < Br^- < Cl^- < S^{2-} < SCN^- < NO_3^- < F^- < OH^- \approx ONO^- < C_2O_4^{2-} < H_2O < NCS^- <$$

$$EDTA < NH_3 < en < SO_3^{2-} < NO_2^- < CN^- \approx CO$$

**【仪器、药品及材料】**

仪器与材料：电子天平、分光光度计、烧杯、研钵、蒸发皿、量筒、布氏漏斗、抽滤瓶、表面皿、滤纸。

药品：草酸（s）、草酸钾（s）、重铬酸钾（s）、$KCr(SO_4)_2 \cdot 12H_2O(s)$、乙二胺四乙酸二钠（EDTA，s）、三氯化铬（s）、丙酮。

**【实验内容】**

**1. 铬（Ⅲ）配合物的合成**

称取 0.6g 草酸钾和 1.4g 草酸放入蒸发皿，加入 10mL 水微热溶解后，分批慢慢加入 0.5g 重铬酸钾，并不断搅拌。待反应完毕后，蒸发溶液近干，使晶体析出。冷却后减压过滤，并用丙酮洗涤产物，得到暗绿色的 $K_3[Cr(C_2O_4)_3] \cdot 3H_2O$ 晶体，放入烘箱内于110℃下烘干。

**2. 铬（Ⅲ）配合物溶液的配制**

（1）$K_3[Cr(C_2O_4)_3]$ 溶液的配制

称取 0.02g 自制 $K_3[Cr(C_2O_4)_3] \cdot 3H_2O$，溶于 10mL 去离子水中。

（2）$K[Cr(H_2O)_6](SO_4)_2$ 溶液的配制

称取 0.08g $KCr(SO_4)_2 \cdot 12H_2O$，溶于 10mL 去离子水中。

（3）$[Cr(EDTA)]^-$ 溶液的配制

称取 0.01g EDTA 溶于 10mL 水中，加热使其溶解，然后加入 0.01g 三氯化铬，稍加热，得到紫色的 $[Cr(EDTA)]^-$ 溶液。

**3. 配合物电子光谱的测定**

在 360～700nm 波长范围内，以去离子水为参比液，测定如上配合物溶液的 $A$。比色皿厚度为 1cm。每隔 10nm 测一组数据，当出现吸收峰（$A$ 出现极大值）时可适当缩小波长间隔，增加测定数据。

**4. 数据记录与处理**

① 不同波长下各配合物的吸光度记录在表 10-1 中。

表 10-1　不同波长下各配合物的吸光度　　单位：$L \cdot mol^{-1} \cdot cm^{-1}$

| 波长/nm | $[Cr(C_2O_4)_3]^{2-}$ | $[Cr(H_2O)_6]^{3+}$ | $[Cr(EDTA)]^-$ |
|---|---|---|---|
| 360 | | | |
| 370 | | | |
| 380 | | | |
| 390 | | | |
| 400 | | | |
| 410 | | | |
| 420 | | | |
| 430 | | | |

| 波长/nm | $[Cr(C_2O_4)_3]^{2-}$ | $[Cr(H_2O)_6]^{3+}$ | $[Cr(EDTA)]^{-}$ |
|---|---|---|---|
| 440 | | | |
| 450 | | | |
| 460 | | | |
| 470 | | | |
| 480 | | | |
| 490 | | | |
| 500 | | | |
| 510 | | | |
| 520 | | | |
| 530 | | | |
| 540 | | | |
| 550 | | | |
| 560 | | | |
| 570 | | | |
| 580 | | | |
| 590 | | | |
| 600 | | | |
| 610 | | | |
| 620 | | | |
| 630 | | | |
| 640 | | | |
| 650 | | | |
| 660 | | | |
| 670 | | | |
| 680 | | | |
| 690 | | | |
| 700 | | | |

② 以波长 $\lambda$ 为横坐标，吸光度 $A$ 为纵坐标作图，即得各配合物的电子光谱图。

③ 从电子光谱图上确定最大波长吸收峰所对应的波长 $\lambda_{max}$，计算各配合物的晶体场分裂能 $\Delta_o$，并与理论值进行对比。

**【实验习题】**

1. 本实验中配合物溶液浓度是否影响 $\Delta_o$ 的测定？

2. $\Delta_o$ 的大小主要与哪些因素有关？根据实验结果，将 $C_2O_4^{2-}$、$H_2O$、EDTA 按照配体场强弱顺序排列，并与其在光谱化学序列中的顺序进行比较说明。

# 两种水合草酸合铜（Ⅱ）酸钾晶体的制备及表征

## 【实验目的】

1. 掌握草酸合铜（Ⅱ）酸钾晶体的制备原理和方法。
2. 学习晶体生长的控制因素和方法。
3. 巩固使用热重分析方法（TGA）表征结晶水合物。

## 【实验原理】

草酸合铜（Ⅱ）酸钾 $K_2[Cu(C_2O_4)_2]$ 可以通过硫酸铜和草酸钾直接反应来制备，也可以由氢氧化铜或氧化铜与草酸氢钾反应制备。本实验采用氧化铜与草酸氢钾反应的方法制备草酸合铜（Ⅱ）酸钾。$CuSO_4$ 在碱性条件下生成 $Cu(OH)_2$ 沉淀，沉淀加热后转化成容易过滤的 CuO。一定量的 $H_2C_2O_4$ 溶于水后加入 $K_2CO_3$ 得到 $KHC_2O_4$ 和 $K_2C_2O_4$ 混合溶液，该溶液与 CuO 作用生成草酸合铜（Ⅱ）酸钾，经水浴蒸发浓缩、冷却后得到草酸合铜（Ⅱ）酸钾晶体。当结晶条件不同时，会得到 $K_2[Cu(C_2O_4)_2] \cdot 2H_2O$ 和 $K_2[Cu(C_2O_4)_2] \cdot 4H_2O$ 两种含结晶水数目不同的产物。其中涉及的反应有：

$$CuSO_4 + 2NaOH \longrightarrow Cu(OH)_2 \downarrow + Na_2SO_4$$

$$Cu(OH)_2 \overset{\triangle}{\longrightarrow} CuO + H_2O$$

$$2H_2C_2O_4 + K_2CO_3 \longrightarrow 2KHC_2O_4 + CO_2 \uparrow + H_2O$$

$$2KHC_2O_4 + CuO \longrightarrow K_2[Cu(C_2O_4)_2] + H_2O$$

$K_2[Cu(C_2O_4)_2] \cdot 4H_2O$ 为蓝紫色的针状晶体，如图 10-1(a) 所示。该晶体在空气中极易风化，晶体表面由亮丽的蓝紫色逐渐变白。$K_2[Cu(C_2O_4)_2] \cdot 2H_2O$ 为天蓝色的片状晶体，如图 10-1(b) 所示，在空气中能稳定存在。蓝紫色的针状晶体在母液中放置超过 1.5h，就会逐渐转变为片状晶体。

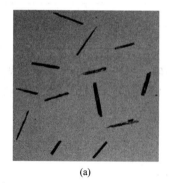 

(a)　　　　　　　　　　　　　　(b)

图 10-1　水合二草酸合铜（Ⅱ）酸钾晶体图

（a）针状晶体；（b）片状晶体

本实验通过与 $K_2[Cu(C_2O_4)_2]\cdot 2H_2O$ 和 $K_2[Cu(C_2O_4)_2]\cdot 4H_2O$ 的标准 TG 曲线比较，区分两种不同的含水化合物。

## 【仪器、药品及材料】

仪器与材料：电子天平、烧杯、恒温水浴、抽滤瓶、布氏漏斗、循环水真空泵、蒸发皿、温度计、综合热分析仪（流动氮气气氛）、滤纸、冰、陶瓷坩埚。

药品：$CuSO_4\cdot 5H_2O(s)$、$H_2C_2O_4\cdot 2H_2O(s)$、$K_2CO_3(s)$、$NaOH(2mol\cdot L^{-1})$。

## 【实验内容】

### 1. 氧化铜的制备

称取 2.0g $CuSO_4\cdot 5H_2O$ 置于 100mL 烧杯中，加入 40mL 水，溶解，在搅拌下加入 10mL $2mol\cdot L^{-1}$ NaOH 溶液，温和加热至沉淀由蓝色变黑色生成 CuO，煮沸 15min。稍冷后以双层滤纸抽滤，用少量去离子水洗涤沉淀 2~3 次。

### 2. 草酸氢钾的制备

称取 3.0g $H_2C_2O_4\cdot 2H_2O$ 放入 250mL 烧杯中，加入 80mL 水，微热溶解（温度不能超过 85℃）。稍冷后分数次加入 2.2g $K_2CO_3$，溶解后得到 $KHC_2O_4$ 和 $K_2C_2O_4$ 混合溶液。

### 3. 草酸合铜（Ⅱ）酸钾的制备

将 $KHC_2O_4$ 和 $K_2C_2O_4$ 混合溶液在 80~85℃ 的水浴中加热，再将 CuO 连同滤纸一起加入该滤液中。待 CuO 转移到溶液后将滤纸取出，充分反应至沉淀溶解（约 30min），溶液呈深蓝色。趁热抽滤，用 4~5mL 沸水洗涤不溶物两次，得到澄清滤液。将滤液平均分为两份，并将两份溶液放置在热水浴（温度为 85℃）中蒸发浓缩，一份浓缩至 40mL（标记为溶液Ⅰ），另一份浓缩至 20mL（标记为溶液Ⅱ）。

### 4. 探索晶体的生长条件

为了探究溶液的浓缩程度和冷却速度对配合物晶型的影响，我们将溶液进行不同程度的浓缩，并在同一溶液中各取相同的量在不同温度下冷却，观察晶体的生长。具体步骤如下：

① 从溶液Ⅰ中取 10mL 溶液倒于一烧杯（或锥形瓶）中，编号为 1 号，从溶液Ⅱ中取 10mL 溶液倒于另一烧杯（或锥形瓶）中，编号为 2 号，置于室温（记录室温温度）下自然冷却，观察晶体析出的形状并记录在表 10-2 中。

表 10-2　探究不同浓缩程度在室温下（＿＿＿℃）对晶型的影响

| 实验编号 | 时间/min | 温度/℃ | 实验现象 | 实验编号 | 时间/min | 温度/℃ | 实验现象 |
|---|---|---|---|---|---|---|---|
| 1 | 0 | | | 2 | 0 | | |
| | 5 | | | | 5 | | |
| | 10 | | | | 10 | | |
| | 15 | | | | 15 | | |
| | 20 | | | | 20 | | |
| | 30 | | | | 30 | | |

② 从溶液Ⅰ中取 10mL 溶液于一烧杯（或锥形瓶）中，编号为 3 号，从溶液Ⅱ中取

10mL 溶液于试管（或锥形瓶）中，编号为 4 号，置于冰水混合物（温度为 0℃）中进行冷却，观察晶体析出的形状并记录在表 10-3 中。

表 10-3　探究不同浓缩程度在冰水浴（0℃）中对晶型的影响

| 实验编号 | 时间/min | 温度/℃ | 实验现象 | 实验编号 | 时间/min | 温度/℃ | 实验现象 |
|---|---|---|---|---|---|---|---|
| 3 | 1 | | | 4 | 1 | | |
| | 2 | | | | 2 | | |
| | 3 | | | | 3 | | |
| | 5 | | | | 5 | | |
| | 10 | | | | 10 | | |
| | 20 | | | | 20 | | |

根据以上溶液在室温和冰水浴条件下晶体析出所需时间和形状不同，讨论溶液的浓缩程度和冷却速度对配合物组成和结构的影响。

**5. 水合草酸合铜（Ⅱ）酸钾（片状和针状）的热重测试**

在从室温到 320℃ 的温度范围内，升温速率为 $10℃ \cdot min^{-1}$，纯净氮气作为载气（流速为 $150mL \cdot min^{-1}$）的条件下，测定两种产物的质量随温度的变化情况（蓝紫色针状晶体最好立刻测定）。

**6. 实验结果处理**

理论上，$K_2[Cu(C_2O_4)_2] \cdot 2H_2O$ 的结晶水失重的质量分数为 10.17%；$K_2[Cu(C_2O_4)_2] \cdot 4H_2O$ 分两步失水，失重的质量分数均为 9.23%，总失重 18.46%。300℃ 左右，两种配合物都分解为 $K_2O$ 和 $CuO$，并释放出 $CO_2$ 和 $CO$。

根据热重测试数据，绘制 TG 曲线。通过 TG 曲线的计算，分析两种产物的结晶水含量，推测产物的热分解过程，并与图 10-2 中的 TG 曲线作比较，确定产物 A 和 B 的组成。

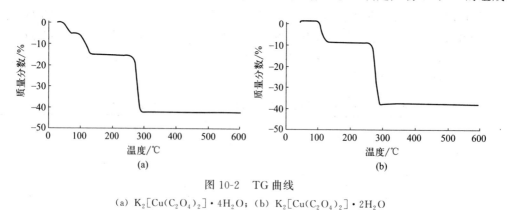

图 10-2　TG 曲线

(a) $K_2[Cu(C_2O_4)_2] \cdot 4H_2O$；(b) $K_2[Cu(C_2O_4)_2] \cdot 2H_2O$

**【实验习题】**

1. 蓝紫色的针状晶体为什么要放入冰箱中保存？

2. 除热重分析法外，还可以用什么方法测定水合草酸合铜（Ⅱ）酸钾晶体的结晶水含量？

## 实验 35
# 8-羟基喹啉锌荧光材料的制备及其荧光光谱测定

【实验目的】

1. 了解 8-羟基喹啉锌的制备方法。
2. 熟练掌握水浴加热、溶解、过滤、洗涤和结晶等基本操作。
3. 了解荧光光谱仪的构造及其检测原理。
4. 学习固体荧光光谱的测定方法和数据处理。

【实验原理】

8-羟基喹啉锌是一种发光效率很高、性质非常稳定的荧光材料，目前广泛用于有机电致发光显示器件的制备。其传输电子的能力较好，用它制作的有机电致发光器件寿命长、亮度高。它在紫外-可见光的激发下发出强烈的蓝绿色荧光，其荧光光谱图如图 10-3 所示。其中，左边的曲线是其粉末样品的激发光谱（$\lambda_{ex}$），右边的曲线是其粉末样品的发射光谱（$\lambda_{em}$）。

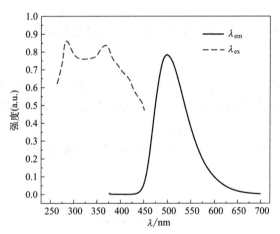

图 10-3 8-羟基喹啉锌的固体荧光光谱图

锌盐与 8-羟基喹啉在 pH＝6～7 的条件下反应，可制得 8-羟基喹啉锌，反应式如下：

$ZnSO_4 \cdot 7H_2O$ 易溶于水，8-羟基喹啉易溶于 95％的乙醇溶液，生成的 8-羟基喹啉锌难溶于水、微溶于乙醇，因此很容易从水和乙醇混合溶液中结晶析出。

**【仪器、药品及材料】**

仪器与材料：紫外线灯、电子天平、控温磁力搅拌器、恒温水浴锅、烧杯、量筒、布氏漏斗、抽滤瓶、表面皿、荧光光谱仪、玻璃棒、广泛 pH 试纸、滤纸、脱脂棉、样品袋。

药品：$ZnSO_4 \cdot 7H_2O(s)$、8-羟基喹啉$(s)$、$NaOH(2mol \cdot L^{-1})$、乙醇$(95\%)$。

**【实验内容】**

**1. 8-羟基喹啉乙醇溶液的制备**

称取 0.44g 8-羟基喹啉放入 50mL 烧杯中，加入 10mL 95％的乙醇，60℃水浴加热，搅拌至完全溶解，备用。

**2. 8-羟基喹啉锌的制备**

称取 0.43g $ZnSO_4 \cdot 7H_2O$ 放入 100mL 烧杯中，加入 2～3mL 去离子水，60℃水浴加热，搅拌至完全溶解。慢慢加入制备好的 8-羟基喹啉的乙醇溶液，逐滴加入 2mol·L$^{-1}$ NaOH 溶液调节 pH 至 6～7。60℃水浴加热，继续搅拌反应 30min。自然冷却到室温，将产物转移至布氏漏斗进行抽滤，并用 3～5mL 去离子水和 2～3mL 95％乙醇洗涤产物数次，抽干，称量。计算产率。

**3. 用紫外线灯检验产品**

用紫外线灯照射产物，看是否发出强的蓝绿色荧光，可以用数码相机拍照保存。

**4. 用荧光光谱仪测试**

用荧光光谱仪测试 8-羟基喹啉锌（Ⅱ）固体的激发和发射光谱。

**5. 作图**

根据测试数据用 origin 软件作荧光光谱图，并对其进行分析，讨论其发光机理。

**【实验习题】**

1. 在用 NaOH 调溶液 pH 之前，溶液是呈酸性还是碱性？为什么？
2. 如果用 NaOH 调溶液的 pH 大于 7，合成的荧光材料荧光较强还是较弱？为什么？
3. 实验过程中为什么不能加太多的乙醇洗涤？
4. 实验过程中为什么要逐滴加入 NaOH 溶液调节溶液的 pH 值，而不能快速调节？

> **实验 36**
>
> # 磷酸二氢钾晶体的合成与表征

**【实验目的】**

1. 巩固无机合成的基本操作，学习 KDP 的合成和大晶体培养技术。
2. 了解偏光显微镜的基本结构和使用方法，学习非均质体单光轴晶片的四次消光及晶片厚度的测量方法，计算双折射率。

**【实验原理】**

磷酸二氢钾（KDP）晶体是 20 世纪 30 年代发展起来的一种优良的非线性光学材料，广泛应用于激光变频、电光调制和光快速开关等高科技领域。这种晶体具有多功能的性质，它又是一种性能较优良的电光晶体材料。另外，KDP 晶体具有较大的电光非线性系数、较高的激光损伤阈值，并且能够生长到较大的尺寸。大截面 KDP 晶体是目前唯一应用于惯性约束核聚变的非线性光学材料。因此，如何快速生长大尺寸高激光损伤阈值的 KDP 晶体，仍是国内外有关科研人员的重大课题。

KDP 晶体的合成是一个简单的酸碱反应生成盐的过程：

$$H_3PO_4 + KOH \Longrightarrow H_2O + KH_2PO_4$$

反应在水溶液中进行，在反应液中同时存在 $K^+$、$H^+$、$OH^-$、$PO_4^{3-}$、$HPO_4^{2-}$、$H_2PO_4^-$ 等，在 pH 不同的溶液中，$PO_4^{3-}$、$HPO_4^{2-}$、$H_2PO_4^-$ 和 $H_3PO_4$ 等所占有的比例不同。各离子在整个磷酸体系中的分布系数与溶液 pH 的关系如图 10-4 所示。

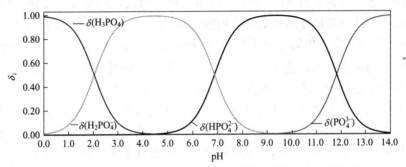

图 10-4 $H_3PO_4$ 溶液中存在形式的分布系数与 pH 关系图

在 pH≈4.5 时，$H_2PO_4^-$ 约占有 99%。在 KDP 晶体的合成和生长中，选择这样的 pH 范围，一方面 $H_2PO_4^-$ 作为生长基元之一，密度大，吸附在晶体生长界面上的生长基元的平均自由程短，因此在单位时间内扩散到生长格位上的生长基元数目比其他不同 pH 溶液的多，有利于 KDP 晶体的生长；另一方面它基本排除了其他基团的存在，有利于提高产率。

根据溶解度与温度的关系绘制得到的溶解度曲线（图 10-5）是晶体选择生长方法和生长温度的重要依据。溶解度曲线 $AB$ 将整个溶液区划分为两部分：上部为过饱和区，又称不稳定区；下部为不饱和区，又称稳定区。亚稳曲线 $A'B'$ 与 $AB$ 围成亚稳过饱和区。如果没有外来杂质或引入晶核，此区域溶液本身不会成核而析出晶体。

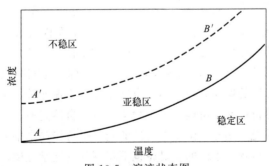

图 10-5 溶液状态图

不同物质溶液的亚稳区差别相当大，它的大小趋向可以用过饱和度或过冷度来估计。KDP 晶体的过冷度为 9℃，属于水溶液晶体中较大的一种。要生长晶体就必须使溶液达到过饱和。从图 10-5 可知，使不饱和溶液达到饱和状态，有两种方法可供选择：其一采用降温法，保持溶液浓度不变，降低温度达到溶液过饱和；其二采用恒温蒸发法，蒸发溶剂，提高溶液的浓度。KDP 晶体溶解度较大，溶解度温度系数较小，宜用恒温蒸发法。磷酸二氢钾在水中的溶解度如表 10-4 所示。

表 10-4 磷酸二氢钾在水中的溶解度

| 温度/℃ | 0 | 10 | 20 | 30 | 40 | 50 | 60 | 70 | 80 | 90 | 100 |
|---|---|---|---|---|---|---|---|---|---|---|---|
| 溶解度/(g·100g$^{-1}$) | 14.8 | 18.3 | 22.6 | 28.0 | 33.5 | 40.7 | 50.1 | 60.5 | 70.4 | 78.5 | 83.5 |

当光波从一种介质传到另一种介质时，在两种介质的分界面上将发生反射及折射现象。透明物质的研究主要涉及折射光。当光波从光疏介质进入光密介质时，折射光波传播方向向靠近界面法线偏折，即折射角（$r$）小于入射角（$i$）。相反，当光波从光密介质进入光疏介质时，折射光波传播方向向远离界面法线偏折，即折射角（$r$）大于入射角（$i$）。介质的折射率（$n$）与光波在该介质中的传播速度（$v$）成反比，即 $n_r : n_i = v_i : v_r = \sin i : \sin r$。光波在真空中的传播速度最大，达 $3 \times 10^8$ m·s$^{-1}$，真空的折射率定为 1。光波在空气中的传播速度接近在真空中的传播速度，因此把空气的折射率也近似地视为 1。

根据透明物质的光学性质，可划分为均质体和非均质体两大类。等轴晶系矿物和非晶质物质的光学性质各方向相同，称为光性均质体，简称均质体，如石榴石、火山玻璃、加拿大树胶等都是均质体。中级晶族和低级晶族矿物的对称程度低于等轴晶系矿物，其光学性质随方向而异，称为光性非均质体，简称非均质体，如石英、长石、橄榄石等。绝大多数造岩矿物属于非均质体。光波射入非均质体，除特殊方向（如沿中级晶族晶体的 $z$ 轴方向）之外，

都要发生双折射，分解形成振动方向相互垂直、传播速度不同、折射率不等的两种偏光。两种偏光的折射率值之差称为双折射率。非均质体中，这种不发生双折射的特殊方向称为光轴。中级晶族晶体只有一个光轴方向，称为一轴晶；低级晶族晶体有两个光轴方向，称为二轴晶。如将一块一轴晶矿物冰洲石放在一张有字的纸面上，透过晶体可以看到字的双重影，两个像浮起高度不同，这就是双折射现象（图 10-6）。

图 10-6 冰洲石的双折射现象

根据光波的振动特点，可分为自然光及偏振光。只在垂直传播方向的某一固定方向上振动的光波，称平面偏振光，简称偏振光或偏光。偏光振动方向与传播方向所构成的平面称为振动面。偏光显微镜通常是利用双折射作用（尼科尔棱镜等）或选择吸收作用（偏光片）产生偏光的原理制成的，其基本构造示于图 10-7。正交偏光镜是正交偏光显微镜的简称，是同时使用上、下两个偏光镜的显微镜，而且上、下偏光镜的振动方向互相垂直即正交。下偏光镜，又称起偏镜，位于物台的下面；上偏光镜，又称分析镜或检偏镜，位于物镜上方。自然光通过下偏光镜（起偏镜）后即转变成振动方向固定的偏光。偏光显微镜中见到的光是平行镜筒中轴方向传播或垂直物台平面入射的，其振动方向是平行物台平面的。显微镜下观察到的光学性质，是振动方向平行物台平面的光波通过样品时所显示的性质，即看到的是平行物台平面的样品切面的光学性质。正交偏光镜的下偏光振动方向表示为"$PP$"，一般平行十字丝横丝方向，即位于东西或左右方向；上偏光振动方向表示为"$AA$"，一般平行十字丝纵丝方向，即位于南北或前后方向。

晶体在偏光显微镜下所显示的许多光学性质，都与光波在晶体中的振动方向和相应的折

射率有密切关系。为了反映在晶体中传播的光波振动方向与相应的折射率之间的关系，需要建立一个立体模型，该模型就是光率体。

KDP晶体（方解石）为一轴晶，其水平结晶轴的轴单位相等，因此在垂直$c$轴的水平方向上的光学性质是均一的，其折射率都是一个固定不变的常数，这就是常光折射率$N_o$；光波振动方向与$c$轴平行，其相应的折射率与$N_o$相差最大，这就是非常光折射率的极端值$N_e$；光波的振动方向与$c$轴斜交，其相应的折射率介于$N_o$与$N_e$之间，以$N'_e$表示。$N'_e$随光波振动方向与$c$轴的夹角大小而变化，光波振动方向与$c$轴夹角较大，则$N'_e$比较接近$N_o$；相反，光波振动方向与$c$轴夹角较小，则$N'_e$比较接近$N_e$。

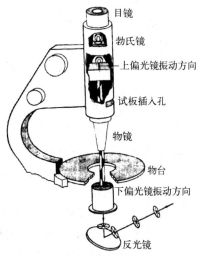

图10-7 偏光显微镜基本构造示意图

图10-8为方解石光率体构成示意图。当光波1平行$c$轴方向进入晶体，不发生双折射。光波在垂直$c$轴的平面内振动，测得常光折射率$N_o=1.658$。当光波2垂直$c$轴方向进入晶体，会发生双折射，分解形成两种偏光。一种偏光振动方向垂直$c$轴，测得其折射率仍为1.658；另一种偏光振动方向平行$c$轴，测得其折射率为1.486，即$N_e=1.486$。当光波3斜交$c$轴方向进入晶体，会发生双折射，分解形成两种偏光，即o光与e光。o光的振动方向仍与$c$轴垂直，折射率仍为1.658；e光的振动方向位于光波传播方向与$c$轴构成的平面内，且与传播方向和o光振动方向垂直，但与$c$轴斜交，测得e光折射率小于1.658而大于1.486，以符号$N'_e$表示。

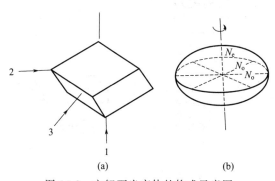

图10-8 方解石光率体的构成示意图

随着光波入射方向的不同，可以得到无数个椭圆，椭圆的形态、大小各不相同：$N_o$半径方向虽然改变，但始终位于垂直$c$轴的平面内，其长度始终保持不变；$N'_e$半径的方向随光波入射方向而改变，其长短随入射线与$c$轴的交角不同而变化于$N_o$与$N_e$两半径长度之间。将上述不同方向的椭圆和圆在空间上组合起来，就构成了一个椭球体。方解石光率体的旋转轴$N_e$较短，是一个扁形的旋转椭球体（负光性光率体）。在一轴晶晶体中，垂直光轴的光率体切面的双折射率为零，平行光轴的光率体切面的双折射率最大，其他斜交光轴方向所有切面的双折射率变化于零与最大双折射率之间。

在正交偏光间不放任何晶体时，由于下偏光镜和上偏光镜允许透过的光的振动方向互相垂直，视域完全黑暗［图10-9(a)］。在正交偏光镜间的物台上放置晶体，由于晶体性质及切片方向的不同，而显示不同的光学现象。晶体在正交偏光镜间变黑暗的现象称为"消光"。在物台上放置均质体或非均质体垂直光轴的晶片［图 10-9(b)］时，由于晶体的光率体切面都是圆切面，光波垂直这两种切面入射时，不发生双折射，也不改变入射光波的振动方向，因此，晶片仍然呈黑暗（消光）。旋转物台 360°，晶片的消光现象不改变，称为"全消光"。在物台上放置非均质体其他方向（除垂直光轴以外）的晶片时，晶片的光率体切面均为椭圆切面。光波垂直这种切片入射时，必然发生双折射，分解形成两种偏光，其振动方向必分别平行光率体椭圆切面长短半径。当晶片的光率体椭圆切面长短半径与上、下偏光镜振动方向平行时［图 10-9(c)］，同理，晶片消光。旋转物台 360°，晶片上光率体椭圆半径与上、下偏光镜振动方向有四次平行的机会，故这类晶片有四次消光现象。

当非均质体晶片上光率体椭圆半径 $K_1$、$K_2$ 与上、下偏光镜振动方向（$AA$、$PP$）斜交时（图 10-10），由下偏光镜透出的振动方向平行 $PP$ 的偏光，进入晶片后，发生双折射分解形成振动方向平行 $K_1$、$K_2$ 的两种偏光。$K_1$、$K_2$ 的折射率不相等（$N_{K_1} > N_{K_2}$），它们在晶片中的传播速度不同（$K_1$ 为慢光，$K_2$ 为快光）。$K_1$、$K_2$ 在透过晶片的过程中，必然产生光程差，以符号 $R$ 表示。当 $K_1$、$K_2$ 透出晶片后，二者在空气中的传播速度相同，因而它们在到达上偏光镜之前，光程差保持不变。

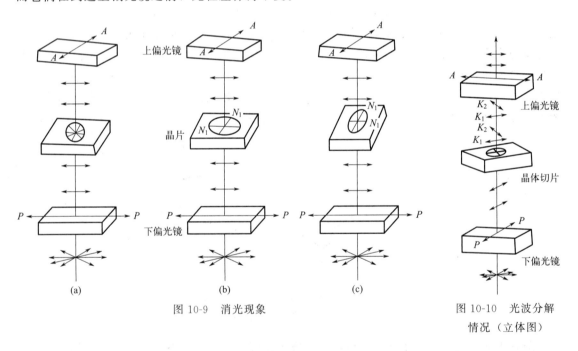

图 10-9　消光现象

图 10-10　光波分解情况（立体图）

$K_1$、$K_2$ 两种偏光的振动方向与上偏光镜振动方向（$AA$）斜交，故当 $K_1$、$K_2$ 先后进入上偏光镜时，必然再度发生分解（图 10-11），形成 $K_1'$、$K_2'$ 和 $K_1''$、$K_2''$ 四种偏光。其中 $K_1''$、$K_2''$ 的振动方向垂直上偏光镜振动方向，不能透出上偏光镜，被全吸收或全反射。$K_1'$、$K_2'$ 的振动方向平行上偏光镜的振动方向 $AA$，完全可以透过上偏光镜。透出上偏光镜后 $K_1'$、$K_2'$ 的两种偏光具以下特点：

① $K_1'$、$K_2'$ 频率相等；

② $K_1'$、$K_2'$ 两者间有固定的光程差 $R$；

③ $K_1'$、$K_2'$ 在同一平面内振动。

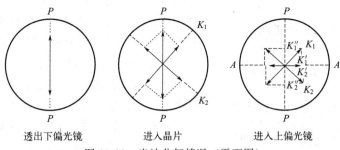

透出下偏光镜          进入晶片          进入上偏光镜

图 10-11  光波分解情况（平面图）

因此，$K_1'$、$K_2'$两种偏光具备了光波干涉的条件，必将发生干涉作用。干涉的结果取决于两种偏光之间的光程差 $R$。如果光源为单色光，当光程差为半波长的偶数倍时，干涉的结果是相互抵消而变黑暗。当光程差为半波长的奇数倍时，干涉的结果互相叠加，其亮度加强（最亮）。当光程差介于两者之间时，干涉的结果是其亮度介于黑暗与最亮之间。此外，晶片干涉结果呈现的明亮程度，还与透出上偏光镜的两种偏光 $K_1'$、$K_2'$ 的振幅大小有关，其振幅愈大亮度愈强。通过偏光矢量分解的平面图解可以证明，只有当晶片的光率体椭圆半径（$K_1$、$K_2$）与上、下偏光镜的振动方向（$AA$、$PP$）成 45°夹角时，$K_1'$、$K_2'$ 振幅最长，晶片最明亮。这时的晶片位置称 45°位置。

根据物理学中"光程"及"光程差"的概念可知，$K_1$、$K_2$ 两种偏光，透过晶片的"光程"应为 $dN_1$ 和 $dN_2$（$d$ 为晶片厚度，$N_1$ 为 $K_1$ 的折射率，$N_2$ 为 $K_1$ 的折射率）。此两种偏光的光程差为：$R = dN_1 - dN_2 = d(N_1 - N_2)$。干涉色色谱表是光程差公式的图示形式，是表示干涉色级序、双折射率和晶片厚度之间关系的图表（图 10-12）。干涉色色谱表的横坐标为光程差，若为彩色图，可在光程差的位置上填上对应的干涉色；纵坐标为晶片厚度；斜线表示双折射率，其数值标于发散端的端点。已知光程差（或干涉色级序）、双折射率、晶片厚度三者之中任何两个数据，利用干涉色色谱表，可求出第三个数据。

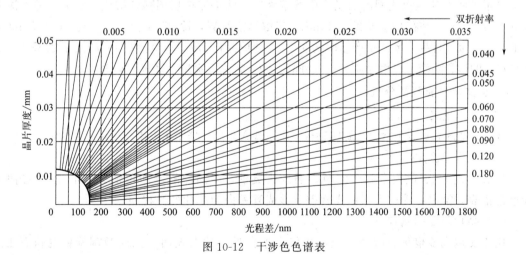

图 10-12  干涉色色谱表

为了获得不同的光程差以观察干涉现象，常利用显微镜的重要附件石英楔（ouartz wedge）。平行石英 $c$ 轴方向切下一薄片，磨制成一端薄、一端厚的楔形（坡度约 0.5°）晶片，其长边为 $N_o$ 方向，短边为 $N_e$ 方向，然后将该晶片镶入特制的金属框中，即成为石英

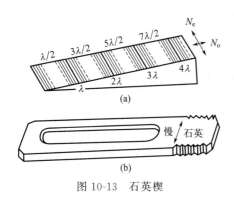

图 10-13　石英楔

楔（图 10-13）。石英的双折射率色散很弱，因此石英楔对各单色光的双折射率可视作常数（0.009）。石英楔的厚度 $d$ 是由薄至厚逐渐增大的，其光程差 $R = d(N_e - N_o)$ 也是连续增大的。用白光作光源，沿试板孔徐徐推入石英楔，随着光程差的逐渐增大，视域中依次出现干涉色条带，构成干涉色谱系。

根据补色法则，两非均质体斜交 $OA$ 的切面，在正交偏光镜下 45°位重叠时：若其光率体椭圆同名半径平行，总光程差等于两晶片光程差之和，表现为干涉色升高；若异名半径平行，总光程差等于两晶片光程差之差，表现为光程差较大的切片的干涉色降低。两晶片产生的干涉色正好抵消而使晶片呈现黑暗而消光，说明两晶片光程差相等，而且它们的光率体椭圆异名半径平行。因此，可利用石英楔光程差来测量未知晶片的光程差。

## 【仪器、药品及材料】

仪器与材料：电子天平、量筒、烧杯、酒精灯、石棉网、铁三脚架、玻璃棒、胶头滴管、培养皿、滤纸、擦镜纸、pH 广泛试纸。

药品：KOH（分析纯，s）、$H_3PO_4$（85%，稀）。

## 【实验内容】

### 1. 晶体的制备

称取 2.7g 氢氧化钾溶于 10mL 水中制备成溶液，备用。

量取 2.7mL（约 40mmol）85%的磷酸于烧杯中，加入 10mL 水稀释。然后，在搅拌条件下慢慢地将上述氢氧化钾溶液滴入磷酸溶液中，滴加完毕后用稀磷酸或稀氢氧化钾溶液调节 pH 约为 4.5，并在 80℃ 蒸发至 10mL。将浓缩液静置，冷却，结晶，过滤。在低于 100℃ 下干燥，称重，计算产率。从产品中选取 1~2 颗单晶作为籽晶，再取部分产品制成超过室温 10℃ 左右的饱和溶液。在培养皿中投入籽晶，倒入溶液，室温下静置，培养大的单晶。

### 2. 正交偏光显微镜分析

（1）四次消光

选择合适的晶片置于物台，旋转物台一周，观察晶片明暗变化规律，记录晶片的消光位置。

（2）光程差测定

将晶片置于 45°位观察其干涉色。插入石英楔，使晶片的干涉色消失（消光）。参照干涉色色谱表，推出石英楔大致的光程差。该光程差即为晶片的光程差。

（3）晶片厚度的测定

用正交偏光镜聚焦的微调旋钮，将焦点聚在晶片的上表面，记录微调旋钮的位置 L1；将焦点聚在晶片的下表面，记录微调旋钮的位置 L2。根据微调旋钮转过的总格数（一圈对应 50 格，一格对应 0.002mm），计算晶片的厚度。

（4）双折射率的计算

利用光程差公式计算晶片的双折射率。

【实验习题】

1. 培养符合实验要求的大晶体，应注意哪些因素？
2. 偏振光的干涉原理与普通光有何异同？

## 实验 37

# 二草酸二水合铬（Ⅲ）酸钾顺反异构体的制备

【实验目的】

1. 学会二草酸二水合铬（Ⅲ）酸钾顺反异构体的制备方法。
2. 通过溶液法和固相合成方法得到不同几何结构的配合物，了解配合物的几何异构现象。
3. 对配合物顺反异构进行鉴别，加深对配合物顺反异构体性质差异的理解。
4. 了解配合物几何异构体在一定条件下的相互转化。

【实验原理】

配合物的异构现象是指化学组成完全相同的一些配合物，由于配体围绕中心离子的排列不同而引起结构和性质不同的现象。配合物的异构现象不仅影响其物理和化学性质，而且与配合物的稳定性和键性质有密切的关系，因此，异构现象的研究在配位化学中有着重要的意义。配合物异构现象种类很多，其中最重要的有几何异构现象和光学异构现象，此外，还有键合异构现象、水合异构现象、配位异构现象、配体异构现象等。

几何异构现象主要发生在配位数为 4 的平面正方形结构和配位数为 6 的八面体结构的配合物中。在这类配合物中配体围绕中心体可以占据不同形式的位置，通常分顺式和反式两种异构体，顺式是指相同配体彼此处于邻位，反式是指相同配体彼此处于对位。在八面体配合物中组成为 $MA_4B_2$ 和 $ML_2B_2$ 的配合物，其中 M 是中心体，常为金属离子，A 和 B 是单齿配体，L 是双齿配体。$MA_4B_2$ 和 $ML_2B_2$ 都有顺式和反式异构体（见图 10-14）。

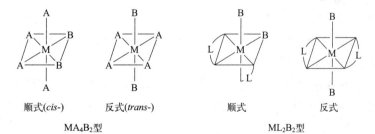

顺式(cis-)    反式(trans-)     顺式     反式

$MA_4B_2$型            $ML_2B_2$型

图 10-14 八面体配合物的几何异构体

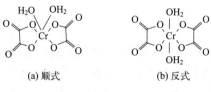

(a) 顺式      (b) 反式

图 10-15 配合物的顺反异构体

$K_2Cr_2O_7$ 和 $H_2C_2O_4 \cdot 2H_2O$ 发生氧化还原反应，随反应条件及浓度不同，可以生成如图 10-15 所示的顺式-$K[Cr(C_2O_4)_2(H_2O)_2]$（蓝紫色晶体）和反式-$K[Cr(C_2O_4)_2(H_2O)_2]$（玫瑰紫色晶体），以及 $K_3[Cr(C_2O_4)_3] \cdot 3H_2O$（蓝绿色晶体）。

在稀氨水中它们都形成相应的碱式盐 $K[Cr(C_2O_4)_2(OH)(H_2O)]$，顺式配合物溶于稀氨水呈深绿色溶液，反式配合物为浅棕色不溶物（图 10-16）。

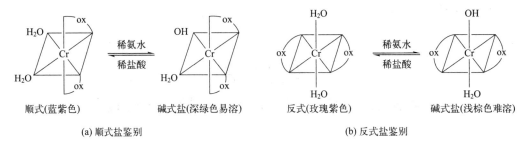

(a) 顺式盐鉴别    (b) 反式盐鉴别

图 10-16    配合物的顺反异构体的鉴别

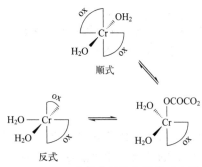

图 10-17    配合物的异构化转化示意图

在水溶液中，顺、反式配合物共存并达平衡，温度升高，反式异构体容易转化为顺式异构体，温度越高，转化速率越快，也就越有利于生成顺式配合物，其转化如图 10-17 所示。顺式配合物易溶于水，而反式配合物在水中的溶解度比顺式配合物小很多。

本实验就是利用顺、反异构体溶解度的不同来合成所需的异构体。由 $K_2Cr_2O_7$ 和 $H_2C_2O_4 \cdot 2H_2O$ 在水的催化下直接进行固相反应，再从非水溶剂（如乙醇）中析出顺式配合物晶体 $K[Cr(C_2O_4)_2(H_2O)_2]$。而反式异构体溶解度小，可由 $K_2Cr_2O_7$ 溶液和 $H_2C_2O_4 \cdot 2H_2O$ 溶液反应后，在溶液中结晶析出。其反应方程式如下：

$$K_2Cr_2O_7 + 7H_2C_2O_4 = 2K[Cr(C_2O_4)_2(H_2O)_2] + 3H_2O + 6CO_2 \uparrow$$

此外，由于二草酸二水合铬（Ⅲ）酸钾的两种顺、反异构体中配体对中心铬离子 d 电子的影响程度不同，使其 d 轨道的分裂能不相等，顺式配合物的分裂能（$17700 cm^{-1}$）小于反式配合物的分裂能（$18800 cm^{-1}$），因此本实验可测定合成产物的分裂能进一步确定产物结构。

## 【仪器、药品及材料】

仪器与材料：电子天平、分光光度计、烘箱、布氏漏斗、吸滤瓶、容量瓶（100、50mL）、吸量管、量筒、研钵、蒸发皿、表面皿、水浴锅、玻璃棒、胶头滴管、循环水真空泵、烧杯、滤纸、擦镜纸、样品袋。

药品：$K_2Cr_2O_7$（化学纯）、$H_2C_2O_4 \cdot 2H_2O$（化学纯）、$CrCl_3 \cdot 6H_2O$（化学纯）、无水乙醇（化学纯）、$NH_3 \cdot H_2O$（稀）、$HClO_4$ 溶液（$1 \times 10^{-4} mol \cdot L^{-1}$）。

## 【实验内容】

### 1. 配合物顺反异构体的合成

（1）顺式异构体的合成

称量 6g $H_2C_2O_4 \cdot 2H_2O$ 和 2g $K_2Cr_2O_7$ 分别置于两个研钵中，研细。将已研细的 $H_2C_2O_4 \cdot 2H_2O$ 和 $K_2Cr_2O_7$ 固体粉末置于洁净干燥的蒸发皿中，混合均匀后，并堆成锥形。在锥体顶部用玻璃棒压出一个小坑，向坑内加一滴水，盖上表面皿微微加热，立即发生激烈的反应，并有 $CO_2$ 气体放出，反应物变成蓝紫色的黏稠液体。反应结束后立即向蒸发皿中加入 20mL 无水乙醇，在水浴上微微加热，并用玻璃棒不断搅拌，使其成为微晶体。若一次不行，可倾出液体，再加入等量的无水乙醇，重复上面的操作，直到全部成为松散的蓝紫色粉末。过滤，将蓝紫色粉末在 60℃ 下烘干，称重，计算产率。

（2）反式异构体的合成

称取 6g $H_2C_2O_4 \cdot 2H_2O$ 于 100mL 烧杯中，加 6mL 沸水溶解，称取 2g $K_2Cr_2O_7$ 于 50mL 烧杯中，加 4mL 沸水溶解，把 $K_2Cr_2O_7$ 溶液分批少量地加到草酸溶液中，会有大量 $CO_2$ 气体放出，必须控制 $K_2Cr_2O_7$ 溶液加入的速度以防止溶液溢出，同时用表面皿盖上烧杯。待反应完毕，加热蒸发至原溶液体积的三分之一，冷却，即有玫瑰紫色的晶体析出。过滤晶体，并用少量冰水和乙醇洗涤，在 60℃ 烘干，称重，并计算产率。

**2. 顺、反异构体的鉴别**

分别在两表面皿上各放一张滤纸，将两种异构体的固体置于滤纸中间位置，用稀氨水润湿固体样品。顺式异构体转为易溶解的深绿色的碱式盐，可见深绿色向滤纸的周围扩散；反式异构体转为浅棕色的碱式盐，溶解度很小，仍停留在滤纸上不变。

**3. 顺、反异构体的转化**

取少量顺、反式异构体，分别溶于盛有 $1 \times 10^{-4} mol \cdot L^{-1}$ 高氯酸溶液的试管中，溶解后，观察溶液颜色。将顺、反式异构体溶液分成两份，各取一份加热，观察其颜色变化，并与原溶液颜色进行比较，得出结论。

**4. *cis*、*trans*-$[Cr(C_2O_4)_2(H_2O)_2]^-$ 配离子分裂能的测定**

取等量的顺、反式二草酸二水合铬（Ⅲ）酸钾异构体，分别溶解于 $1 \times 10^{-4} mol \cdot L^{-1}$ 高氯酸溶液中，以高氯酸溶液为参比，测定 $350 \sim 600nm$ 范围的吸光度（$A$）。为防止反式异构体在测量过程中转化为顺式，应保持溶液处于较低的温度。将测试数据填入表 10-5。

表 10-5 不同波长下配合物顺反异构体的吸光度

单位：$L \cdot mol^{-1} \cdot cm^{-1}$

| 波长 $\lambda$/nm | 顺式异构体吸光度($A$) | 反式异构体吸光度($A$) | 波长 $\lambda$/nm | 顺式异构体吸光度($A$) | 反式异构体吸光度($A$) |
|---|---|---|---|---|---|
| 350 | | | 480 | | |
| 360 | | | 490 | | |
| 370 | | | 500 | | |
| 380 | | | 510 | | |
| 390 | | | 520 | | |
| 400 | | | 530 | | |
| 410 | | | 540 | | |
| 420 | | | 550 | | |
| 430 | | | 560 | | |
| 440 | | | 570 | | |
| 450 | | | 580 | | |
| 460 | | | 590 | | |
| 470 | | | 600 | | |

以波长 $\lambda$ 为横坐标，吸光度 $A$ 为纵坐标作 $\lambda$-$A$ 曲线，找出配合物在该波长范围内的最大吸收峰所对应的波长 $\lambda_{max}$。配合物分裂能 $\Delta_o = 10^7/\lambda_{max}$，配合物摩尔吸光系数 $k = A/(bc)$（其中 $c$ 为物质的量浓度；$b$ 为比色皿厚度，单位 cm）。

## 【实验习题】

1. 在制备顺式二草酸二水合铬（Ⅲ）的配合物时，为什么要尽量避免水溶液生成？

2. 在制备二草酸二水合铬（Ⅲ）顺、反异构体的反应中，草酸根除了作为二齿配体外，还起了什么作用？

3. 三氯化铬中加入稀氨水会出现什么现象？与本实验中配合物加入稀氨水溶液是否相同？为什么？

## 实验 38

# 燃烧法合成红光纳米晶 $Y_2O_3$ : $Eu^{3+}$

## 【实验目的】

1. 学会用燃烧法合成稀土离子掺杂的纳米发光材料。
2. 学习高温炉的加热原理及基本操作。
3. 了解荧光光谱仪的构造及其检测原理。
4. 学习固体荧光光谱的测试方法和数据处理。

## 【实验原理】

发光材料是通过吸收外界能量，并把该部分能量转换为光能的一种材料。按照外界激发的能量的不同，主要可分为光致发光材料、电弧发光材料、电致发光材料等。光致发光材料是通过光-光能量转换来获得具有特定性能光源的一种材料。所用的激发光源可以从高能量波长的 X 射线到红外光，涉及的范围很广。稀土离子未填满的 4f、5d 电子组态，使其具有丰富的电子能级和相当长寿命的激发态。据文献报道，在具有未充满 4f 壳层的 13 个三价稀土离子（从 $Ce^{3+}$ 到 $Yb^{3+}$）的 $4f^n$ ($n=1\sim13$) 组态中，一共有 1639 个能级，能级对之间的可能跃迁数目高达 199177 个，其发光几乎涵盖了整个固体发光范围。根据稀土离子的发射谱的带宽来分，主要有线状发射谱和宽带发射谱稀土离子。前者包括 $Eu^{3+}$、$Gd^{3+}$、$Tb^{3+}$、$Sm^{3+}$、$Dy^{3+}$、$Pr^{3+}$ 等，后者包括 $Ce^{3+}$、$Nd^{3+}$、$Eu^{2+}$、$Sm^{2+}$、$Yb^{2+}$ 等。线状发射的稀土离子都具有一个共同的特征，就是其发光均来自 $4f^N$ 内部各能级之间的跃迁，如 $Eu^{3+}$ 的发射光谱对应于从 $4f^6$ 构型激发态 5d 能级向 7f 能级的跃迁，发光通常是位于红光区的线状光，在照明和显示中有重要应用。

$Y_2O_3$ 在室温下是白色微带黄色粉末，具有体心立方结构，不会造成双折射现象，所发出光是各向同性的，在广角显示器应用上有很大的前景。$Y_2O_3$ 具有很高的熔点、很好的化学稳定性和很高的机械强度，其声子能量也很低，造成的无辐射跃迁也很小，因此能够在各种恶劣的环境下应用，以基质的形式广泛应用于显示器的荧光粉中。$Eu^{3+}$ 掺杂时，将优先

占据 $Y_2O_3$ 晶格中高对称性的 $C_2$ 位点，利用 $5d \rightarrow 7f$ 能级跃迁，发射波长在 610nm 左右的红色荧光。红光纳米晶 $Y_2O_3$：$Eu^{3+}$ 是一类发光效率高并具有良好热稳定性与化学稳定性的荧光材料，被广泛应用于荧光灯、节能灯、场发射显示等领域。

燃烧法是一种常用于合成纳米发光材料的方法，其主要过程为将反应物以溶液形式（分子级）混合，加入助燃剂（如柠檬酸、尿素等），混合均匀后加热蒸发，直至助燃剂燃烧，得到前驱物。然后将前驱物置于马弗炉内烧结，取出后进行研磨。视情况选择是否再次烧结。处理后得到反应产物。该方案是液相混合，所以各组分混合均匀，合成温度远低于高温固相法，且发光效率高。

### 【仪器、药品及材料】

仪器与材料：电子天平、坩埚（100mL）、电炉、高温炉、紫外灯、荧光光谱仪。

药品：$Eu_2O_3$（纯度 99.99％）、$YNO_3$（0.5mol·$L^{-1}$）、$HNO_3$（4mol·$L^{-1}$）、柠檬酸（A.R.）、尿素（A.R.）。

### 【实验内容】

1. 红光纳米晶 $Y_2O_3$：$Eu^{3+}$ 的合成

（1）量取 0.5mol·$L^{-1}$ $YNO_3$ 溶液 10mL，称量 $Eu_2O_3$ 0.088g 放入坩埚，$Y^{3+}$ 与 $Eu^{3+}$ 的摩尔比约为 95:5，再加入 4mol·$L^{-1}$ $HNO_3$ 溶液 10mL，放至电炉上加热至沸。

（2）往上述溶液中加入 1g 固体尿素或 0.5g 柠檬酸（可两人一组，一人加尿素，一人加柠檬酸），边搅拌边加热，使溶液全部蒸发（通风橱中进行，戴手套，以免酸蒸发腐蚀皮肤），得到泡沫状或焦糖状前驱物。

（3）将坩埚置于高温炉中，在 800～900℃ 下煅烧 5h。冷却后，取出样品，称量。计算产率。

2. 用紫外灯检验产品，看是否发出强的红色荧光，可以用数码相机拍照保存。

3. 用荧光光谱仪测试红光纳米晶 $Y_2O_3$：$Eu^{3+}$ 的激发光谱和发射光谱。

4. 根据测试数据用 origin 软件作荧光光谱图，并对其进行分析，讨论其发光机理。

### 【实验习题】

1. 试讨论在燃烧法合成中，哪些因素可能影响产物的结晶与性质。

2. $Eu^{3+}$ 与 $Y^{3+}$ 在红光纳米晶 $Y_2O_3$：$Eu^{3+}$ 中分别起什么作用？为什么要控制 $Eu^{3+}$ 与 $Y^{3+}$ 的相对比例？

### 实验 39

# 两种镉（Ⅱ）配合物的原位合成及结构表征

### 【实验目的】

1. 了解配合物原位反应的类型及合成方法。

2. 掌握水热法原位硝化合成两种镉（Ⅱ）配合物的方法。

3. 巩固用红外光谱仪来表征配合物结构的基本步骤。

4. 了解 X 射线单晶衍射仪的基本构造和基本原理。

5. 学会单晶测试的基本步骤，并对配合物的结构进行相关分析。

### 【实验原理】

向有机物分子的碳原子上引入硝基，生成 $C—NO_2$ 的反应称为硝化反应。硝化反应像磺化反应一样是非常重要的一类化学反应，其应用十分广泛。那么在有机化学合成中引入硝基的目的和意义是什么呢？

① 硝基可以转化为其他取代基，尤其是制备氨基化合物的一条重要途径。

② 利用硝基吸电子能力强的特性，可作生色基团，加深染料的颜色，使药物的生理效应有显著变异等。

③ 利用硝基的极性，使芳环上的其他取代基发生活化，易于发生亲核取代反应。

在有机合成中引入硝基的途径主要有：

① 有机合成中最重要的硝化反应是用硝酸作硝化剂向芳环或芳杂环中引入硝基的反应：

$$ArH + HNO_3 \longrightarrow ArNO_2 + H_2O$$

② 用硝酸盐（硝酸钠或硝酸钾）代替硝酸，与过量硫酸的硝化，可更好控制硝化剂的量和减少水的积累。此方法适用于难硝化的苯甲酸、对氯苯甲酸的硝化。

③ 利用金属有机配合物的原位合成，特定条件下对有机配体的硝化。这是最近发现的一类新的硝化反应，不需要硝酸或硫酸参与。

作为配位化学和有机化学一个重要的交叉领域，原位配体反应方法学在过去的几十年得到了广泛的研究，现成为配位化学领域新兴的最活跃的研究领域之一。近年来，人们不断发现了金属/原位配体反应新类型，并解释和阐明反应机理，与此同时也制备了新颖微孔结构及在荧光、磁性等方面性能优良的功能配位聚合物。

目前报道的金属/配体的原位反应主要利用溶剂（水）热的合成技术，因为在这种极端的反应条件下，各组分的溶解度差异被最小化，不同的反应前驱体与一些有机/无机结构导向成分可以同时被带入反应体系，甚至出现一些活性中间体，同时，体系内的配位作用和各种弱相互作用也协助了原位配体反应的进行，显然也可以促使某些需要苛刻条件的有机反应发生，由此产生新的配体。因此，溶剂热合成技术已经成为金属/有机配体原位反应最有效的合成方法。如本实验中，我们利用硝酸镉、5-羟基间苯二甲酸、1,10-邻菲罗啉，在一定温度下进行水热合成，得到的产物中 5-羟基间苯二甲酸配体上引入了硝基基团。我们得到的 Cd（Ⅱ）的产物中，发生了羟基的邻位单硝基化取代、羟基对位单硝基化取代、羟基邻对位双硝基取代，如图 10-18 所示。

### 【仪器、药品及材料】

仪器与材料：电子分析天平、烧杯（50mL，100mL）、量筒（10mL）、带聚四氟乙烯内衬套的不锈钢反应釜（15mL）、烘箱、玛瑙研钵、连续变倍体式显微镜、傅里叶红外光谱仪、X 射线单晶衍射仪、滤纸、盖玻片、脱脂棉。

药品：硝酸镉（s），5-羟基-间苯二甲酸（s），1,10-邻菲罗啉（s），无水乙醇（l），溴化钾（光谱纯，s）。

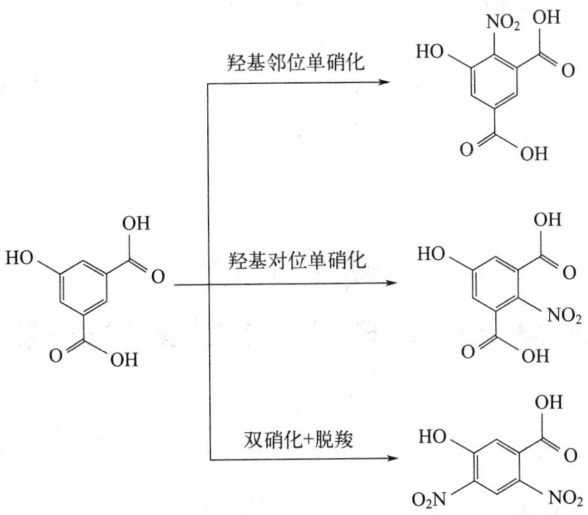

图 10-18　5-羟基间苯二甲酸配体上发生硝化反应示意图

## 【实验内容】

### 1. 配合物的水热合成

在电子天平上称取约 0.21g 的 $Cd(NO_3)_2 \cdot 4H_2O$、约 0.20g 的 1,10-邻菲罗啉和约 0.10g 的 5-羟基间苯二甲酸置于 15mL 带聚四氟乙烯内衬套的不锈钢反应釜中，再加 10mL $H_2O$，旋紧反应釜盖，将反应釜置于鼓风干燥箱中，在 150℃恒温反应 120h。然后停止加热，关闭烘箱，让反应釜慢慢冷却至室温，打开反应釜可以得到红褐色和橙黄色两种晶体。

### 2. 配合物的红外光谱表征

将样品和 KBr 按 1:100 的量混合，红外灯照射下在研钵中研细，在压片机上压片（压成的片要求薄且透明），然后在傅里叶红外光谱仪上测试。对所得的红外光谱图进行分析。

### 3. 晶体测试

取少量晶体样品置于盖玻片上，在显微镜下仔细挑选合适的晶体，玻璃丝固定在铜棒上，然后用玻璃丝粘少量环氧树脂 AB 混合胶（有时也可以用指甲油代替），将晶体粘在玻璃丝顶端，置于 X 射线单晶衍射仪的载晶台上，调整好位置即可进行测试。对所得晶体数据进行结构解析，分析配合物的结构和组成。

## 【实验习题】

1. 从红外光谱图上，讨论 5-羟基间苯二甲酸和 1,10-邻菲罗啉配体在形成配合物前后的红外吸收光谱变化。

2. 有机化学合成中芳环硝化反应的条件是什么？硝基引入到苯环的位置有何规律？

3. 查阅相关文献，配合物原位合成反应中配体的反应主要有哪些类型？

## 【附注】

1. 在水热合成配合物时，将原料装入反应釜中，一定要将反应釜旋紧。

2. 配合物红外光谱测试时，实验前溴化钾要充分干燥，并在红外灯下研磨样品，样品研磨越细越好。

3. 在挑选配合物晶体进行 X 射线单晶衍射测试时，一定要仔细挑选尺寸在 $0.15\sim0.40mm$ 范围的规整的晶体，并要求晶体表面干净。

## 实验 40

# 强绿光钙钛矿量子点 CsPbBr$_3$ 的制备、发光及稳定性提高

**【实验目的】**

1. 了解钙钛矿量子点发光与稳定性原理。
2. 掌握配体辅助再沉淀法合成钙钛矿量子点发光材料。
3. 了解紫外-可见吸收光谱仪的使用。
4. 掌握钙钛矿量子点发光材料稳定性研究方法。

**【实验原理】**

近年来，纳米级粒径的金属卤化物钙钛矿 $CsPbX_3$（X＝Cl、Br、I）量子点（QDs）展现出吸光系数强、光致发光色纯度高、量子产率高等光电特性，在固态照明和显示器、光电探测器和光伏太阳能电池中有广泛的应用。然而，$CsPbX_3$ 量子点在高温下、空气中特别是极性介质中的照明稳定性差，严重限制了它们的大规模应用。到目前为止，科研工作者们已经为克服 $CsPbX_3$ 量子点不稳定性付出了很多努力，比如通过合成后再进行表面处理的方法已普遍用于提高 $CsPbX_3$ QDs 的化学稳定性，这种做法通常是将 $CsPbBr_3$ QDs 封装在无机氧化物如 $SiO_2$、$Ta_2O_5$、ZnS、ZnO、$Al_2O_3$、$TiO_2$，以及玻璃基体或聚合物之中，这些策略有效地保护 $CsPbBr_3$ QDs 免受环境引起的劣化。然而，由于量子点的超高表面动态能，在粒径小于 10nm 的单个 $CsPbX_3$ 量子点上涂覆均匀的疏水透明壳仍然是一个严峻的挑战。此外，$CsPbX_3$ QDs 的量子产率（PLQY）在涂层后难以保持，且添加剂和封装材料由于其电绝缘性一般不适合器件制造。本实验提出了一种 4-溴丁酸（BBA）和油胺（OLA）共存的简便策略，以显著提高均匀分散在极性介质中的 $CsPbX_3$ 量子点的光稳定性。由于 BBA 的羧基配体和 OLA 的长链胺同时在 $CsPbX_3$ QDs 表面形成的疏水壳，保护了 $CsPbX_3$ QDs，成功地保持了它们在极性溶剂中的组成和光学性质。

在不同温度下制备的 $CsPbBr_3$（缩写为 CPB）QDs 的相应紫外-可见吸收光谱和发射光谱。如图 10-19 所示。在低于 30℃ 的温度下制备的样品中几乎无吸收，在高于 30℃ 的温度下制备的样品在 395nm 处出现吸收峰，在 60℃ 时达到最大发射。相应的发射峰位于 $520\sim524nm$，半高宽为 28nm，量子产率为 86.4%。随着反应温度的升高，光谱的峰值位置略微向更长的波长移动，表明晶体的生长。随着反应温度从 0℃ 升高到 60℃，$CsPbBr_3$ QDs 的荧光强度逐渐增加，这是由于有机添加剂在低于 60℃ 的温度下部分溶解以及存在 PbBr(OH) 杂质。荧光强度的最大值随着温度从 60℃ 到 90℃ 进一步升高而降低，是因为热淬灭。

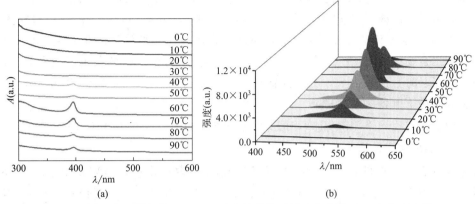

图 10-19 不同温度下制备的 CsPbBr₃ 对应的紫外可见吸收光谱（a）与发射光谱（b）

为了评估 BBA/OLA-CPB 量子点在极性溶剂的稳定性，不添加 BBA，合成了传统的 OA/OLA-CPB 量子点与之进行比较。通过将样品分散在溶液中来研究 BBA/OLA-CPB 和 OA/OLA-CPB 量子点的抗湿性（图 10-20）。为了观察 OA/OLA-CPB QDs 的降解过程，使用体积比为 1∶1 的甲苯∶$H_2O$ 混合溶液作为培养基。OA/OLA-CPB 量子点的绿色发光在 5 分钟内在水溶液中快速猝灭，而 BBA/OLA-CPB 在整个测试期间保持明亮的发光，表明 BBA/OLA-CPB 量子点保持均匀分散，亮绿色发光保持 96 小时之久。

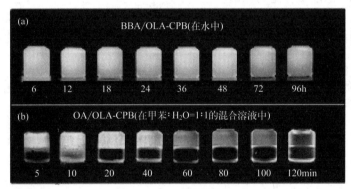

图 10-20 BBA/OLA-CPB QDs 对水的抵抗力（a）和 OA/OLA-CPB
QDs 在甲苯∶$H_2O$＝1∶1 中的稳定性（b）

## 【仪器、药品及材料】

仪器与材料：电子分析天平、三颈圆底烧瓶、烧杯（50mL，100mL）、量筒（10mL）、保温套、离心机、紫外-可见吸收光谱仪、365nm 紫外灯箱。

药品：4-溴丁酸（BBA）、油胺（OLA）、$N,N$-二甲基甲酰胺（DMA）、甲苯、$PbBr_2$、CsBr。

## 【实验内容】

### 1. 配体辅助再沉淀法合成

整个合成过程在空气中进行，将 0.4mmol $PbBr_2$ 和 0.4mmol CsBr 添加到装有 10mL $N,N$-二甲基甲酰胺（DMA）溶液的三颈圆底烧瓶中，将原料加热至 60℃，并保持磁力搅拌 45min。随后，将 2mmol 油胺（OLA）和 2mmol 4-溴丁酸（BBA）溶液依次快速注入上述溶液中。为了使配体反应充分，反应体系保持搅拌 15min。然后，在 60℃剧烈搅拌下，在 10s 内将 2mL 前驱体立即注入 25mL 水溶液中，在紫外光照射下立即观察到亮绿色荧光。然后将反应混合物以 5000r·min$^{-1}$ 离心 10min，弃去离心管底部的黄色沉淀固体。再次以 10000r·min$^{-1}$ 离心 15min 后，上清液保持澄清，获得 BBA/OLA-CPB QDs。除反应温度外，在相同条件下制备一系列样品。

为做稳定性对比，不添加 BBA，重复以上的实验过程，获得 OA/OLA-CPB QDs。

**2. CPB QDs 稳定性研究**

将实验内容 1 合成的样品 BBA/OLA-CPB QDs 分散在水中，OA/OLA-CPB QDs 分散在甲苯：$H_2O$＝1∶1 的溶液中，在 365nm 紫外灯的照射下，观察两种量子点的降解过程。BBA/OLA-CPB 在整个测试期间保持明亮的发光，表明 BBA/OLA-CPB 量子点保持均匀分散，并且长达 96h。OA/OLA-CPB 量子点的荧光发射在体积比为 1∶1 的甲苯：$H_2O$ 溶液中迅速猝灭，BBA/OLA-CPB 量子点在水溶液中稳定，60h 后发射强度保持在 95.03％。

【实验习题】

1. 查阅相关文献，试述金属卤化物钙钛矿 $CsPbX_3$（X＝Cl、Br、I）量子点（QDs）的发光原理及钙钛矿 QDs 不稳定的原因。

2. 结合 BBA 与 OLA 的结构特点，阐述本实验中 BBA 与 OLA 共同作用下提高 CPB QDs 稳定性的作用机理。

## 实验 41

# Sb$^{3+}$ 掺杂发光晶体的可逆相变

【实验目的】

1. 了解 Sb$^{3+}$ 电子构型与发光特性。

2. 掌握合成无铅钙钛矿晶体 $Rb_2ScCl_5 \cdot H_2O$ 和 $Rb_3ScCl_6$ 的方法。

3. 巩固使用 X 射线单晶衍射仪表征晶体结构。

4. 学会用荧光光谱测试发光性质。

5. 了解探测水传感器作用原理。

【实验原理】

Sb$^{3+}$ 掺杂的全无机氯化物钙钛矿晶体发光材料，因高光致发光效率和从可见光到近红外区域的宽发射带，而成为照明和显示器中具有广泛应用前景的材料。Sb$^{3+}$ 具有 $ns^2$ 电子构型，其激发态被分为单线态 $^1P_1$ 和三线态 $^3P_n$（n＝1、2、3）。其中从基态 $^1S_0$ 到单线态 $^1P_1$ 的激发跃迁可以实现，到三线态 $^3P_1$ 可以部分实现，而从 $^1S_0$ 到 $^3P_2$ 和 $^3P_3$ 的跃迁是禁止的。

据研究报道，$Sb^{3+}$ 在晶体 $(Rb/Cs)_3InCl_6$ 和 $Cs_2InCl_5 \cdot H_2O$ 中分别发射蓝光与橙色，而且 $Cs_2InX_5 \cdot H_2O$：$Sb^{3+}$（X＝Cl、Br、I）的光色可通过调节卤素的含量扩宽到橙红色区域。由于脱水/水合过程，$A_3InX_6$ 和 $A_2InX_5 \cdot H_2O$（A＝Cs、Rb；X＝Cl、Br）晶体的相互转变中，$Sb^{3+}$ 实现了可逆的青色/黄色发射转变。因此，钙钛矿晶体中的 $Sb^{3+}$ 表现出明显不同的荧光发射，这可以通过向 $Sb^{3+}$ 八面体的配体中添加/移除 $H_2O$ 来实现。

X 射线单晶衍射确定单晶 $Rb_2ScCl_5 \cdot H_2O$ 采用正交空间群 Pnma，晶胞参数为 $a＝14.003$Å，$b＝10.045$Å，$c＝7.246$Å，$\alpha＝\beta＝\gamma＝90°$。为了使不发光的 $Rb_2ScCl_5 \cdot H_2O$ 基质中产生荧光发射，将部分 $Sc^{3+}$ 用等价的 $Sb^{3+}$ 进行取代。图 10-21 是不同浓度 $Sb^{3+}$ 掺杂 $Rb_2ScCl_5 \cdot H_2O$ 后的 XRD 谱图。结果表明，$Sb^{3+}$ 掺杂浓度为 $0.5\%\sim15\%$（摩尔分数）的晶体的衍射峰与正交晶系 $Rb_2ScCl_5 \cdot H_2O$ 一致，这说明 $Sb^{3+}$ 成功引入到 $Rb_2ScCl_5 \cdot H_2O$ 基质中。尖锐的衍射峰表明掺杂有不同浓度 $Sb^{3+}$ 的这些晶体具有高结晶度。当 $Sb^{3+}$ 的掺杂含量增加到 20%，在 27°处观察到有额外的衍射峰，这可能是原料 RbCl 的衍射峰。随着 $Sb^{3+}$ 浓度的持续增加，XRD 衍射峰向小角度持续移动，这是由于 $Sb^{3+}$ 的离子半径（0.92Å）大于 $Sc^{3+}$（0.81Å），当 $Sb^{3+}$ 取代 $Sc^{3+}$ 后会引起晶格膨胀。

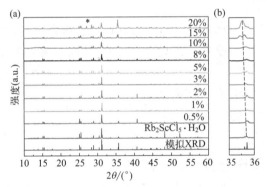

图 10-21　$Rb_2ScCl_5 \cdot H_2O$：$x\%Sb^{3+}$（$x＝0$、0.5、1、2、3、5、8、10、15、20）的 XRD 谱图

具有橙色发射的 $Rb_2ScCl_5 \cdot H_2O$：$Sb^{3+}$ 在不同温度（100、150、200、220、230、240 和 250℃）下在烘箱中加热 2 小时，在 365nm 紫外光下的光色变化如图 10-22 所示，在 250℃处理 2 小时之后，橙光样品完全转变为青色，在空气中自然吸水后，又能变回橙光。XRD 检测结果显示，发青色光的晶体成分为 $Rb_3ScCl_6$：$Sb^{3+}$。

图 10-22　365nm 紫外光下拍摄的 $Rb_2ScCl_5 \cdot H_2O$：$Sb^{3+}$ 在不同温度下处理后的照片

本实验合成了两种以稀土 $Sc^{3+}$ 为中心离子的新型无铅钙钛矿晶体 $Rb_2ScCl_5 \cdot H_2O$ 和 $Rb_3ScCl_6$。在投料时，当其中 2% 的 $Sc^{3+}$ 被 $Sb^{3+}$ 取代后，获得的产品分别发橙色与青色

光，由于钛矿晶体 $Rb_2ScCl_5 \cdot H_2O$ 和 $Rb_3ScCl_6$ 通过脱水/水合过程可发生相互转变（如图 10-23），使 $Sb^{3+}$ 的橙色/青色发光颜色对水具有高度敏感性，从而可应用于探测水的湿度传感器。

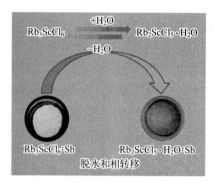

图 10-23　发青色光的 $Rb_3ScCl_6$：$Sb^{3+}$ 与发橙色光的 $Rb_2ScCl_5 \cdot H_2O$：$Sb^{3+}$

相互转换的示意图

**【仪器、药品及材料】**

仪器与材料：电子天平、烧杯（50mL，100mL）、量筒（10mL）、带聚四氟乙烯内衬套的不锈钢反应釜（15mL）、烘箱、X 射线单晶衍射仪、荧光光谱仪、365nm 紫外光手电筒。

药品：浓盐酸、RbCl、$Sc_2O_3$、$Sb_2O_3$。

**【实验内容】**

**1. 水热法合成 $Sb^{3+}$ 掺杂 $Rb_2ScCl_5 \cdot H_2O$ 单晶**

对于未掺杂的 $Rb_2ScCl_5 \cdot H_2O$ 单晶，将 2mmol RbCl、0.5mmol $Sc_2O_3$ 和 3mL 浓盐酸混合在 15mL 聚四氟乙烯内衬中。将所得溶液在不锈钢高压反应釜中在 150°C 下加热 12~24h，然后自然冷却至室温。去除上清液溶液后用乙醇洗涤沉淀晶体三次，并在 60°C 下干燥 12h。通过保持化学计量比，用 $Sb_2O_3$ 代替 $x$ mmol 的 $Sc_2O_3$（$x$ 表示 Sb 掺杂浓度即 Sc 被 Sb 取代的量，$x = 0.0025$、0.005、0.01、0.015、0.025、0.04、0.05、0.075、0.1），进行类似的实验步骤以获得 $Sb^{3+}$ 掺杂的 $Rb_2ScCl_5 \cdot H_2O$ 单晶。

**2. 通过热处理合成青光晶体 $Rb_3ScCl_6$：$Sb^{3+}$**

具有橙光发射的 $Rb_2ScCl_5 \cdot H_2O$：$Sb^{3+}$ 在不同温度（100、150、200、220、230、240 和 250°C）下在烘箱中加热 2h，用 365nm 紫外光照射，观察发光颜色的变化。将获得的样品避水密封保存好，测光谱与 XRD，分析光谱与晶体结构的对应关系。

**3. 水诱导可逆相变过程**

取 6mg 青光晶体 $Rb_3ScCl_6$：$Sb^{3+}$ 分成两份，分别置于有/无玻璃盖的空气中。每 10min 观察一次光色的变化，60min 后，暴露于空气中的青光晶体 $Rb_3ScCl_6$：$Sb^{3+}$ 完全变为橙光，而用玻璃盖住的青光晶体不发生明显变化。

**4. 环境湿度与接触面积对相变速度的影响**

将三份 50mg 的青光晶体 $Rb_3ScCl_6$：$Sb^{3+}$ 分别均匀平铺在三个大小相同的玻璃片上，将其分别放置在湿度为 40％、60％、80％的环境下，用紫外灯分别进行照射，记录其从青色发光的 $Rb_3ScCl_6$：$Sb^{3+}$ 完全转变为橙色发光的 $Rb_2ScCl_5 \cdot H_2O$：$Sb^{3+}$ 所用的时间。

对于接触面积实验，同样将三份 50mg 的青光晶体 $Rb_3ScCl_6$：$Sb^{3+}$ 分别均匀平铺在三个面积分别为 $1cm^2$、$2cm^2$、$4cm^2$ 的玻璃片上，用紫外灯分别进行照射，记录其从青色发光的 $Rb_3ScCl_6$：$Sb^{3+}$ 完全转变为橙色发光的 $Rb_2ScCl_5 \cdot H_2O$：$Sb^{3+}$ 所用的时间。

【实验习题】

1. 查阅相关文献，试述在晶体 $Rb_2ScCl_5 \cdot H_2O$ 和 $Rb_3ScCl_6$ 中，当其中 2％的 $Sc^{3+}$ 被 $Sb^{3+}$ 取代后，产品分别发橙色与青色光的原理。

2. $Rb_3ScCl_6$：$Sb^{3+}$ 与 $Rb_2ScCl_5 \cdot H_2O$：$Sb^{3+}$ 的相变速度与哪些因素有关？

3. 试述如何将本实验结果应用于探测水的传感器。

## 实验 42

# $Mn^{4+}$ 掺杂氟化物红光材料的制备与白光 LED 封装

【实验目的】

1. 了解 $Mn^{4+}$ 电子构型与发光特性。
2. 掌握合成 $Mn^{4+}$ 掺杂氟化物红光材料的方法。
3. 巩固用荧光光谱测试发光性质。
4. 学会白光 LED 封装技术。

【实验原理】

过渡金属离子 $Mn^{4+}$ 具有 $3d^3$ 电子能级结构的独特性质，使其在近紫外（$^4A_{2g} \rightarrow {}^4T_{1g}$）和蓝光区域（$^4A_{2g} \rightarrow {}^4T_{2g}$）有很宽的激发带，可被 InGaN 蓝光芯片有效激发，实现窄带红光发射（$^2E_g \rightarrow {}^4A_{2g}$ 自旋禁阻跃迁），符合研发高显色指数暖白光 LED 对红色荧光粉的需求。最早关于 $Mn^{4+}$ 掺杂红色荧光粉的报道始于 1947 年，初步研究发现组成为 $4MgO \cdot GeO_2$：$0.01Mn$（$Mg_4GeO_6$：$Mn^{4+}$）的荧光粉比其他比例组合（MgO：$GeO_2$）的荧光粉发光强度要高，在此基础上经过不断优化，最终使得组成为 $3.5MgO \cdot 0.5MgF_2 \cdot GeO_2$：$Mn^{4+}$ 的红色荧光粉实现了商业化，并广泛应用于植物生长用 LED 照明和红光光疗设备等方面。该荧光粉的量子产率大于 90％，150℃时发光强度可保持室温强度的 90％以上。

$Mn^{4+}$ 在八面体环境中，Mn-3d 态分别分为三重和二重简并 $t_{2g}$ 和 $e_g$ 态。$Mn^{4+}$ 的三个

d电子正好填充自旋 $t_{2g}$ 态。晶体场分裂后，在 $t_{2g}$ 和 $e_g$ 状态之间产生了很大的间隙，促使正四价氧化态稳定。因此，$Mn^{4+}$ 通常占据晶格的八面体位点。此外，$Mn^{4+}$ 掺杂荧光粉的光学性质与晶体场环境息息相关，晶体场强弱、晶格对称性等因素都会使得发光性能有所差异。例如，当基质为氧化物时，$Mn^{4+}$ 通常会在 300nm 左右出现激发峰，发射峰在 600nm 左右出现；当 $Mn^{4+}$ 处于晶体场较弱的氟化物基质中时，会在紫外（365nm）和蓝光区域（460nm）表现出宽带激发，在 630nm 左右有尖锐的红色发射峰。这些独特的光学特性满足理想红光荧光粉的光谱要求，加上相当简单的合成工艺和丰富的起始材料，使 $Mn^{4+}$ 掺杂化合物红色荧光粉能被蓝光芯片激发，封装成具有较高的辐射发光效率的暖白光 LED。

近来开发的 $Mn^{4+}$ 掺杂氟化物红光材料主要包括以下三类：①$A_2XF_6$：$Mn^{4+}$（A＝Li、Na、K、Rb、Cs 或 $NH_4$；X＝Si、Ti、Ge、Sn、Zr 或 Hf）；②$BXF_6$：$Mn^{4+}$（B＝Ba、Zn；X＝Si、Ti、Ge 或 Sn 等）；③$A_2BMF_6$：$Mn^{4+}$（A＝B＝Li、Na、K、Rb、Cs 或 $NH_4$；M＝Al、Ga、Sc 或 In）。氟化能够提供给 $Mn^{4+}$ 更为匹配的晶体场强度，使其在 600～650nm 具有窄带红光发射，且在紫外光（约 365nm）和蓝光（约 450nm）区域有强的宽带吸收，可很好地与商用蓝光 InGaN LED 芯片匹配，弥补了商业白光 LED 因光谱中缺少红光而导致显色指数低的缺陷。而且大部分 $Mn^{4+}$ 掺杂氟化物红光材料在室温空气条件下，通过简单搅拌，实现离子交换-重结晶过程。这些特点使得 $Mn^{4+}$ 掺杂的氟化物荧光粉在白光 LED 照明与显示应用方面展现出巨大的商业价值。

## 【仪器、药品及材料】

仪器与材料：电子天平、塑料烧杯（50mL，100mL）、塑料量筒、移液枪（10mL）、烘箱、荧光光谱仪、365nm 紫外光手电筒。

药品：$KHF_2$、$KMnO_4$、HF（质量分数 40%）、$H_2O_2$（质量分数 30%）、$In_2O_3$、NaF、KF、LED 芯片、环氧树脂 AB 胶、乙醇溶液、商用黄色荧光粉 YAG：Ce。

## 【实验内容】

### 1. $K_2MnF_6$ 的制备

将质量比为 18：1 的 $KHF_2$ 和 $KMnO_4$ 加入 30mL HF（40%）溶液中，充分搅拌 1h。然后，滴加 0.6mL $H_2O_2$（30%）并搅拌至溶液逐渐由紫红色变为深橙红色，静置 10min。最后，抽滤得到黄色固体产物 $K_2MnF_6$，用乙醇洗涤数次，在 60℃ 干燥 3h 以上，如图 10-24 所示。

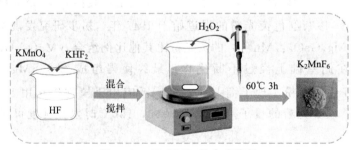

图 10-24　$K_2MnF_6$ 的合成路径

**2. 红光材料 $K_2NaInF_6$：$Mn^{4+}$ 的合成与光谱测试**

以 $In_2O_3$（1mmol）和 $K_2MnF_6$（0.02mmol）为原料，在室温下磁力搅拌 60min 后，溶解于 20mL HF（40%）中，形成透明的淡黄色均匀溶液。将 NaF（3mmol）和 KF（120mmol）依次加入上述混合溶液中。搅拌 30min 后形成淡黄色沉淀物。最后，沉淀产物用乙醇多次洗涤，并在 60℃下干燥 6h 即得产品。365nm 紫外光手电筒照样品，观察发光现象，并用荧光光谱仪测试样品的荧光光谱。

**3. 白光 LED 封装**

取 0.05g 制取的红光材料 $K_2NaInF_6$：$Mn^{4+}$，加入 0.05g 商用黄色荧光粉 YAG：Ce，并与环氧树脂 AB 胶混合均匀，涂在 460nm 蓝光 GaInN 芯片上，并用 B 型固化剂在 60℃烘箱固化 2h，将芯片置于电源板上点亮，观察发光的颜色。

【实验习题】

1. 查阅相关文献，试述 $Mn^{4+}$ 在氟化物发光晶体中的发光原理。
2. 如何选择 GaInN 芯片？为什么用 460nm 蓝光 GaInN 芯片？

---

## 实验 43

# Dy-MOF 的制备及作为比率型 pH 传感器的应用

【实验目的】

1. 了解 Dy-MOF 的合成方法、应用领域和发展前景。
2. 学会单晶测试的基本步骤，并对 Dy-MOF 的结构进行相关分析。
3. 学会 X 射线单晶衍射来表征 MOF 的稳定性和纯度的基本步骤。
4. 学会用荧光光谱测试 MOF 的发光性质。

【实验原理】

氢离子浓度或 pH 值是对生物体正常形态和功能产生影响的重要参数，同时也在农作物生长和环境保护中发挥关键作用。因此，迅速、敏感地检测水溶液的 pH 值具有重要意义。金属-有机框架（MOFs）是由无机金属和有机配体通过配位键连接形成的一种材料，可用作高效的 pH 传感器。通过 MOFs 配体上的质子识别位点（如羧基、羟基等）的质子化/去质子化来直接影响配体中心的发射或能量转移过程，从而对 pH 值的变化做出快速可视化反应。

本实验中，使用 2,5-二羟基对苯二甲酸（$H_4$dobdc）、4,4′-二甲基-2,2′-联吡啶（dmbpy）与 Dy(Ⅲ) 配位形成的 (Hdmbpy)[Dy($H_2$dobdc)$_2$($H_2$O)]·$3H_2$O（命名为 Dy-MOF）作为示例（图 10-25），在酸性和碱性环境（pH 值范围为 2.0～12.0）中展示了其良好的稳定性（图 10-26）。X 射线单晶衍射仪确定了 Dy-MOF 结晶属于三斜晶系，属于 P-1 空间群，晶胞参数为 $a=10.5170(8)$Å，$b=11.1467(8)$Å，$c=14.8120(11)$Å，$\alpha=110.0330(10)°$，

$\beta=106.1880(10)^\circ$，$\gamma=95.7150(10)$。通过单晶结构解析发现，配体 $H_4dobdc$ 上的酚羟基未与 Dy(Ⅲ) 配位；羧基中的氧原子有的与两个 Dy(Ⅲ) 配位，有的与一个 Dy(Ⅲ) 配位，有的没有参与配位。考虑到羟基和羧基均可作为氢离子的识别位点，将 Dy-MOF 分散在不同 pH 值的水溶液中检测其发光光谱的变化。实验结果表明，Dy-MOF 的最大发射强度与所在溶液的 pH 值密切相关。当 pH 从 8.50 降低到 2.12 时，最大发射波长从 550nm 蓝移到 512nm，伴随着明显颜色变化，从黄色变为绿色 [图 10-27(a)]。

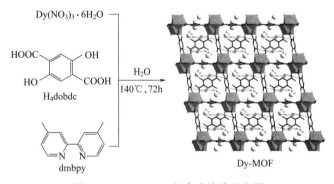

图 10-25  Dy-MOF 的合成路线示意图

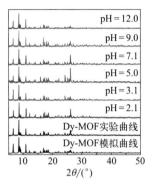

图 10-26  Dy-MOF 的 XRD 谱图及其在指定 pH 值的水溶液中浸泡 24 小时后的 XRD 谱图

荧光发射强度比值 $F_{550}/F_{512}$ 对 pH 值的响应曲线显示为 S 形（图 10-27）。在 pH 值范围为 2.00～6.06 时，$F_{550}/F_{512}$ 发生显著变化，当 pH 值大于 7 时，$F_{550}/F_{512}$ 几乎保持不变。因此，Dy-MOF 可作为 pH 的比率型荧光传感器，并且对酸性介质具有高度敏感性。通过玻尔兹曼方程分析 $F_{550}/F_{512}$ 与 pH 之间的相关性，得到 $pK_a$ 为 3.26。据研究报道，3,4-二羟基苯甲酸中羧基的 $pK_a$ 为 3.19，其他两个酚羟基的 $pK_a$ 都高于 9.0。因此，可以推测 Dy-MOF 的酸响应发光主要是由于框架内 $H_2dobdc^{2-}$ 的羧基氧位点，特别是未参与配位的羧基氧原子。

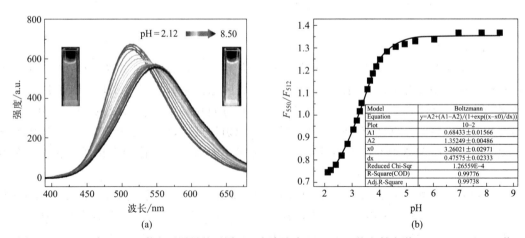

图 10-27  (a) 在 350nm 激发下测量的不同 pH 水溶液中 Dy-MOF 的发射光谱；(b) $F_{550}/F_{512}$ 值与 pH 值的关系图，实线表示数据与玻尔兹曼方程的最佳拟合

本实验成功合成了具有稳定三维结构的 Dy-MOF，并将其应用于水的 pH 传感器。与简单的荧光增减传感器相比，比率型荧光变化具有更高的信号稳定性，避免了材料浓度和环境对发光信号的干扰，提供了高信号精度。

## 【仪器、药品及材料】

仪器与材料：电子分析天平、烧杯（5mL，100mL）、量筒（10mL）、带聚四氟乙烯内衬套的不锈钢反应釜（15mL）、烘箱、玛瑙研钵、连续变倍体式显微镜、荧光光谱仪、X 射线单晶衍射仪、X 射线单晶衍射仪、pH 计、滤纸、盖玻片、脱脂棉。

药品：$Dy(NO_3)_3 \cdot 6H_2O(s)$、2,5-二羟基对苯二甲酸（s）、4,4'-二甲基-2,2'-联吡啶（s）、无水乙醇（l）。

## 【实验内容】

### 1. Dy-MOF 的水热合成

在电子天平上称取约 0.0459g 的 $Dy(NO_3)_2 \cdot 6H_2O$、0.0192g 的 4,4'-二甲基-2,2'-联吡啶和约 0.0204g 的 2,5-二羟基对苯二甲酸置于 15mL 带聚四氟乙烯内层套的不锈钢反应釜中，再加 10mL 水，旋紧反应釜盖，将反应釜置于鼓风干燥箱中，在 140℃恒温反应 72h，然后停止加热，关闭烘箱，让反应釜慢慢冷却至室温，打开反应釜可以得到黄色块状晶体。

### 2. Dy-MOF 的晶体测试

取少量晶体样品置于盖玻片上，在显微镜下仔细挑选合适的晶体，玻璃丝固定在铜棒上，然后用玻璃丝粘少量环氧树脂 AB 混合胶（有时也可以用指甲油代替），将晶体粘在玻璃丝顶端，置于 X 射线单晶衍射仪的载晶台上，调整好位置即可进行测试。所得晶体数据进行结构解析，分析配合物的结构和组成。

### 3. Dy-MOF 在强酸和强碱环境中的稳定性检测

取 10mg 步骤 1 中所制备的 Dy-MOF，放入 pH 为 2.1 和 9.0 的水溶液中分别浸泡 24 小时，取出后晾干。使用 X 射线粉末衍射仪测试各样品的 XRD 谱图。对比经过浸泡后获得的曲线与浸泡前 Dy-MOF 的原始曲线是否保持一致，以验证 Dy-MOF 的稳定性。

### 4. Dy-MOF 在不同 pH 水溶液中的荧光测试

称取 5mg 步骤 1 中所制备的 Dy-MOF，在玛瑙研钵中研磨 20min 后放入 100mL 去离子水中，超声 10min 使 Dy-MOF 均匀分散在水中，配制成浓度为 $0.05mg \cdot mL^{-1}$ 的悬浊液。取多份 3mL 上述悬浊液于 5mL 小烧杯中，利用 NaOH 或盐酸调节溶液的 pH，采集溶液 pH 在 2.2～8.5 范围内的荧光数据，绘制荧光光谱图，并分析 $F_{550}/F_{512}$ 值与溶液 pH 的对应关系。

## 【实验习题】

1. 讨论经过不同 pH 水溶液浸泡后获得的 XRD 谱图与浸泡前 Dy-MOF 的 XRD 谱图的变化情况。

2. 写出一种表征 Dy-MOF 结构的其他方法，并作相应的分析。

3. 在用 NaOH 或盐酸调节 Dy-MOF 悬浊液的 pH 时，应注意哪些问题？

4. 试述如何将本实验结果应用于探测水的 pH。

## 【附注】

1. 在水热合成 Dy-MOF 时，将原料装入反应釜中，一定要将反应釜旋紧。

2. 在挑选配合物晶体进行 X 射线单晶衍射测试时，一定要仔细挑选尺寸在 0.15～0.40mm 范围的规整的晶体，并要求晶体表面干净。

# 附录

附录 1

## 不同温度下水的饱和蒸气压

| t/℃ | p/kPa | t/℃ | p/kPa | t/℃ | p/kPa | t/℃ | p/kPa | t/℃ | p/kPa | t/℃ | p/kPa |
|---|---|---|---|---|---|---|---|---|---|---|---|
| 0 | 0.61165 | 62 | 21.867 | 126 | 239.47 | 190 | 1255.2 | 256 | 4394.9 | 320 | 11284 |
| 2 | 0.70599 | 64 | 23.843 | 128 | 254.5 | 192 | 1311.2 | 258 | 4541.7 | 322 | 11586 |
| 4 | 0.81355 | 66 | 26.183 | 130 | 270.28 | 194 | 1369.1 | 260 | 4692.3 | 324 | 11895 |
| 6 | 0.93536 | 68 | 28.599 | 132 | 286.85 | 196 | 1429.0 | 262 | 4846.6 | 326 | 12209 |
| 8 | 1.0730 | 70 | 31.201 | 134 | 304.23 | 198 | 1490.9 | 264 | 5004.7 | 328 | 12530 |
| 10 | 1.2282 | 72 | 34.000 | 136 | 322.45 | 200 | 1554.9 | 266 | 5166.8 | 330 | 12858 |
| 12 | 1.4028 | 74 | 37.009 | 138 | 341.54 | 202 | 1621.0 | 268 | 5332.9 | 332 | 13193 |
| 14 | 1.5990 | 76 | 40.239 | 140 | 361.54 | 204 | 1689.3 | 270 | 5503.0 | 334 | 11895 |
| 16 | 1.8188 | 78 | 43.703 | 142 | 382.47 | 206 | 1759.8 | 272 | 5677.2 | 336 | 13882 |
| 18 | 2.0647 | 80 | 47.414 | 144 | 404.37 | 208 | 1832.6 | 274 | 5855.6 | 338 | 14238 |
| 20 | 2.3393 | 82 | 51.387 | 146 | 427.86 | 210 | 1907.7 | 276 | 6038.3 | 340 | 14601 |
| 22 | 2.6453 | 84 | 55.637 | 148 | 451.18 | 212 | 1985.1 | 278 | 6225.2 | 342 | 14971 |
| 24 | 2.9858 | 86 | 60.173 | 150 | 476.16 | 214 | 2065.0 | 280 | 6416.6 | 344 | 15349 |
| 25 | 3.1699 | 88 | 65.017 | 152 | 502.25 | 216 | 2147.3 | 282 | 6612.4 | 346 | 15734 |
| 26 | 3.3639 | 90 | 70.182 | 154 | 529.46 | 218 | 2232.3 | 284 | 6812.8 | 348 | 16128 |
| 28 | 3.7831 | 92 | 75.684 | 156 | 557.84 | 220 | 2319.6 | 286 | 7017.7 | 350 | 16529 |
| 30 | 4.2470 | 94 | 81.541 | 158 | 587.42 | 222 | 2409.6 | 288 | 7227.4 | 352 | 16939 |
| 32 | 4.7596 | 96 | 87.771 | 160 | 618.23 | 224 | 2502.3 | 290 | 8587.9 | 354 | 17358 |
| 34 | 5.3251 | 98 | 94.390 | 162 | 650.33 | 226 | 2597.8 | 292 | 7661.0 | 356 | 17785 |
| 36 | 5.9479 | 100 | 101.42 | 164 | 683.73 | 228 | 2696.0 | 294 | 7885.2 | 358 | 18221 |
| 38 | 6.6328 | 102 | 108.87 | 166 | 718.48 | 230 | 2797.1 | 296 | 8114.3 | 360 | 18666 |
| 40 | 7.3849 | 104 | 116.78 | 168 | 754.62 | 232 | 2901.0 | 298 | 8348.5 | 362 | 19121 |
| 42 | 8.2096 | 106 | 125.15 | 170 | 792.19 | 234 | 3008.0 | 300 | 8587.9 | 364 | 19585 |
| 44 | 9.1124 | 108 | 134.01 | 172 | 831.22 | 236 | 3117.9 | 302 | 8832.5 | 366 | 20060 |
| 46 | 10.0990 | 110 | 143.38 | 174 | 871.76 | 238 | 3230.8 | 304 | 9082.4 | 368 | 20546 |
| 48 | 11.177 | 112 | 153.28 | 176 | 973.84 | 240 | 3346.9 | 306 | 9337.8 | 370 | 21044 |
| 50 | 12.352 | 114 | 163.74 | 178 | 957.51 | 242 | 3466.2 | 308 | 9598.6 | 372 | 21554 |
| 52 | 13.632 | 116 | 174.77 | 180 | 1002.8 | 244 | 3588.7 | 310 | 9865.1 | 373 | 22064 |
| 54 | 15.022 | 118 | 186.41 | 182 | 1049.8 | 246 | 3714.5 | 312 | 10137 | | |
| 56 | 16.533 | 120 | 198.67 | 184 | 1098.5 | 250 | 3976.2 | 314 | 10415 | | |
| 58 | 18.171 | 122 | 211.59 | 186 | 1148.9 | 252 | 4112.2 | 316 | 10699 | | |
| 60 | 19.946 | 124 | 225.18 | 188 | 1201.1 | 254 | 4251.8 | 318 | 10989 | | |

数据来源：David R L. CRC Handbook of Chemistry and Physics. 90th ed. 2010.

## 附录2

## 常用酸、碱的密度、质量分数和物质的量浓度 (20℃)

| 试剂名称 | 密度/$(g \cdot cm^{-3})$ | 质量分数/% | 物质的量浓度/$(mol \cdot L^{-1})$ |
|---|---|---|---|
| 浓硫酸 | 1.84 | 98 | 18 |
| 浓盐酸 | 1.19 | 38 | 12 |
| 浓硝酸 | 1.4 | 68 | 15 |
| 浓磷酸 | 1.7 | 85 | 15 |
| 浓高氯酸 | 1.67 | 70 | 12 |
| 浓氢氟酸 | 1.13 | 40 | 18 |
| 氢溴酸 | 1.38 | 40 | 7 |
| 氢碘酸 | 1.70 | 57 | 8 |
| 冰醋酸 | 1.05 | 99 | 17.5 |
| 稀醋酸 | 1.04 | 30 | 5 |
| 稀醋酸 | 1.0 | 12 | 2 |
| 浓氢氧化钠 | 1.44 | 41 | 15 |
| 浓氨水 | 0.91 | 28 | 15 |
| 饱和氢氧化钙水溶液 | | 0.17 | 0.02 |
| 饱和氢氧化钡水溶液 | | 3.7 | 0.2 |

数据来源：David R L. CRC Handbook of Chemistry and Physics. 90th ed. 2010.

## 附录3

## 一些弱酸和弱碱的解离平衡常数

（1）一些弱酸的解离平衡常数（298.15K）

| 弱酸 | 解离平衡常数 $K_a^{\ominus}$ |
|---|---|
| $H_3AsO_4$ | $K_{a1}^{\ominus}=5.50\times10^{-3}$；$K_{a2}^{\ominus}=1.74\times10^{-7}$；$K_{a3}^{\ominus}=5.13\times10^{-12}$ |
| $H_3BO_3$ | $5.81\times10^{-10}$ |
| HOBr | $2.8\times10^{-9}$ |
| $H_2CO_3$ | $K_{a1}^{\ominus}=4.45\times10^{-7}$；$K_{a2}^{\ominus}=4.69\times10^{-11}$ |

| 弱酸 | 解离平衡常数 $K_a^{\ominus}$ |
| --- | --- |
| HCN | $6.2\times10^{-10}$ |
| $H_2CrO_4$ | $K_{a1}^{\ominus}=1.82\times10^{-1}(0.74)$；$K_{a2}^{\ominus}=3.25\times10^{-7}(6.488)$ |
| HOCl | $2.90\times10^{-8}$ |
| $HClO_2$ | $1.1\times10^{-2}$ |
| HF | $6.3\times10^{-4}$ |
| HOI | $3\times10^{-11}$ |
| $HIO_3$ | $1.57\times10^{-1}$ |
| $HNO_2$ | $7.2\times10^{-4}$ |
| $HN_3$ | $2.4\times10^{-5}$ |
| $H_2O_2$ | $K_{a1}^{\ominus}=2.3\times10^{-12}$ |
| $H_3PO_4$ | $K_{a1}^{\ominus}=7.11\times10^{-3}$；$K_{a2}^{\ominus}=6.34\times10^{-8}$；$K_{a3}^{\ominus}=4.8\times10^{-13}$ |
| $H_3PO_3$ | $K_{a1}^{\ominus}=3.7\times10^{-2}$；$K_{a2}^{\ominus}=2.1\times10^{-7}$ |
| $H_4P_2O_7$ | $K_{a1}^{\ominus}=1.2\times10^{-1}$；$K_{a2}^{\ominus}=7.9\times10^{-3}$；$K_{a3}^{\ominus}=2.0\times10^{-7}$；$K_{a4}^{\ominus}=4.5\times10^{-10}$ |
| $H_2SO_4$ | $K_{a2}^{\ominus}=1.0\times10^{-2}$ |
| $H_2SO_3$ | $K_{a1}^{\ominus}=1.3\times10^{-2}$；$K_{a2}^{\ominus}=6.24\times10^{-8}$ |
| $H_2Se$ | $K_{a1}^{\ominus}=1.3\times10^{-4}$；$K_{a2}^{\ominus}=1.0\times10^{-11}$ |
| $H_2S$ | $K_{a1}^{\ominus}=1.1\times10^{-7}$；$K_{a2}^{\ominus}=1.3\times10^{-13}$ |
| $H_2SeO_4$ | $K_{a1}^{\ominus}=2.2\times10^{-2}$ |
| $H_2SeO_3$ | $K_{a1}^{\ominus}=2.4\times10^{-3}$；$K_{a2}^{\ominus}=5.0\times10^{-9}$ |
| $H_2C_2O_4$(草酸) | $K_{a1}^{\ominus}=5.36\times10^{-2}$；$K_{a2}^{\ominus}=5.35\times10^{-5}$ |
| HCOOH(甲酸) | $1.77\times10^{-4}$ |
| HAc(乙酸) | $1.75\times10^{-5}$ |
| $ClCH_2COOH$(氯乙酸) | $1.36\times10^{-3}$ |
| EDTA | $K_{a1}^{\ominus}=1.0\times10^{-2}$；$K_{a2}^{\ominus}=2.1\times10^{-3}$；$K_{a3}^{\ominus}=6.9\times10^{-7}$；$K_{a4}^{\ominus}=5.5\times10^{-11}$ |

## （2）一些弱碱的解离平衡常数（298.15K）

| 弱碱 | 解离平衡常数 $K_b^{\ominus}$ | 弱碱 | 解离平衡常数 $K_b^{\ominus}$ |
| --- | --- | --- | --- |
| $NH_3\cdot H_2O$ | $1.76\times10^{-5}$ | $CH_3NH_2$(甲胺) | $4.2\times10^{-4}$ |
| $(CH_3)_2NH$(二甲胺) | $5.9\times10^{-4}$ | $C_2H_5NH_2$(乙胺) | $4.3\times10^{-4}$ |
| $(C_2H_5)_2NH$(二乙胺) | $6.3\times10^{-4}$ | $C_6H_5NH_2$(苯胺) | $4.0\times10^{-10}$ |
| $C_5H_5N$(吡啶) | $1.5\times10^{-9}$ | $NH_2OH$(胲) | $8.7\times10^{-9}$ |
| $N_2H_4$(肼) | $K_{b1}^{\ominus}=8.7\times10^{-7}$<br>$K_{b2}^{\ominus}=1.9\times10^{-14}$ | $(CH_2)_6NH_2$(1,6-己二胺) | $K_{b1}^{\ominus}=8.51\times10^{-4}$<br>$K_{b2}^{\ominus}=6.76\times10^{-5}$ |

数据来源：James G S. Lange's Handbook of Chemistry. 16th ed. New York：McGraw-Hill Companies Inc，2005：Table 1.74 and Table 2.59.

## 附录 4

# 一些化合物的溶度积常数

| 化学式 | $K_{sp}^{\ominus}$ | 化学式 | $K_{sp}^{\ominus}$ | 化学式 | $K_{sp}^{\ominus}$ |
|---|---|---|---|---|---|
| AgOAc | $1.94 \times 10^{-3}$ | $CaF_2$ | $5.3 \times 10^{-9}$ | $K_2[PtCl_6]$ | $7.48 \times 10^{-6}$ |
| $Ag_3AsO_4$ | $1.03 \times 10^{-22}$ | $Ca(OH)_2$ | $5.5 \times 10^{-6}$ | $Li_2CO_3$ | $2.5 \times 10^{-2}$ |
| AgBr | $5.35 \times 10^{-13}$ | $CaHPO_4$ | $1.0 \times 10^{-7}$ | LiF | $1.84 \times 10^{-3}$ |
| AgCl | $1.77 \times 10^{-10}$ | $Ca_3(PO_4)_2$ | $2.07 \times 10^{-29}$ | $Li_3PO_4$ | $2.37 \times 10^{-11}$ |
| $Ag_2CO_3$ | $8.3 \times 10^{-12}$ | $CaSO_4$ | $4.93 \times 10^{-5}$ | $MgCO_3$ | $6.82 \times 10^{-6}$ |
| $Ag_2CrO_4$ | $1.12 \times 10^{-12}$ | $Cd(OH)_2$(新制) | $7.2 \times 10^{-15}$ | $MgF_2$ | $5.16 \times 10^{-11}$ |
| AgCN | $5.97 \times 10^{-17}$ | CdS | $8.0 \times 10^{-27}$ | $Mg(OH)_2$ | $5.61 \times 10^{-12}$ |
| $Ag_2Cr_2O_7$ | $2.0 \times 10^{-7}$ | $CdCO_3$ | $1.0 \times 10^{-12}$ | $Mg_3(PO_4)_2$ | $1.04 \times 10^{-24}$ |
| $Ag_2C_2O_4$ | $5.40 \times 10^{-12}$ | $Co(OH)_2$(新制) | $5.92 \times 10^{-15}$ | $MnCO_3$ | $2.34 \times 10^{-11}$ |
| $AgIO_3$ | $3.17 \times 10^{-8}$ | $Co(OH)_3$ | $1.6 \times 10^{-44}$ | $Mn(OH)_2$ | $1.9 \times 10^{-13}$ |
| AgI | $8.3 \times 10^{-17}$ | $Cr(OH)_3$ | $6.3 \times 10^{-31}$ | MnS(无定形) | $2.5 \times 10^{-13}$ |
| $Ag_2MoO_4$ | $2.8 \times 10^{-12}$ | CuBr | $6.27 \times 10^{-9}$ | MnS(晶体) | $2.5 \times 10^{-10}$ |
| $AgNO_2$ | $6.0 \times 10^{-4}$ | CuCl | $1.72 \times 10^{-7}$ | $NiCO_3$ | $1.42 \times 10^{-7}$ |
| $Ag_3PO_4$ | $8.89 \times 10^{-17}$ | CuCN | $3.47 \times 10^{-20}$ | $Ni(OH)_2$(新制) | $5.48 \times 10^{-16}$ |
| $Ag_2SO_4$ | $1.20 \times 10^{-5}$ | CuI | $1.27 \times 10^{-12}$ | $Pb(OH)_2$ | $1.43 \times 10^{-15}$ |
| $Ag_2SO_3$ | $1.50 \times 10^{-14}$ | CuSCN | $1.77 \times 10^{-13}$ | $PbCO_3$ | $7.4 \times 10^{-14}$ |
| $Ag_2S$ | $6.3 \times 10^{-50}$ | $CuCO_3$ | $1.4 \times 10^{-10}$ | $PbBr_2$ | $6.60 \times 10^{-6}$ |
| AgSCN | $1.03 \times 10^{-12}$ | $Cu(OH)_2$ | $2.2 \times 10^{-20}$ | $PbCl_2$ | $1.70 \times 10^{-5}$ |
| $BaCO_3$ | $2.58 \times 10^{-9}$ | $Cu_2P_2O_7$ | $8.3 \times 10^{-16}$ | $PbCrO_4$ | $2.8 \times 10^{-13}$ |
| $BaCrO_4$ | $1.17 \times 10^{-10}$ | CuS | $6.3 \times 10^{-36}$ | $PbI_2$ | $9.8 \times 10^{-9}$ |
| $BaF_2$ | $1.84 \times 10^{-7}$ | $FeCO_3$ | $3.13 \times 10^{-11}$ | $PbSO_4$ | $2.53 \times 10^{-8}$ |
| $Ba(NO_3)_2$ | $4.64 \times 10^{-3}$ | $Fe(OH)_2$ | $4.87 \times 10^{-17}$ | PbS | $8.0 \times 10^{-28}$ |
| $Ba_3(PO_4)_2$ | $3.4 \times 10^{-23}$ | $Fe(OH)_3$ | $2.79 \times 10^{-39}$ | $Sn(OH)_2$ | $5.45 \times 10^{-28}$ |
| $BaSO_4$ | $1.08 \times 10^{-10}$ | FeS | $6.3 \times 10^{-18}$ | $Sn(OH)_4$ | $1 \times 10^{-56}$ |
| $BaC_2O_4$ | $1.6 \times 10^{-7}$ | $HgI_2$ | $2.9 \times 10^{-29}$ | SnS | $1.0 \times 10^{-25}$ |
| $Bi(OH)_3$ | $6.0 \times 10^{-31}$ | $Hg_2CO_3$ | $3.6 \times 10^{-17}$ | $SrCO_3$ | $5.6 \times 10^{-10}$ |
| $BiI_3$ | $7.71 \times 10^{-19}$ | $HgBr_2$ | $6.2 \times 10^{-20}$ | $SrCrO_4$ | $2.2 \times 10^{-5}$ |
| BiOBr | $3.0 \times 10^{-7}$ | $Hg_2Cl_2$ | $1.43 \times 10^{-18}$ | $SrSO_4$ | $3.44 \times 10^{-7}$ |
| BiOCl | $1.8 \times 10^{-31}$ | $Hg_2CrO_4$ | $2.0 \times 10^{-9}$ | $ZnCO_3$ | $1.46 \times 10^{-10}$ |
| $BiONO_3$ | $2.82 \times 10^{-3}$ | $Hg_2I_2$ | $5.2 \times 10^{-29}$ | $Zn(OH)_2$ | $3 \times 10^{-17}$ |
| $CaCO_3$ | $2.8 \times 10^{-9}$ | $Hg_2SO_4$ | $6.5 \times 10^{-7}$ | $\alpha$-ZnS | $1.6 \times 10^{-24}$ |
| $CaC_2O_4 \cdot H_2O$ | $2.32 \times 10^{-9}$ | HgS(红色) | $4 \times 10^{-53}$ | $\beta$-ZnS | $2.5 \times 10^{-22}$ |
| $CaCrO_4$ | $7.1 \times 10^{-4}$ | HgS(黑色) | $1.6 \times 10^{-52}$ | | |

数据来源：David R L. CRC Handbook of Chemistry and Physics，90th ed. 2010.

# 附录5

# 标准电极电势（298.15K）

| 电极反应 | $E^{\ominus}/V$ |
|---|---|
| 氧化型 $+ze^- \Longrightarrow$ 还原型 | |
| $Li^+(aq)+e^- \Longrightarrow Li(s)$ | $-3.040$ |
| $Cs^+(aq)+e^- \Longrightarrow Cs(s)$ | $-2.923$ |
| $K^+(aq)+e^- \Longrightarrow K(s)$ | $-2.924$ |
| $Ba^{2+}(aq)+2e^- \Longrightarrow Ba(s)$ | $-2.92$ |
| $Sr^{2+}(aq)+2e^- \Longrightarrow Sr(s)$ | $-2.89$ |
| $Ca^{2+}(aq)+2e^- \Longrightarrow Ca(s)$ | $-2.84$ |
| $Na^+(aq)+e^- \Longrightarrow Na(s)$ | $-2.713$ |
| $La^{3+}(aq)+3e^- \Longrightarrow La(s)$ | $-2.38$ |
| $Mg^{2+}(aq)+2e^- \Longrightarrow Mg(s)$ | $-2.356$ |
| $Be^{2+}(aq)+2e^- \Longrightarrow Be(s)$ | $-1.99$ |
| $Al^{3+}(aq)+3e^- \Longrightarrow Al(s)$ | $-1.676$ |
| $Mn^{2+}(aq)+2e^- \Longrightarrow Mn(s)$ | $-1.185$ |
| $SO_4^{2-}(aq)+H_2O(l)+2e^- \Longrightarrow SO_3^{2-}(aq)+2OH^-(aq)$ | $-0.936$ |
| $Cr^{3+}(aq)+3e^- \Longrightarrow Cr(s)$ | $-0.744$ |
| $Ga^{3+}(aq)+3e^- \Longrightarrow Ga(s)$ | $-0.549$ |
| $Sb(s)+3H^+(aq)+3e^- \Longrightarrow SbH_3(s)$ | $-0.510$ |
| $2CO_2(aq)+2H^+(aq)+2e^- \Longrightarrow H_2C_2O_4(aq)$ | $-0.481$ |
| $Fe^{2+}(aq)+2e^- \Longrightarrow Fe(s)$ | $-0.44$ |
| $S(s)+2e^- \Longrightarrow S^{2-}(aq)$ | $-0.407$ |
| $Cd^{2+}(aq)+2e^- \Longrightarrow Cd(s)$ | $-0.403$ |
| $PbI_2(s)+2e^- \Longrightarrow Pb(s)+2I^-$ | $-0.365$ |
| $PbSO_4(s)+2e^- \Longrightarrow Pb(s)+SO_4^{2-}(aq)$ | $-0.356$ |
| $Co^{2+}(aq)+2e^- \Longrightarrow Co(s)$ | $-0.277$ |
| $PbBr_2(s)+2e^- \Longrightarrow Pb(s)+2Br^-(aq)$ | $-0.280$ |
| $PbCl_2(s)+2e^- \Longrightarrow Pb(s)+2Cl^-(aq)$ | $-0.268$ |
| $Ni^{2+}(aq)+2e^- \Longrightarrow Ni(s)$ | $-0.257$ |
| $AgI(s)+e^- \Longrightarrow Ag(s)+I^-(aq)$ | $-0.152$ |
| $Sn^{2+}(aq)+2e^- \Longrightarrow Sn(s)$ | $-0.1375$ |
| $Pb^{2+}(aq)+2e^- \Longrightarrow Pb(s)$ | $-0.126$ |
| $Se(s)+2H^+(aq)+2e^- \Longrightarrow H_2Se(aq)$ | $-0.1150$ |
| $WO_3(s)+6H^+(aq)+6e^- \Longrightarrow W(s)+3H_2O(l)$ | $-0.090$ |
| $2H^+(aq)+2e^- \Longrightarrow H_2(g)$ | $0.0000$ |
| $S_4O_6^{2-}(aq)+2e^- \Longrightarrow 2S_2O_3^{2-}(aq)$ | $0.037$ |
| $AgBr(s)+e^- \Longrightarrow Ag(s)+Br^-(aq)$ | $0.0711$ |
| $S(s)+2H^+(aq)+2e^- \Longrightarrow H_2S(aq)$ | $0.144$ |
| $Sn^{4+}(aq)+2e^- \Longrightarrow Sn^{2+}(aq)$ | $0.154$ |
| $SO_4^{2-}(aq)+4H^+(aq)+2e^- \Longrightarrow H_2SO_3(aq)+H_2O(l)$ | $0.158$ |
| $Cu^{2+}(aq)+e^- \Longrightarrow Cu^+(aq)$ | $0.159$ |
| $AgCl(s)+e^- \Longrightarrow Ag(s)+Cl^-(aq)$ | $0.2223$ |
| $Hg_2Cl_2(s)+2e^- \Longrightarrow 2Hg(l)+2Cl^-(aq)$ | $0.2682$ |
| $Cu^{2+}(aq)+2e^- \Longrightarrow Cu(s)$ | $0.340$ |

| 电极反应 | $E^{\ominus}/V$ |
|---|---|
| 氧化型 $+ze^- \Longrightarrow$ 还原型 | |
| $O_2(g) + 2H_2O(l) + 4e^- \Longrightarrow 4OH^-(aq)$ | 0.401 |
| $4H_2SO_3(aq) + 4H^+(aq) + 6e^- \Longrightarrow S_4O_6^{2-}(aq) + 6H_2O(l)$ | 0.507 |
| $Ag_2CrO_4(s) + 2e^- \Longrightarrow 2Ag(s) + CrO_4^{2-}(aq)$ | 0.449 |
| $MnO_4^-(aq) + 2H_2O(l) + 3e^- \Longrightarrow MnO_2(s) + 4OH^-(aq)$ | 0.60 |
| $MnO_4^{2-}(aq) + 2H_2O(l) + 2e^- \Longrightarrow MnO_2(s) + 4OH^-(aq)$ | 0.62 |
| $I_2(aq) + 2e^- \Longrightarrow 2I^-(aq)$ | 0.621 |
| $2HgCl_2(aq) + 2e^- \Longrightarrow Hg_2Cl_2(s) + 2Cl^-(aq)$ | 0.63 |
| $O_2(g) + 2H^+(aq) + 2e^- \Longrightarrow H_2O_2(aq)$ | 0.695 |
| $Fe^{3+}(aq) + e^- \Longrightarrow Fe^{2+}(aq)$ | 0.771 |
| $Hg_2^{2+}(aq) + 2e^- \Longrightarrow 2Hg(l)$ | 0.7960 |
| $Ag^+(aq) + e^- \Longrightarrow Ag(s)$ | 0.7991 |
| $Hg^{2+}(aq) + 2e^- \Longrightarrow Hg(l)$ | 0.8535 |
| $Cu^{2+}(aq) + I^-(aq) + e^- \Longrightarrow CuI(s)$ | 0.861 |
| $ClO^-(aq) + H_2O(l) + 2e^- \Longrightarrow Cl^-(aq) + 2OH^-(aq)$ | 0.890 |
| $2Hg^{2+}(aq) + 2e^- \Longrightarrow Hg_2^{2+}(aq)$ | 0.911 |
| $NO_3^-(aq) + 3H^+(aq) + 2e^- \Longrightarrow HNO_2(aq) + H_2O(l)$ | 0.94 |
| $HNO_2(aq) + H^+(aq) + e^- \Longrightarrow NO(g) + H_2O(l)$ | 0.996 |
| $Br_2(l) + 2e^- \Longrightarrow 2Br^-(aq)$ | 1.087 |
| $ClO_3^-(aq) + 3H^+(aq) + 2e^- \Longrightarrow HClO_2(aq) + H_2O(l)$ | 1.181 |
| $ClO_2(g) + H^+(aq) + e^- \Longrightarrow HClO_2(aq)$ | 1.188 |
| $2IO_3^-(aq) + 12H^+(aq) + 10e^- \Longrightarrow I_2(s) + 6H_2O(l)$ | 1.195 |
| $ClO_4^-(aq) + 2H^+(aq) + 2e^- \Longrightarrow ClO_3^-(aq) + H_2O(l)$ | 1.201 |
| $O_2(g) + 4H^+(aq) + 4e^- \Longrightarrow 2H_2O(l)$ | 1.229 |
| $MnO_2(s) + 4H^+(aq) + 2e^- \Longrightarrow Mn^{2+}(aq) + 2H_2O(l)$ | 1.23 |
| $O_3(g) + H_2O(l) + 2e^- \Longrightarrow O_2(g) + 2OH^-(aq)$ | 1.240 |
| $2HNO_2(aq) + 4H^+(aq) + 4e^- \Longrightarrow N_2O(g) + 3H_2O(l)$ | 1.297 |
| $Cr_2O_7^{2-}(aq) + 14H^+(aq) + 6e^- \Longrightarrow 2Cr^{3+}(aq) + 7H_2O(l)$ | 1.36 |
| $Cl_2(aq) + 2e^- \Longrightarrow 2Cl^-(aq)$ | 1.396 |
| $2HIO(aq) + 2H^+(aq) + 2e^- \Longrightarrow I_2(s) + 2H_2O(l)$ | 1.45 |
| $PbO_2(s) + 4H^+(aq) + 2e^- \Longrightarrow Pb^{2+}(aq) + 2H_2O(l)$ | 1.46 |
| $2BrO_3^-(aq) + 12H^+(aq) + 10e^- \Longrightarrow Br_2(l) + 6H_2O(l)$ | 1.478 |
| $Mn^{3+}(aq) + e^- \Longrightarrow Mn^{2+}(aq)$ | 1.5 |
| $MnO_4^-(aq) + 8H^+(aq) + 5e^- \Longrightarrow Mn^{2+}(aq) + 4H_2O(l)$ | 1.51 |
| $Au^{3+}(aq) + 3e^- \Longrightarrow Au(s)$ | 1.52 |
| $H_5IO_6(aq) + H^+(aq) + 2e^- \Longrightarrow IO_3^-(aq) + 3H_2O(l)$ | 1.603 |
| $2HBrO(aq) + 2H^+(aq) + 2e^- \Longrightarrow Br_2(l) + 2H_2O(l)$ | 1.604 |
| $2HClO(aq) + 2H^+(aq) + 2e^- \Longrightarrow Cl_2(g) + 2H_2O(l)$ | 1.630 |
| $HClO_2(aq) + 2H^+(aq) + 2e^- \Longrightarrow HClO(aq) + H_2O(l)$ | 1.64 |
| $MnO_4^-(aq) + 4H^+(aq) + 3e^- \Longrightarrow 2MnO_2(s) + 2H_2O(l)$ | 1.70 |
| $H_2O_2(aq) + 2H^+(aq) + 2e^- \Longrightarrow 2H_2O(l)$ | 1.763 |
| $Au^+(aq) + e^- \Longrightarrow Au(s)$ | 1.83 |
| $Co^{3+}(aq) + e^- \Longrightarrow Co^{2+}(aq)$ | 1.92 |
| $S_2O_8^{2-}(aq) + 2e^- \Longrightarrow 2SO_4^{2-}(aq)$ | 1.96 |
| $Ag^{2+}(aq) + e^- \Longrightarrow Ag^+(aq)$ | 1.980 |
| $O_3(g) + 2H^+(aq) + 2e^- \Longrightarrow O_2(g) + H_2O(l)$ | 2.075 |
| $F_2(g) + 2e^- \Longrightarrow 2F^-(aq)$ | 2.87 |
| $F_2(g) + 2H^+(aq) + 2e^- \Longrightarrow 2HF(aq)$ | 3.053 |

数据来源：James G S. Lange's Handbook of Chemistry. 16th ed. New York：McGraw-Hill Companies Inc，2005：Table 1.77.

## 附录 6
# 一些配离子的标准稳定常数（298.15K）

| 配离子 | $K_f^\ominus$ | 配离子 | $K_f^\ominus$ | 配离子 | $K_f^\ominus$ |
|---|---|---|---|---|---|
| $[AgCl_2]^-$ | $1.1\times10^5$ | $[Co(NH_3)_6]^{2+}$ | $1.3\times10^5$ | $[HgCl_4]^{2-}$ | $1.2\times10^{15}$ |
| $[AgBr_2]^-$ | $2.1\times10^7$ | $[Co(NH_3)_6]^{3+}$ | $1.6\times10^{55}$ | $[HgBr_4]^{2-}$ | $1\times10^{21}$ |
| $[AgI_2]^-$ | $5.5\times10^{11}$ | $[Co(NCS)_4]^-$ | $1.0\times10^3$ | $[HgI_4]^{2-}$ | $6.8\times10^{29}$ |
| $[Ag(NH_3)]^+$ | $1.74\times10^3$ | $[Co(EDTA)]^{2-}$ | $2.04\times10^{16}$ | $[Hg(NH_3)_4]^{2+}$ | $1.9\times10^{19}$ |
| $[Ag(NH_3)_2]^+$ | $1.1\times10^7$ | $[Co(EDTA)]^-$ | $1\times10^{36}$ | $[Hg(CN)_4]^{2-}$ | $2.51\times10^{41}$ |
| $[Ag(CN)_2]^-$ | $1.3\times10^{21}$ | $[Cr(OH)_4]^-$ | $7.9\times10^{29}$ | $[Hg(SCN)_4]^{2-}$ | $1.7\times10^{21}$ |
| $[Ag(SCN)_2]^-$ | $3.7\times10^7$ | $[Cr(edta)]^-$ | $1.0\times10^{23}$ | $[Hg(EDTA)]^{2-}$ | $6.3\times10^{21}$ |
| $[Ag(S_2O_3)_2]^{3-}$ | $2.9\times10^{13}$ | $[CuCl_2]^-$ | $3.16\times10^5$ | $[Ni(NH_3)_6]^{2+}$ | $5.5\times10^8$ |
| $[Ag(en)_2]^+$ | $5.0\times10^4$ | $[CuCl_3]^-$ | $5\times10^5$ | $[Ni(CN)_4]^{2-}$ | $2.0\times10^{31}$ |
| $[Ag(EDTA)]^{3-}$ | $2.1\times10^7$ | $[CuI_2]^-$ | $7.1\times10^8$ | $[Ni(en)_3]^{2+}$ | $2.1\times10^{18}$ |
| $[Al(OH)_4]^-$ | $1.1\times10^{33}$ | $[Cu(NH_3)_4]^{2+}$ | $2.1\times10^{13}$ | $[Ni(EDTA)]^{2-}$ | $3.6\times10^{18}$ |
| $[AlF_6]^{3-}$ | $6.9\times10^{19}$ | $[Cu(C_2O_4)_2]^{2-}$ | $3.16\times10^8$ | $[Pb(OH)_3]^-$ | $3.80\times10^{14}$ |
| $[Al(EDTA)]^-$ | $1.3\times10^{16}$ | $[Cu(CN)_2]^-$ | $1.0\times10^{24}$ | $[PbCl_3]^-$ | $50.1$ |
| $[Ba(EDTA)]^{2-}$ | $6.0\times10^7$ | $[Cu(CN)_3]^{2-}$ | $3.89\times10^{28}$ | $[PbI_3]^-$ | $8.3\times10^3$ |
| $[Be(EDTA)]^{2-}$ | $2\times10^9$ | $[Cu(CN)_4]^{3-}$ | $2.0\times10^{30}$ | $[PbI_4]^{2-}$ | $3.0\times10^4$ |
| $[BiCl_4]^-$ | $3.98\times10^5$ | $[Cu(SCN)_2]^-$ | $1.5\times10^5$ | $[Pb(EDTA)]^{2-}$ | $2\times10^{18}$ |
| $[BiBr_4]^-$ | $6.61\times10^7$ | $[Cu(EDTA)]^{2-}$ | $5.0\times10^{18}$ | $[Pd(EDTA)]^{2-}$ | $3.2\times10^{18}$ |
| $[BiI_4]^-$ | $8.91\times10^{14}$ | $[Fe(CN)_6]^{3-}$ | $1\times10^{42}$ | $[PtCl_4]^{2-}$ | $1.0\times10^{16}$ |
| $[Bi(EDTA)]^-$ | $6.3\times10^{22}$ | $[Fe(CN)_6]^{4-}$ | $1\times10^{35}$ | $[PtBr_4]^{2-}$ | $3.16\times10^{20}$ |
| $[Ca(EDTA)]^{2-}$ | $1\times10^{11}$ | $[Fe(NCS)]^{2+}$ | $8.9\times10^2$ | $[Pt(NH_3)_4]^{2+}$ | $2\times10^{35}$ |
| $[Cd(NH_3)_4]^{2+}$ | $1.3\times10^7$ | $[FeBr]^{2+}$ | $0.5$ | $[Sc(EDTA)]^-$ | $1.26\times10^{23}$ |
| $[Cd(CN)_4]^{2-}$ | $6.0\times10^{18}$ | $[FeCl]^{2+}$ | $30.2$ | $[Zn(OH)_3]^-$ | $1.38\times10^{14}$ |
| $[Cd(OH)_4]^{2-}$ | $4.17\times10^8$ | $[Fe(C_2O_4)_3]^{3-}$ | $1.6\times10^{20}$ | $[Zn(OH)_4]^{2-}$ | $1.38\times10^{17}$ |
| $[CdBr_4]^{2-}$ | $5.0\times10^3$ | $[Fe(C_2O_4)_3]^{4-}$ | $1.7\times10^5$ | $[Zn(NH_3)_4]^{2+}$ | $2.9\times10^9$ |
| $[CdCl_4]^{2-}$ | $6.3\times10^2$ | $[Fe(EDTA)]^{2-}$ | $2.1\times10^{14}$ | $[Zn(CN)_4]^{2-}$ | $5.0\times10^{16}$ |
| $[CdI_4]^{2-}$ | $2.57\times10^5$ | $[Fe(EDTA)]^-$ | $1.7\times10^{24}$ | $[Zn(CNS)_4]^{2-}$ | $41.7$ |
| $[Cd(en)_3]^{2+}$ | $1.2\times10^{12}$ | $[HgCl]^+$ | $5.5\times10^6$ | $[Zn(C_2O_4)_2]^{2-}$ | $3.98\times10^7$ |
| $[Cd(EDTA)]^{2-}$ | $2.5\times10^{16}$ | $HgCl_2$ | $1.66\times10^{13}$ | $[Zn(EDTA)]^{2-}$ | $2.5\times10^{16}$ |
| $[Co(NH_3)_4]^{2+}$ | $3.54\times10^5$ | $[HgCl_3]^-$ | $1.17\times10^{14}$ | $[Zn(en)_2]^{2+}$ | $1.3\times10^{14}$ |

数据来源：James G S. Lange's Handbook of Chemistry. 16th ed. New York：McGraw-Hill Companies Inc，2005：Table 1.75 and Table 1.76.

## 附录 7

## 常见阴离子的鉴定

**1. $CO_3^{2-}$**

将试液酸化后产生的 $CO_2$ 气体导入 $Ba(OH)_2$ 溶液，能使 $Ba(OH)_2$ 溶液变浑浊。$SO_3^{2-}$ 对 $CO_3^{2-}$ 的检出有干扰，可在酸化前加入 $H_2O_2$ 溶液，使 $SO_3^{2-}$、$S^{2-}$ 氧化成 $SO_4^{2-}$：

$$SO_3^{2-}+H_2O_2 \Longrightarrow SO_4^{2-}+H_2O$$
$$S^{2-}+4H_2O_2 \Longrightarrow SO_4^{2-}+4H_2O$$

鉴定步骤：取 10 滴 3% $H_2O_2$ 溶液，置于水浴上加热 3min，如果检验溶液中有 $SO_3^{2-}$、$S^{2-}$ 存在，可向溶液中加入半滴管 6mol·$L^{-1}$ HCl 溶液，并立即插入吸有饱和 $Ba(OH)_2$ 溶液的带塞滴管，使滴管口悬挂 1 滴溶液，观察溶液是否变浑浊。或者向试管中插入蘸有 $Ba(OH)_2$ 溶液的带塞的镍铬丝小圈，若镍铬丝小圈上的液膜变浑浊，表示有 $CO_3^{2-}$ 存在。

**2. $NO_3^-$**

$NO_3^-$ 与 $FeSO_4$ 溶液在浓 $H_2SO_4$ 介质中反应生成棕色的 $[Fe(NO)]SO_4$：

$$2NaNO_3+6FeSO_4+4H_2SO_4 \Longrightarrow 3Fe_2(SO_4)_3+Na_2SO_4+2NO\uparrow+4H_2O$$
$$FeSO_4+NO \Longrightarrow [Fe(NO)]SO_4$$

$[Fe(NO)]^{2+}$ 在浓硫酸与试液层界面处生成，呈棕色环状，故称"棕色环"法。

$Br^-$、$I^-$ 及 $NO_2^-$ 等干扰 $NO_3^-$ 的鉴定。加稀 $H_2SO_4$ 及 $Ag_2SO_4$ 溶液，使 $Br^-$、$I^-$ 生成沉淀后分离出去。在溶液中加入尿素，并微热，可以除去 $NO_2^-$：

$$2NO_2^-+CO(NH_2)_2+2H^+ \Longrightarrow CO_2\uparrow+2N_2\uparrow+3H_2O$$

鉴定步骤：取 10 滴试液于试管中，加入 5 滴 2.0mol·$L^{-1}$ $H_2SO_4$、1mL 0.02mol·$L^{-1}$ $Ag_2SO_4$ 溶液，离心分离。在清液中加入少量尿素固体，并微热。在溶液中加入少量 $FeSO_4$ 固体，摇荡溶解后，将试管斜持，慢慢沿试管壁滴入 1mL 浓 $H_2SO_4$。若 $H_2SO_4$ 层与溶液层的界面处有"棕色环"出现，表示有 $NO_3^-$ 存在。

**3. $NO_2^-$**

（1）$NO_2^-$ 与 $FeSO_4$ 溶液在浓 HAc 介质中反应生成棕色的 $[Fe(NO)]SO_4$：

$$NO_2^-+Fe^{2+}+2HAc \Longrightarrow Fe^{3+}+NO\uparrow+2Ac^-+H_2O$$
$$Fe^{2+}+NO \Longrightarrow [Fe(NO)]^{2+}$$

鉴定步骤：取 5 滴试液于试管中，加入 10 滴 0.02mol·$L^{-1}$ $Ag_2SO_4$ 溶液，若有沉淀生成，离心分离。在清液中加入少量 $FeSO_4$ 固体，摇荡溶解后，加入 10 滴 2mol·$L^{-1}$ HAc 溶液，若溶液呈棕色，表示有 $NO_2^-$ 存在。

（2）$NO_2^-$ 与硫脲在浓 HAc 介质中反应生成 $N_2$ 和 $SCN^-$：

$$NO_2^-+CS(NH_2)_2+HAc \Longrightarrow HSCN+N_2\uparrow+Ac^-+2H_2O$$

生成的 $SCN^-$ 在稀 HCl 介质中与 $FeCl_3$ 反应生成红色的 $[Fe(SCN)_n]^{3-n}(n=1\sim 6)$。

$I^-$ 干扰 $NO_2^-$ 的鉴定，要预先加 $Ag_2SO_4$ 溶液使 $I^-$ 生成 AgI 沉淀而分离出去。

鉴定步骤：取 5 滴试液于试管中，加入 10 滴 $0.02mol \cdot L^{-1}$ $Ag_2SO_4$ 溶液，若有沉淀生成，离心分离。在清液中加入 $3\sim5$ 滴 $6.0mol \cdot L^{-1}$ HAc 溶液和 10 滴 8% 硫脲溶液，摇荡，再加入 5 滴 $2.0mol \cdot L^{-1}$ HCl 溶液及 1 滴 $0.01mol \cdot L^{-1}$ $FeCl_3$ 溶液，若溶液显红色，表示有 $NO_2^-$ 存在。

**4. $PO_4^{3-}$**

$PO_4^{3-}$ 与 $(NH_4)_2MoO_4$ 溶液在酸性介质中反应，生成黄色的磷钼酸铵沉淀。

$$PO_4^{3-}+3NH_4^++12MoO_4^{2-}+24H^+ =\!=\!= (NH_4)_3PO_4 \cdot 12MoO_3 \cdot 6H_2O \downarrow +6H_2O$$

$S^{2-}$、$S_2O_3^{2-}$、$SO_3^{2-}$ 等还原性离子存在时，能使 $Mo(Ⅵ)$ 还原成低氧化值化合物。因此，预先加 $HNO_3$，并于水浴上加热，以除去这些干扰离子。

鉴定步骤：取 5 滴试液于试管中，加入 10 滴浓 $HNO_3$ 溶液，并置于沸水浴中加热 $1\sim 2min$，稍冷后，加入 20 滴 $(NH_4)_2MoO_4$ 溶液，并在水浴上加热至 $40\sim 45℃$，若有黄色沉淀产生，表示有 $PO_4^{3-}$ 存在。

**5. $S^{2-}$**

$S^{2-}$ 与 $Na_2[Fe(CN)_5(NO)]$ 在碱性介质中反应，生成紫色的 $[Fe(CN)_5(NO)S]^{4-}$。

$$S^{2-}+[Fe(CN)_5(NO)]^{2-} =\!=\!= [Fe(CN)_5(NO)S]^{4-}$$

鉴定步骤：取 1 滴试液于点滴板上，加 1 滴 1% $Na_2[Fe(CN)_5(NO)]$ 溶液，若溶液呈紫色，表示有 $S^{2-}$ 存在。

**6. $SO_3^{2-}$**

$SO_3^{2-}$ 与 $Na_2[Fe(CN)_5(NO)]$、$ZnSO_4$、$K_4[Fe(CN)_6]$ 三种溶液在中性介质中反应，生成红色沉淀，其组成尚不清楚。在酸性溶液中，红色沉淀消失，因此，溶液为酸性时必须用氨水中和。$S^{2-}$ 干扰 $SO_3^{2-}$ 的鉴定，可加入 $PbCO_3$ 固体使 $S^{2-}$ 生成 PbS 黑色沉淀。

$$S^{2-}+PbCO_3 =\!=\!= PbS \downarrow +CO_3^{2-}$$

鉴定步骤：取 10 滴试液于试管中，加入少量 $PbCO_3$ 固体，振荡，若沉淀由白色变为黑色，则需要再加入少量 $PbCO_3$ 固体，直到沉淀呈灰色为止。离心分离，保留清液。

在点滴板上，加饱和 $ZnSO_4$ 溶液、$0.1mol \cdot L^{-1}$ $K_4[Fe(CN)_6]$ 溶液及 1% $Na_2[Fe(CN)_5(NO)]$ 溶液各 1 滴，加 1 滴 $2.0mol \cdot L^{-1}$ $NH_3 \cdot H_2O$ 溶液调至中性。若出现红色沉淀，表示有 $SO_3^{2-}$ 存在。

**7. $S_2O_3^{2-}$**

$S_2O_3^{2-}$ 与 $Ag^+$ 反应生成白色的 $Ag_2S_2O_3$ 沉淀，但 $Ag_2S_2O_3$ 迅速分解为 $Ag_2S$ 固体和 $H_2SO_4$，颜色由白色变为黄色、棕色，最后变为黑色。

$$2Ag^++S_2O_3^{2-} =\!=\!= Ag_2S_2O_3 \downarrow$$
$$Ag_2S_2O_3+H_2O =\!=\!= Ag_2S+H_2SO_4$$

$S^{2-}$ 干扰 $S_2O_3^{2-}$ 的鉴定，必须预先除去，可加入 $PbCO_3$ 固体使 $S^{2-}$ 生成 PbS 沉淀。

鉴定步骤：取 1 滴除去 $S^{2-}$ 的试液于点滴板上，加 2 滴 $0.1mol \cdot L^{-1}$ $AgNO_3$ 溶液，若见到白色沉淀生成，并很快变为黄色、棕色，最后变为黑色，表示有 $S_2O_3^{2-}$ 存在。

**8. $SO_4^{2-}$**

$SO_4^{2-}$ 与 $Ba^{2+}$ 反应生成白色沉淀。$CO_3^{2-}$、$SO_3^{2-}$ 等干扰 $S_2O_3^{2-}$ 的鉴定,可先酸化,以除去这些离子。

鉴定步骤:取 5 滴试液于试管中,加 $6.0mol \cdot L^{-1}$ HCl 溶液至无气泡产生,再多加 $1\sim 2$ 滴。加入 $1\sim 2$ 滴 $1.0mol \cdot L^{-1}$ $BaCl_2$ 溶液,若生成白色沉淀,表示有 $SO_4^{2-}$ 存在。

**9. $Cl^-$**

$Cl^-$ 与 $Ag^+$ 反应生成白色沉淀,$SCN^-$ 也能与 $Ag^+$ 生成白色沉淀,因此 $SCN^-$ 存在时干扰 $Cl^-$ 的鉴定。在 $2.0mol \cdot L^{-1}$ $NH_3 \cdot H_2O$ 溶液中,AgSCN 难溶,AgCl 易溶解,并生成 $[Ag(NH_3)_2]^+$,由此,可将 $SCN^-$ 分离出去。在清液中加 $HNO_3$,可降低 $NH_3$ 的浓度,使 AgCl 再次析出。

鉴定步骤:取 10 滴试液于试管中,加 5 滴 $6.0mol \cdot L^{-1}$ $HNO_3$ 溶液和 15 滴 $0.1mol \cdot L^{-1}$ $AgNO_3$ 溶液,在水浴上加热 2min。离心分离。将沉淀用 2mL 去离子水洗涤 2 次,使溶液 pH 值接近中性,加入 $2mol \cdot L^{-1}$ $NH_3 \cdot H_2O$ 溶液,并在水浴上加热 1min,离心分离。在清液中,加 $1\sim 2$ 滴 $2.0mol \cdot L^{-1}$ $HNO_3$ 溶液,若有白色沉淀生成,表示有 $Cl^-$ 存在。

**10. $Br^-$ 和 $I^-$**

$Br^-$ 与适量氯水反应生成 $Br_2$,溶液显橙红色,再加入 $CCl_4$ 或 $CHCl_3$,有机相显红棕色,水层无色。再加过量氯水,由于生成 BrCl,水层变为淡黄色。

$$2Br^- + Cl_2 \Longrightarrow 2Cl^- + Br_2$$
$$Br_2 + Cl_2 \Longrightarrow 2BrCl$$

$I^-$ 在酸性介质中能被 $Cl_2$ 氧化为 $I_2$,在 $CCl_4$ 或 $CHCl_3$ 中显紫红色。加过量氯水,由于 $I_2$ 被氧化为 $IO_3^-$ 而使有机相颜色消失。

$$2I^- + Cl_2 \Longrightarrow 2Cl^- + I_2$$
$$I_2 + 5Cl_2 + 6H_2O \Longrightarrow 2HIO_3 + 10HCl$$

若向含有 $Br^-$、$I^-$ 混合溶液中逐渐加入氯水,由于 $I^-$ 的还原性比 $Br^-$ 强,所以 $I^-$ 首先被氧化,$I_2$ 在 $CCl_4$ 层显紫红色。如果继续加氯水,$Br^-$ 被氧化为 $Br_2$,$I_2$ 被进一步氧化为 $IO_3^-$。这时 $CCl_4$ 层紫红色消失,而呈红棕色。如氯水过量,则 $Br_2$ 被进一步氧化为淡黄色的 BrCl。

鉴定步骤:取 5 滴试液于试管中,加 1 滴 $2.0mol \cdot L^{-1}$ $H_2SO_4$ 将溶液酸化,再加入 1mL $CCl_4$、1 滴氯水,充分摇荡,若 $CCl_4$ 层呈紫红色,表示有 $I^-$ 存在。继续加入氯水,并摇荡,若 $CCl_4$ 层紫红色褪去,又呈现出红棕色,则表示有 $Br^-$ 存在。

# 附录 8

## 常见阳离子的鉴定

**1. $NH_4^+$**

$NH_4^+$ 与奈斯勒(Nessler)试剂($K_2[HgI_4]$+KOH)反应生成红棕色的沉淀:

$$NH_4^+ + 2[HgI_4]^{2-} + 4OH^- \rlap{=}{=} HgO \cdot HgNH_2I\downarrow + 7I^- + 3H_2O$$

Nessler 试剂是 $K_2[HgI_4]$ 的碱性溶液，如果溶液中有 $Fe^{3+}$、$Cr^{3+}$、$Co^{2+}$ 和 $Ni^{2+}$ 等，能与 KOH 反应生成深色的氢氧化物沉淀，从而干扰 $NH_4^+$ 的鉴定，为此可改用下述方法：在原试液中加入 NaOH 溶液，并微热，用滴加 Nessler 试剂的滤纸条检验逸出的氨气，氨气与 Nessler 试剂作用，使滤纸上出现红褐色斑点。

$$NH_3 + 2[HgI_4]^{2-} + 3OH^- \rlap{=}{=} HgO \cdot HgNH_2I\downarrow + 7I^- + 2H_2O$$

鉴定步骤：

方法一　取 10 滴试液于试管中，加入 $2.0mol \cdot L^{-1}$ NaOH 溶液使其呈碱性，微热，并用滴加 Nessler 试剂的滤纸条检验逸出的气体，如有红褐色斑点出现，表示有 $NH_4^+$ 存在。

方法二　取 10 滴试液于试管中，加入 $2.0mol \cdot L^{-1}$ NaOH 溶液使其呈碱性，微热，并用润湿的红色石蕊试纸（或用 pH 试纸）检验逸出的气体，如试纸呈蓝色，表示有 $NH_4^+$ 存在。

**2. $K^+$**

$K^+$ 与 $Na_3[Co(NO_2)_6]$（俗称钴亚硝酸钠）在中性或稀醋酸介质中反应，生成亮黄色 $K_2Na[Co(NO_2)_6]$ 沉淀。强酸强碱均能使试剂分解，妨碍鉴定。因此，在鉴定时必须将溶液调节至中性或微酸性。

$$2K^+ + Na^+ + [Co(NO_2)_6]^{3-} \rlap{=}{=} K_2Na[Co(NO_2)_6]\downarrow$$

$NH_4^+$ 也能与试剂反应生成橙色 $(NH_4)_3[Co(NO_2)_6]$ 沉淀，故干扰 $K^+$ 的鉴定。为此，要在水浴上加热 2min 以使橙色沉淀完全分离。

加热时，亮黄色的 $K_2Na[Co(NO_2)_6]$ 无变化，从而消除 $NH_4^+$ 的干扰。

$Fe^{3+}$、$Co^{2+}$、$Cu^{2+}$ 等有色离子对鉴定也有干扰，要预先除去。

鉴定步骤：取 4 滴试液于试管中，加 4 滴 $0.5mol \cdot L^{-1}$ $Na_2CO_3$ 溶液，加热，使有色离子变为碳酸盐沉淀。离心分离，在所得清液中加入 $6.0mol \cdot L^{-1}$ HAc 溶液，再加入 2 滴 $Na_3[Co(NO_2)_6]$ 溶液，最后将试管放入沸水浴中加热 2min，若试管中有亮黄色沉淀，表示有 $K^+$ 存在。

**3. $Na^+$**

$Na^+$ 与 $Zn(Ac)_2 \cdot UO_2(Ac)_2$（醋酸铀酰锌）在中性或醋酸介质中反应，生成淡黄色结晶状醋酸铀酰锌钠沉淀：

$$Na^+ + Zn^{2+} + 3UO_2^{2+} + 8Ac^- + HAc + 9H_2O \rlap{=}{=} NaAc \cdot Zn(Ac)_2 \cdot 3UO_2(Ac)_2 \cdot 9H_2O\downarrow + H^+$$

在碱性溶液中，$UO_2(Ac)_2$ 可生成 $(NH_4)_2U_2O_7$ 或 $K_2U_2O_7$ 沉淀；在强酸性溶液中，醋酸铀酰锌钠沉淀的溶解度增加，因此，鉴定反应必须在中性或微酸性溶液中进行。其他试剂有干扰，可加 EDTA 配位掩蔽。

鉴定步骤：取 3 滴试液于试管中，加 $6.0mol \cdot L^{-1}$ 氨水至呈中性，再加 $6.0mol \cdot L^{-1}$ HAc 溶液酸化，然后加 3 滴饱和 EDTA 溶液和 $6\sim8$ 滴醋酸铀酰锌，充分振荡，放置片刻，若有淡黄色结晶状沉淀生成，表示有 $Na^+$ 存在。

**4. $Mg^{2+}$**

$Mg^{2+}$ 与镁试剂 Ⅰ（对硝基苯偶氮间苯二酚）在碱性介质中反应，生成蓝色螯合物沉淀：

镁试剂 I　　　　　　　　　　　　　　　　　蓝色

有些能生成深色氢氧化物沉淀的离子对鉴定有干扰，可用 EDTA 配位掩蔽。

鉴定步骤：取 1 滴试液于点滴板上，加 2 滴 EDTA 饱和溶液，搅拌后，加 1 滴镁试剂 I、1 滴 $6.0\,mol\cdot L^{-1}$ NaOH 溶液，如有蓝色沉淀生成，表示有 $Mg^{2+}$ 存在。

**5. $Ca^{2+}$**

$Ca^{2+}$ 与乙二醛双缩(2-羟基苯胺)（GBHA）在 pH＝12～12.6 的条件下生成红色螯合物沉淀：

GBHA　　　　　　　　　　　　　　　　　红色

沉淀能溶于 $CHCl_3$ 中，$Ba^{2+}$、$Sr^{2+}$、$Ni^{2+}$、$Co^{2+}$、$Cu^{2+}$ 等与 GBHA 反应生成有色沉淀，但不溶于 $CHCl_3$ 中，故它们对 $Ca^{2+}$ 鉴定无干扰，而 $Cd^{2+}$ 干扰，可用 $Na_2CO_3$ 除去。

鉴定步骤：取 1 滴试液于试管中，加入 10 滴 $CHCl_3$，加入 4 滴 0.2% GBHA、2 滴 $6.0\,mol\cdot L^{-1}$ NaOH 溶液、2 滴 $1.5\,mol\cdot L^{-1}$ $Na_2CO_3$ 溶液，摇荡试管，如果 $CHCl_3$ 层显红色，表示有 $Ca^{2+}$ 存在。

**6. $Sr^{2+}$**

由于易挥发的锶盐如 $SrCl_2$ 置于煤气灯氧化焰中灼烧，能产生猩红色火焰，故利用焰色反应鉴定 $Sr^{2+}$。若样品是不易挥发的 $SrSO_4$，应用 $Na_2CO_3$ 使它转化为 $SrCO_3$，再加盐酸使 $SrCO_3$ 转化为 $SrCl_2$。

鉴定步骤：取 4 滴试液于试管中，加入 4 滴 $0.5\,mol\cdot L^{-1}$ 的 $Na_2CO_3$ 溶液，在水浴上加热得沉淀，离心分离。在沉淀中加 2 滴 $6.0\,mol\cdot L^{-1}$ HCl 溶液，使其溶解，然后用清洁的镍铬丝或铂丝置于煤气灯或酒精灯的氧化焰上灼烧，如有猩红色火焰，表示有 $Sr^{2+}$ 存在。

注意，在做焰色反应前，应将镍铬丝或铂丝蘸取浓 HCl 在煤气灯或酒精灯的氧化焰灼烧，反复数次，直至火焰无色。

**7. $Ba^{2+}$**

在弱酸性介质中，$Ba^{2+}$ 与 $K_2CrO_4$ 反应生成黄色 $BaCrO_4$ 沉淀，沉淀不溶于醋酸，但可溶于强酸，因此鉴定反应必须在醋酸中进行。

$$Ba^{2+}+CrO_4^{2-}\Longrightarrow BaCrO_4\downarrow$$

$Pb^{2+}$、$Hg^{2+}$、$Ag^{+}$ 等也能与 $K_2CrO_4$ 反应生成不溶于醋酸的有色沉淀，为此，可预先

用金属锌使 $Pb^{2+}$、$Hg^{2+}$、$Ag^+$ 等还原成金属单质而除去。

鉴定步骤：取 4 滴试液于试管中，加浓 $NH_3 \cdot H_2O$ 使其呈碱性，再加锌粉少许，在沸水浴中加热 1～2min，并不断搅拌，离心分离。在溶液中加醋酸酸化，加 3～4 滴 $K_2CrO_4$ 溶液，摇荡，在沸水中加热，如有黄色沉淀，表示有 $Ba^{2+}$ 存在。

**8. $Al^{3+}$**

$Al^{3+}$ 与铝试剂（金黄色素三羧基铵盐）在 pH＝6～7 介质中反应，生成红色絮状螯合物沉淀：

铝试剂                                    红色沉淀

$Cu^{2+}$、$Bi^{3+}$、$Fe^{3+}$、$Cr^{3+}$、$Ca^{2+}$ 等干扰鉴定。$Bi^{3+}$、$Fe^{3+}$ 可预先加 NaOH 使之生成 $Bi(OH)_3$、$Fe(OH)_3$ 而除去。$Cr^{3+}$、$Cu^{2+}$ 与铝试剂的螯合物能被 $NH_3 \cdot H_2O$ 分解。$Ca^{2+}$ 与铝试剂的螯合物能被 $(NH_4)_2CO_3$ 转化为 $CaCO_3$。

鉴定步骤：取 4 滴试液于试管中，加 $6.0mol \cdot L^{-1}$ NaOH 溶液碱化，并过量 2 滴。加 2 滴 $H_2O_2$（3％）加热 2min，离心分离。用 $6.0mol \cdot L^{-1}$ HAc 溶液将溶液酸化，调 pH 为 6～7，加 3 滴铝试剂，摇荡后，放置片刻，加 $6.0mol \cdot L^{-1}$ $NH_3 \cdot H_2O$ 碱化，置于水浴上加热，如有橙红色（有 $CrO_4^{2-}$ 存在）物质生成，可离心分离。用去离子水洗沉淀，如沉淀为红色，表示有 $Al^{3+}$ 存在。

**9. $Sn^{2+}$**

（1）与 $HgCl_2$ 反应

$SnCl_2$ 溶液中 Sn(Ⅱ) 主要以 $SnCl_4^{2-}$ 形式存在。$SnCl_4^{2-}$ 与适量 $HgCl_2$ 反应生成白色 $Hg_2Cl_2$ 沉淀。如果 $SnCl_4^{2-}$ 过量，则沉淀变为灰色，即 $Hg_2Cl_2$ 与 Hg 的混合物，最后变为黑色，即 Hg 单质。

$$SnCl_4^{2-} + 2HgCl_2 =\!=\!= Hg_2Cl_2 \downarrow + SnCl_6^{2-}$$
$$SnCl_4^{2-} + Hg_2Cl_2 =\!=\!= SnCl_6^{2-} + 2Hg \downarrow$$

加入铁粉，可使许多电极电势大的电对的离子还原为金属，预先分离，从而消除干扰。

鉴定步骤：取 2 滴试液于试管中，加 2 滴 $6.0mol \cdot L^{-1}$ HCl 溶液，加少许铁粉，在水浴上加热至作用完全，气泡不再出现为止。吸取清液于另一支干净的试管中，加入 2 滴 $HgCl_2$，如有白色沉淀生成，表示有 $Sn^{2+}$ 存在。

（2）与甲基橙反应

$SnCl_4^{2-}$ 与甲基橙在浓 HCl 介质中加热发生反应，甲基橙被还原为氢化甲基橙而褪色。

甲基橙                                             氢化甲基橙

鉴定步骤：取 2 滴试液于试管中，加 2 滴浓 HCl 及 1 滴 0.01% 甲基橙，加热，如甲基橙褪色，表示有 $Sn^{2+}$ 存在。

**10. $Pb^{2+}$**

$Pb^{2+}$ 与 $K_2CrO_4$ 在稀 HAc 溶液中反应生成难溶的 $PbCrO_4$ 黄色沉淀。沉淀溶于 NaOH 溶液和浓 $HNO_3$，难溶于稀 HAc、稀 $HNO_3$ 及 $NH_3 \cdot H_2O$。

$$Pb^{2+} + CrO_4^{2-} \Longrightarrow PbCrO_4 \downarrow$$
$$PbCrO_4 + 3OH^- \Longrightarrow [Pb(OH)_3]^- + CrO_4^{2-}$$
$$2PbCrO_4 + 2H^+ \Longrightarrow 2Pb^{2+} + Cr_2O_7^{2-} + H_2O$$

$Ba^{2+}$、$Hg^{2+}$、$Bi^{3+}$、$Ag^+$ 等在 HAc 溶液中也能与 $CrO_4^{2-}$ 作用生成有色沉淀，所以这些离子的存在对 $Pb^{2+}$ 的鉴定有干扰。可预先加 $H_2SO_4$ 溶液，使 $Pb^{2+}$ 生成 $PbSO_4$ 沉淀，再用 NaOH 溶液溶解 $PbSO_4$，从而使 $PbSO_4$ 与其他难溶硫酸盐如 $BaSO_4$、$SrSO_4$ 等分开。

鉴定步骤：取 4 滴试液于试管中，加 2 滴 $6.0mol \cdot L^{-1}$ $H_2SO_4$ 溶液，加热几分钟，摇荡，使 $Pb^{2+}$ 沉淀完全，离心分离。在沉淀中加入过量 $6.0mol \cdot L^{-1}$ NaOH 溶液，并加热 1min，离心分离。在清液中加入 $6.0mol \cdot L^{-1}$ HAc 溶液，再加入 2 滴 $0.1mol \cdot L^{-1}$ $K_2CrO_4$ 溶液，如有黄色沉淀，表示有 $Pb^{2+}$ 存在。

**11. $Bi^{3+}$**

$Bi(Ⅲ)$ 在碱性溶液中能被 $Sn(Ⅱ)$ 还原为黑色的金属铋。

$$2Bi(OH)_3 + 3[Sn(OH)_4]^{2-} \Longrightarrow 2Bi \downarrow + 3[Sn(OH)_6]^{2-}$$

鉴定步骤：取 3 滴试液于试管中，加入浓 $NH_3 \cdot H_2O$，$Bi(Ⅲ)$ 变为 $Bi(OH)_3$ 沉淀，离心分离。洗涤沉淀，以除去可能共存的 $Cu(Ⅱ)$ 和 $Cd(Ⅱ)$。在沉淀中加入少量新配制的 $Na_2[Sn(OH)_4]$ 溶液，如沉淀变黑，表示有 $Bi(Ⅲ)$ 存在。

$Na_2[Sn(OH)_4]$ 溶液的配制方法：取几滴 $SnCl_2$ 溶液于试管中，加入 NaOH 溶液生成 $Sn(OH)_2$，继续加入至白色沉淀恰好溶解，便得到澄清的 $Na_2[Sn(OH)_4]$ 溶液。

**12. $Sb^{3+}$**

$Sb(Ⅲ)$ 在酸性溶液中能被 $Sn(Ⅱ)$ 还原为黑色的金属锑。

$$2Sb^{3+} + 3Sn \Longrightarrow 2Sb \downarrow + 3Sn^{2+}$$

当有砷离子存在时，也能在金属锡上生成黑色斑点 As，但 As 与 Sb 不同，当用水洗去锡箔上的酸后，加新配制的 NaBrO 溶液，则黑色斑点溶解。注意一定要将 HCl 洗净，否则在酸性条件下，NaBrO 也能使 Sb 的黑色斑点溶解。

$Hg_2^{2+}$、$Bi^{3+}$ 等也干扰 $Sb^{3+}$ 的鉴定，可用 $(NH_4)_2S$ 预先分离。

鉴定步骤：取 6 滴试液于试管中，加入 $6.0mol \cdot L^{-1} NH_3 \cdot H_2O$ 溶液碱化，加 5 滴 $6.0mol \cdot L^{-1} (NH_4)_2S$ 溶液，充分摇荡，于水浴上加热 5min 左右，离心分离。在溶液中加 $6.0mol \cdot L^{-1}$ HCl 溶液酸化，使呈微酸性，并加热 3～5min，离心分离。沉淀中加 3 滴浓 HCl，再加热使沉淀溶解。取此溶液滴在锡箔上，片刻锡箔上出现黑斑。用水洗去酸，再用 1 滴新配制的 NaBrO 溶液处理，黑斑不消失，表示有 Sb(Ⅲ) 存在。

### 13. As(Ⅲ) 和 As(Ⅴ)

砷常以 $AsO_3^{3-}$、$AsO_4^{3-}$ 形式存在。$AsO_3^{3-}$ 在碱性溶液中能被金属锌还原为 $AsH_3$ 气体：

$$AsO_3^{3-} + 3OH^- + 3Zn + 6H_2O = 3Zn(OH)_4^{2-} + AsH_3 \uparrow$$

$AsH_3$ 气体能与 $AgNO_3$ 作用，生成的产物由黄色变为黑色：

$$6AgNO_3 + AsH_3 = Ag_3As \cdot 3AgNO_3 \downarrow (黄色) + 3HNO_3$$
$$Ag_3As \cdot 3AgNO_3 + 3H_2O = H_3AsO_3 + 3HNO_3 + 6Ag \downarrow (黑色)$$

这是鉴定 $AsO_3^{3-}$ 的有效方法。若是 $AsO_4^{3-}$，应预先用亚硫酸还原。

鉴定步骤：取 3 滴试液于试管中，加入 $6.0mol \cdot L^{-1}$ NaOH 溶液碱化，再加 5 滴少许锌粒，立刻用一小团脱脂棉塞在试管上部，然后用 5% $AgNO_3$ 溶液浸过的滤纸盖在试管口上，置于水浴中加热，如滤纸上 $AgNO_3$ 斑点逐渐变黑，表示有 $AsO_3^{3-}$ 存在。

### 14. $Ti^{4+}$

$Ti^{4+}$ 能与 $H_2O_2$ 反应生成橙色的过钛酸溶液。$Fe^{3+}$、$CrO_4^{2-}$、$MnO_4^-$ 等有色离子都干扰 $Ti^{4+}$ 鉴定，但可用 $NH_3 \cdot H_2O$ 和 $NH_4Cl$ 沉淀 $Ti^{4+}$，从而与其他离子分离。$Fe^{3+}$ 可加 $H_3PO_4$ 配位掩蔽。

$$Ti^{4+} + 4Cl^- + H_2O_2 = [Ti(O_2)Cl_4]^{2-} + 2H^+$$

鉴定步骤：取 4 滴试液于试管中，加入 7 滴浓氨水和 5 滴 $1.0mol \cdot L^{-1} NH_4Cl$ 溶液摇荡，离心分离。在沉淀中加 2～3 滴浓 HCl 和 4 滴浓 $H_3PO_4$，使沉淀溶解，再加 3% $H_2O_2$ 溶液，摇荡，如溶液呈橙色，表示有 $Ti^{4+}$ 存在。

### 15. $Cr^{3+}$

$Cr^{3+}$ 在碱性介质中可被 $H_2O_2$ 或 $Na_2O_2$ 氧化为 $CrO_4^{2-}$，加 $HNO_3$ 酸化，溶液由黄色变为橙色。

$$2[Cr(OH)_4]^- + 2OH^- + 3H_2O_2 = 2CrO_4^{2-} + 8H_2O$$
$$2CrO_4^{2-}(黄色) + 2H^+ = Cr_2O_7^{2-}(橙色) + H_2O$$

在含有 $Cr_2O_7^{2-}$ 的酸性溶液中，加戊醇（或乙醚）和少量 $H_2O_2$，摇荡后戊醇层呈蓝色。

$$Cr_2O_7^{2-} + 4H_2O_2 + 2H^+ = 2CrO(O_2)_2 + 5H_2O$$

蓝色的 $CrO(O_2)_2$ 在水溶液中不稳定，在戊醇中较稳定。溶液酸度应控制在 pH＝2～3，当酸度过大（pH＜1）时，溶液变蓝绿色（$Cr^{3+}$ 颜色）。

$$4CrO(O_2)_2 + 12H^+ = 4Cr^{3+} + 7O_2 \uparrow + 6H_2O$$

鉴定步骤：取 2 滴试液于试管中，加入 2 滴 $2.0mol \cdot L^{-1}$ NaOH 溶液至生成的沉淀又溶解，再多加 2 滴。加 3% $H_2O_2$ 溶液，微热，溶液呈黄色。冷却后再加 5 滴 3% $H_2O_2$ 溶液，加 1mL 戊醇（或乙醚），最后慢慢滴加 $6.0mol \cdot L^{-1}$ $HNO_3$ 溶液，注意，每加 1 滴

$HNO_3$ 都必须充分摇荡。如戊醇层呈蓝色，表示有 $Cr^{3+}$ 存在。

**16. $Mn^{2+}$**

$Mn^{2+}$ 在稀 $HNO_3$ 或稀 $H_2SO_4$ 介质中可被 $NaBiO_3$ 氧化为紫红色 $MnO_4^-$。

$$2Mn^{2+}+5NaBiO_3+14H^+ = 2MnO_4^-+5Bi^{3+}+5Na^++7H_2O$$

过量 $Mn^{2+}$ 会将生成的 $MnO_4^-$ 还原为 $MnO(OH)_2$ 沉淀。$Cl^-$ 及其他还原剂的存在，对 $Mn^{2+}$ 的鉴定有干扰，因此不能在 HCl 溶液中鉴定 $Mn^{2+}$。

鉴定步骤：取 2 滴试液于试管中，加入 $6.0mol \cdot L^{-1}$ $HNO_3$ 溶液酸化，加少量 $NaBiO_3$ 固体，摇荡后，静置片刻，如溶液呈紫红色，表示有 $Mn^{2+}$ 存在。

**17. $Fe^{2+}$**

$Fe^{2+}$ 与 $K_3[Fe(CN)_6]$ 在 pH<7 的溶液中反应，生成深蓝色沉淀（滕氏蓝），沉淀能被强碱分解，生成红棕色 $Fe(OH)_3$ 沉淀。

$$x Fe^{2+}+x K^++x[Fe(CN)_6]^{3-} = [KFe(Ⅲ)(CN)_6Fe(Ⅱ)]_x$$

鉴定步骤：取 1 滴试液于点滴板上，加 1 滴 $2.0mol \cdot L^{-1}$ HCl 溶液酸化，然后再加 1 滴 $0.1mol \cdot L^{-1}$ $K_3[Fe(CN)_6]$ 溶液，如出现深蓝色沉淀，表示有 $Fe^{2+}$ 存在。

**18. $Fe^{3+}$**

方法一　$Fe^{3+}$ 与 $K_4[Fe(CN)_6]$ 溶液反应生成蓝色沉淀（普鲁士蓝），沉淀不溶于稀酸，但能被浓 HCl 分解，也能被 NaOH 溶液转化为红棕色 $Fe(OH)_3$ 沉淀。

$$x Fe^{3+}+x K^++x[Fe(CN)_6]^{4-} = [KFe(Ⅲ)(CN)_6Fe(Ⅱ)]_x$$

鉴定步骤：取 1 滴试液于点滴板上，加 1 滴 $2.0mol \cdot L^{-1}$ HCl 溶液酸化，然后再加 1 滴 $0.1mol \cdot L^{-1}$ $K_4[Fe(CN)_6]$ 溶液，如立即出现蓝色沉淀，表示有 $Fe^{3+}$ 存在。

方法二　$Fe^{3+}$ 与 $SCN^-$ 在稀酸介质中反应，生成可溶于水的血红色 $[Fe(SCN)_n]^{3-n}$，$[Fe(SCN)_n]^{3-n}$ 能被碱分解，生成红棕色 $Fe(OH)_3$ 沉淀。浓 $H_2SO_4$ 及浓 $HNO_3$ 能使试剂分解。

$$Fe^{3+}+n SCN^- = [Fe(SCN)_n]^{3-n} \quad (n=1\sim6)$$
$$H_2SO_4+SCN^-+H_2O = NH_4^++COS\uparrow+SO_4^{2-}$$
$$13NO_3^-+3SCN^-+10H^+ = 3CO_2\uparrow+3SO_4^{2-}+16NO\uparrow+5H_2O$$

鉴定步骤：取 1 滴试液于点滴板上，加 1 滴 $2.0mol \cdot L^{-1}$ HCl 溶液酸化，然后再加 1 滴 $0.1mol \cdot L^{-1}$ KSCN 溶液，如溶液显血红色，表示有 $Fe^{3+}$ 存在。

**19. $Co^{2+}$**

$Co^{2+}$ 在中性或微酸性溶液中与 KSCN 反应生成蓝色的 $[Co(SCN)_4]^{2-}$。该配离子在水溶液中不稳定，但在丙酮溶液中较稳定。$Fe^{3+}$ 的干扰可加 NaF 来掩蔽。大量 $Ni^{2+}$ 存在使溶液呈浅蓝色，干扰鉴定。

$$Co^{2+}+4SCN^- = [Co(SCN)_4]^{2-}$$

鉴定步骤：取 5 滴试液于试管中，加入数滴丙酮，再加入少量 KSCN 固体或 $NH_4SCN$ 固体，经重复摇荡，若溶液呈蓝色，表示有 $Co^{2+}$ 存在。

**20. $Ni^{2+}$**

$Ni^{2+}$ 与丁二酮肟在弱碱性溶液中反应，生成鲜红色螯合物沉淀。

$$Ni^{2+} + 2 \begin{array}{c} H_3C-C=N-OH \\ | \\ H_3C-C=N-OH \end{array} + 2NH_3 \Longrightarrow \text{(络合物)} \downarrow + 2NH_4^+$$

大量的 $Co^{2+}$、$Fe^{2+}$、$Fe^{3+}$、$Cu^{2+}$ 等因为会生成有色的沉淀,从而干扰 $Ni^+$ 的鉴定,可预先分离这些离子。

鉴定步骤:取 5 滴试液于试管中,加入 5 滴 $2.0mol \cdot L^{-1}$ $NH_3 \cdot H_2O$ 溶液碱化,加 1 滴 1% 丁二酮肟溶液,若出现鲜红色沉淀,表示有 $Ni^{2+}$ 存在。

## 21. $Cu^{2+}$

$Cu^{2+}$ 与 $K_4[Fe(CN)_6]$ 在中性或弱酸性介质中反应,生成红棕色 $Cu_2[Fe(CN)_6]$ 沉淀。沉淀难溶于稀 HCl、HAc 及稀 $NH_3 \cdot H_2O$,但易溶于浓 $NH_3 \cdot H_2O$。沉淀易被 NaOH 溶液转化为 $Cu(OH)_2$。

$$2Cu^{2+} + [Fe(CN)_6]^{4-} \Longrightarrow Cu_2[Fe(CN)_6]$$

$$Cu_2[Fe(CN)_6] + 8NH_3 \cdot H_2O \Longrightarrow 2[Cu(NH_3)_4]^{2+} + [Fe(CN)_6]^{4-} + 8H_2O$$

$$Cu_2[Fe(CN)_6] + 4OH^- \Longrightarrow 2Cu(OH)_2 + [Fe(CN)_6]^{4-}$$

$Fe^{3+}$ 干扰 $Cu^{2+}$ 的鉴定,加 NaF 来掩蔽 $Fe^{3+}$,或加 $6.0mol \cdot L^{-1}$ $NH_3 \cdot H_2O$ 及 $1.0mol \cdot L^{-1}$ $NH_4Cl$ 使 $Fe^{3+}$ 生成 $Fe(OH)_3$,沉淀后完全分离出去,而 $Cu^{2+}$ 生成 $[Cu(NH_3)_4]^{2+}$ 留在溶液中,用 HCl 溶液酸化后,再加 $K_4[Fe(CN)_6]$ 溶液鉴别 $Cu^{2+}$。

鉴定步骤:取 1 滴试液于点滴板上,加 1 滴 $0.1mol \cdot L^{-1}$ $K_4[Fe(CN)_6]$ 溶液,若生成红棕色沉淀,表示有 $Cu^{2+}$ 存在。

## 22. $Zn^{2+}$

$Zn^{2+}$ 在强碱性溶液中与双硫腙反应生成粉红色螯合物。该螯合物在水中难溶,呈粉红色,在 $CCl_4$ 中易溶,显棕色。

鉴定步骤:取 2 滴试液于试管中,加 5 滴 $6.0mol \cdot L^{-1}$ NaOH 溶液,加 10 滴 $CCl_4$ 溶液和 2 滴双硫腙溶液,摇荡,$CCl_4$ 层由绿色变棕色,水层有粉红色沉淀,表示有 $Zn^{2+}$ 存在。

### 23. Ag$^+$

Ag$^+$ 与稀 HCl 反应生成白色 AgCl 沉淀。AgCl 沉淀能溶于浓 HCl、浓 KI 形成 $[AgCl_2]^-$、$[AgI_3]^{2-}$ 等。AgCl 沉淀也能溶于稀 NH$_3$·H$_2$O 形成 $[Ag(NH_3)_2]^+$。

$$AgCl + 2NH_3 \cdot H_2O = [Ag(NH_3)_2]Cl + 2H_2O$$

利用此反应与其他阳离子氯化物沉淀分离。在溶液中加 HNO$_3$ 溶液，重新得到 AgCl 沉淀。或者在溶液中加入 KI 溶液，得到黄色 AgI 沉淀。

$$[Ag(NH_3)_2]^+ + Cl^- + 2H^+ = AgCl\downarrow + 2NH_4^+$$
$$[Ag(NH_3)_2]^+ + I^- + 2H_2O = AgI\downarrow + 2NH_3 \cdot H_2O$$

鉴定步骤：取 5 滴试液于试管中，加 5 滴 2.0mol·L$^{-1}$ HCl 溶液，置一水浴上温热，使沉淀聚集，离心分离。沉淀用热的去离子水洗一次，加入过量 6.0mol·L$^{-1}$ NH$_3$·H$_2$O，摇荡，如有不溶沉淀物存在时，离心分离。取一部分溶液于试管中，加 2.0mol·L$^{-1}$ HNO$_3$ 溶液，如有白色沉淀，表示有 Ag$^+$ 存在。或取一部分溶液于另一试管中，加入 0.1mol·L$^{-1}$ KI 溶液，如有黄色沉淀生成，表示有 Ag$^+$ 存在。

### 24. Cd$^{2+}$

Cd$^{2+}$ 与 S$^{2-}$ 反应生成黄色 CdS 沉淀。沉淀溶于 6.0mol·L$^{-1}$ HCl 溶液和稀 HNO$_3$，但不溶于 Na$_2$S、(NH$_4$)$_2$S、NaOH、KCN 和 HAc 溶液。因此，可用控制溶液酸度的方法与其他离子分离并鉴定。

鉴定步骤：取 3 滴试液于试管中，加 10 滴 2.0mol·L$^{-1}$ HCl 溶液，然后再加 3 滴 0.1mol·L$^{-1}$ Na$_2$S 溶液，可使 Cu$^{2+}$ 沉淀，Co$^{2+}$、Ni$^{2+}$ 和 Cd$^{2+}$ 均无反应，离心分离。在清液中加 30% NH$_4$Ac 溶液，使酸度降低，若有黄色沉淀析出，表示有 Cd$^{2+}$ 存在。在该酸度下，Co$^{2+}$、Ni$^{2+}$ 不会生成硫化物沉淀。

### 25. Hg$^{2+}$

方法一　Hg$^{2+}$ 能被 Sn$^{2+}$ 逐步还原，最后还原为金属汞，沉淀由白色（Hg$_2$Cl$_2$）变为灰白色或黑色（Hg）。

$$2HgCl_2 + SnCl_4^{2-} = Hg_2Cl_2\downarrow + SnCl_6^{2-}$$
$$Hg_2Cl_2 + SnCl_4^{2-} = 2Hg\downarrow + SnCl_6^{2-}$$

鉴定步骤：取 2 滴试液于试管中，加 2~3 滴 0.1mol·L$^{-1}$ SnCl$_2$ 溶液，若生成白色沉淀，并逐渐转变为灰色或黑色，表示有 Hg$^{2+}$ 存在。

方法二　Hg$^{2+}$ 能与 KI、CuSO$_4$ 溶液反应生成橙红色 Cu$_2$[HgI$_4$] 沉淀。为了除去棕黄色的 I$_2$，可用 Na$_2$SO$_3$ 还原 I$_2$。

$$Hg^{2+} + 4I^- = [HgI_4]^{2-}$$
$$2Cu^{2+} + 4I^- = 2CuI\downarrow + I_2$$
$$2CuI + [HgI_4]^{2-} = Cu_2[HgI_4]\downarrow + 2I^-$$
$$I_2 + SO_3^{2-} + H_2O = SO_4^{2-} + 2I^- + 2H^+$$

鉴定步骤：取 2 滴试液于试管中，加 2 滴 4% KI 溶液和 2 滴 CuSO$_4$ 溶液，加少量 Na$_2$SO$_3$ 固体，如生成橙红色沉淀，表示有 Hg$^{2+}$ 存在。

### 26. Hg$_2^{2+}$

可将 Hg$_2^{2+}$ 氧化为 Hg$^{2+}$，再鉴定 Hg$^{2+}$。

欲将 $Hg_2^{2+}$ 从混合阳离子中分离出来，常常加稀 HCl 使 $Hg_2^{2+}$ 生成 $Hg_2Cl_2$ 沉淀。在常见阳离子中，还有 $Ag^+$、$Pb^{2+}$ 的氯化物难溶于水。由于 $PbCl_2$ 溶解度较大，可溶于热水，可与 $Hg_2Cl_2$、AgCl 沉淀分离。在 $Hg_2Cl_2$、AgCl 沉淀中加 $HNO_3$ 和稀 HCl 溶液，AgCl 不溶解，$Hg_2Cl_2$ 沉淀溶解，同时被氧化为 $HgCl_2$，从而使 $Hg^{2+}$ 和 $Ag^+$ 分离。

$$3Hg_2Cl_2 + 2HNO_3 + 6HCl \Longrightarrow 6HgCl_2 + 2NO\uparrow + 4H_2O$$

鉴定步骤：取 3 滴试液于试管中，加入 3 滴 $2.0mol \cdot L^{-1}$ HCl 溶液，充分摇荡，置于水浴上加热 1min，趁热分离。沉淀用热 HCl 水溶液（1mL 水加 1 滴 $2.0mol \cdot L^{-1}$ HCl 溶液配成）洗两次。于沉淀中加 2 滴浓 $HNO_3$ 及 1 滴 $2.0mol \cdot L^{-1}$ HCl 溶液，摇荡，并加热 1min，离心分离。于溶液中加 2 滴 4% KI 溶液、2 滴 2% $CuSO_4$ 溶液及少量 $Na_2SO_3$ 固体，如生成橙红色沉淀，表示有 $Hg_2^{2+}$ 存在。

### 附录9

## 无机化学实验中的化学反应方程式

### 实验9　酸碱反应与缓冲溶液

1. ① $NH_3 \cdot H_2O(aq) \Longrightarrow NH_4^+(aq) + OH^-(aq)$
   $Ac^-(aq) + H_2O(l) \Longrightarrow HAc(aq) + OH^-(aq)$
   $NH_4^+(aq) + H_2O(l) \Longrightarrow NH_3 \cdot H_2O(aq) + H^+(aq)$
   $NH_4^+(aq) + Ac^-(aq) + H_2O(l) \Longrightarrow NH_3 \cdot H_2O(aq) + HAc(aq)$

1. ② $HAc(aq) \Longrightarrow H^+(aq) + Ac^-(aq)$
   $NH_3 \cdot H_2O(aq) \Longrightarrow NH_4^+(aq) + OH^-(aq)$
   $HAc(aq) + NH_3 \cdot H_2O(aq) \Longrightarrow NH_4^+(aq) + Ac^-(aq) + H_2O(l)$

2. ① $NaCl(aq) \Longrightarrow Na^+(aq) + Cl^-(aq)$
   $NaAc(aq) + H_2O(l) \Longrightarrow HAc(aq) + Na^+(aq) + OH^-(aq)$
   $NH_4Cl(aq) + H_2O(l) \Longrightarrow NH_3 \cdot H_2O(aq) + H^+(aq) + Cl^-(aq)$
   $Na_2CO_3(aq) + H_2O(l) \Longrightarrow H_2CO_3(aq) + 2Na^+(aq) + 2OH^-(aq)$

### 实验10　氧化还原反应和氧化还原平衡

1. $2I^- + 2Fe^{3+} \Longrightarrow 2Fe^{2+} + I_2$
   $Br^- + Fe^{3+} \Longrightarrow$ 不反应
   $2I^- + H_2O_2 + 2H^+ \Longrightarrow I_2 + 2H_2O$
   $2MnO_4^- + 5H_2O_2 + 6H^+ \Longrightarrow 2Mn^{2+} + 5O_2\uparrow + 8H_2O$

2. （1）$2MnO_4^- + 5SO_3^{2-} + 6H^+ \Longrightarrow 2Mn^{2+} + 5SO_4^{2-} + 3H_2O$

$$2MnO_4^- + 3SO_3^{2-} + H_2O == 2MnO_2\downarrow + 3SO_4^{2-} + 2OH^-$$

$$2MnO_4^- + SO_3^{2-} + 2OH^- == 2MnO_4^{2-} + SO_4^{2-} + H_2O$$

2. (2) $IO_3^- + I^- ==$ 不反应

$$IO_3^- + 5I^- + 6H^+ == 3I_2 + 3H_2O$$

$$3I_2 + 6OH^- == IO_3^- + 5I^- + 3H_2O$$

3. $SiO_3^{2-} + 2HAc == 2Ac^- + H_2SiO_3$（胶冻状）

$$Pb^{2+} + Zn == Zn^{2+} + Pb$$

$$2MnO_4^- + 5H_2C_2O_4 + 6H^+ == 2Mn^{2+} + 10CO_2\uparrow + 8H_2O$$

4. $Cu^{2+} + Zn == Cu + Zn^{2+}$

$$Cu^{2+} + 2NH_3 \cdot H_2O == Cu(OH)_2\downarrow + 2NH_4^+$$

$$Cu(OH)_2 + 4NH_3 \cdot H_2O == Cu(NH_3)_4^{2+} + 2OH^- + 4H_2O$$

## 实验 11　配合物与沉淀-溶解平衡

1. ① $Fe^{3+} + nSCN^- == [Fe(SCN)_n]^{3-n}$（血红色）

$$[Fe(SCN)_n]^{3-n} + 6F^- == [FeF_6]^{3-} + nSCN^-$$（无色）

1. ② $[Fe(CN)_6]^{3-} + SCN^- ==$ 不反应

$$Fe^{3+} + nSCN^- == [Fe(SCN)_n]^{3-n}$$

1. ③ $CuSO_4 + 2NH_3 \cdot H_2O == (NH_4)_2SO_4 + Cu(OH)_2\downarrow$（蓝色）

$$Cu(OH)_2 + 4NH_3 \cdot H_2O == [Cu(NH_3)_4](OH)_2$（深蓝）$+ 4H_2O$$

$$[Cu(NH_3)_4](OH)_2 + NaOH ==$$ 不反应

$$SO_4^{2-} + Ba^{2+} == BaSO_4\downarrow$（白色）$$

1. ④ $NiSO_4 + 2C_4H_6N_2OH_2 + 2NH_3 \cdot H_2O == [Ni(C_4H_6N_2OH)_2] + $
$(NH_4)_2SO_4 + 2H_2O$

2. $Cl^- + Ag^+ == AgCl\downarrow$

$$Br^- + Ag^+ == AgBr\downarrow$$

$$I^- + Ag^+ == AgI\downarrow$$

$$AgCl + 2NH_3 \cdot H_2O == [Ag(NH_3)_2]Cl + 2H_2O$$

$$AgBr + 2Na_2S_2O_3^{2-} == Na_3[Ag(S_2O_3)_2] + NaBr$$

$$AgI + KI == K[AgI_2]$$

3. $H_2Y^{2-} + Ca^{2+} == CaY^{2-} + 2H^+$

4. ① $Co^{2+} + H_2O_2 ==$ 不反应

4. ② $CoCl_2 + 6NH_3 == [Co(NH_3)_6]Cl_2$

$$2[Co(NH_3)_6]Cl_2 + H_2O_2 + 2HCl == 2[Co(NH_3)_6]Cl_3 + 2H_2O$$

5. ① $Pb(Ac)_2 + 2I^- == PbI_2\downarrow + 2Ac^-$

$$PbI_2 + H_2O ==$$ 不溶解

$$2PbI_2 == Pb[PbI_4]$（盐效应促溶解）$$

$$PbI_2 + 2I^- == [PbI_4]^{2-}$$

5. ② $Pb^{2+}+S^{2-}=\!=\!=PbS\downarrow$

    $PbS+4HCl=\!=\!=H_2[PbCl_4]+H_2S\uparrow$

    $3PbS+8HNO_3=\!=\!=3Pb(NO_3)_2+3S\downarrow+2NO\uparrow+4H_2O$

5. ③ $Mg^{2+}+2NH_3\cdot H_2O=\!=\!=Mg(OH)_2\downarrow+2NH_4^+$

    $Mg(OH)_2+2H^+=\!=\!=Mg^{2+}+2H_2O$

    $Mg(OH)_2+2NH_4^+=\!=\!=Mg^{2+}+2NH_3\cdot H_2O$

6. ① $Pb^{2+}+S^{2-}=\!=\!=PbS\downarrow\ (K_{sp}^{\ominus}=10^{-29})$

    $Pb^{2+}+CrO_4^{2-}=\!=\!=PbCrO_4\downarrow\ (K_{sp}^{\ominus}=10^{-13})$

6. ② $Pb^{2+}+CrO_4^{2-}=\!=\!=PbCrO_4\downarrow$

    $2Ag^++CrO_4^{2-}=\!=\!=Ag_2CrO_4\downarrow\ (K_{sp}^{\ominus}=10^{-12})$

7. $2Ag^++CrO_4^{2-}=\!=\!=Ag_2CrO_4\downarrow$

    $Ag_2CrO_4+2Cl^-=\!=\!=2AgCl+CrO_4^{2-}$

8. ① $Ag^++Cl^-=\!=\!=AgCl\downarrow$

    $Ba^{2+}+SO_4^{2-}=\!=\!=BaSO_4\downarrow$

    $Fe^{3+}+3OH^-=\!=\!=Fe(OH)_3\downarrow$

    $Al^{3+}+3OH^-=\!=\!=Al(OH)_3\downarrow$

    $Al(OH)_3+NaOH=\!=\!=NaAlO_2+2H_2O$

8. ② $Pb^{2+}+2Cl^-(稀)=\!=\!=PbCl_2\downarrow$

    $Ba^{2+}+SO_4^{2-}=\!=\!=BaSO_4\downarrow$

    $Fe^{3+}+3NH_3\cdot H_2O=\!=\!=Fe(OH)_3\downarrow+3NH_4^+$

    $Zn^{2+}+2NH_3\cdot H_2O=\!=\!=Zn(OH)_2\downarrow+2NH_4^+$

    $Zn(OH)_2+4NH_3\cdot H_2O=\!=\!=[Zn(NH_3)_4](OH)_2+4H_2O$

## 实验 16 含卤素物质（氯气、次氯酸盐、氯酸盐）的制备和性质

1. 蒸馏烧瓶：$MnO_2+4HCl(浓)\xrightarrow{加热}MnCl_2+Cl_2\uparrow+2H_2O$

    B 管：$3Cl_2+6KOH(热)=\!=\!=KClO_3+5KCl+3H_2O$

    C、D 管：$Cl_2+2NaOH(冷)=\!=\!=NaClO+NaCl+H_2O$

        $4Cl_2+Na_2S_2O_3+5H_2O=\!=\!=6HCl+2NaCl+2H_2SO_4$

2. $Cl_2(aq)+2KBr=\!=\!=2KCl+Br_2$

    $Cl_2(aq)+2KI=\!=\!=2KCl+I_2$

    $Br_2(aq)+2KI=\!=\!=2KBr+I_2$

3. （1）$NaClO+2KI+H_2SO_4=\!=\!=I_2+NaCl+K_2SO_4+H_2O$

    $2NaClO+MnSO_4+2NaOH=\!=\!=MnO(OH)_2+2NaCl+Na_2SO_4$

3. （2）$KClO_3+KI=\!=\!=$不反应

    $KClO_3+6KI+3H_2SO_4=\!=\!=KCl+3I_2+3K_2SO_4+3H_2O$

    $5KClO_3+3I_2+3H_2O=\!=\!=5KCl+6HIO_3$

## 实验 17  非金属元素（氧、硫、氮、磷、硅、硼）的性质

1. （1）$2H_2O_2 \xrightarrow{MnO_2} 2H_2O + O_2\uparrow$

    $5H_2O_2 + 2KMnO_4 + 3H_2SO_4 = 2MnSO_4 + 8H_2O + 5O_2\uparrow + K_2SO_4$

    $H_2O_2 + 2KI + H_2SO_4 = K_2SO_4 + I_2\downarrow + 2H_2O$

1. （2）$4H_2O_2 + K_2Cr_2O_7 + H_2SO_4 = K_2SO_4 + 2CrO_5（乙醚）+ 5H_2O$

2. （1）$MnSO_4 + Na_2S = MnS\downarrow + Na_2SO_4$

    $Pb(NO_3)_2 + Na_2S = PbS\downarrow + 2NaNO_3$

    $CuSO_4 + Na_2S = CuS\downarrow + Na_2SO_4$

    $MnS + 2HCl(2mol\cdot L^{-1}) = MnCl_2 + H_2S\uparrow$

    $PbS + 4HCl（浓）= H_2[PbCl_4] + H_2S\uparrow$

    $3MnS + 8HNO_3（浓）= 3Mn(NO_3)_2 + 3S\downarrow + 2NO\uparrow + 4H_2O$

    $3PbS + 8HNO_3（浓）= 3Pb(NO_3)_2 + 3S\downarrow + 2NO\uparrow + 4H_2O$

    $3CuS + 8HNO_3（浓）= 3Cu(NO_3)_2 + 3S\downarrow + 2NO\uparrow + 4H_2O$

2. （2）$Na_2SO_3 + H_2SO_4 = H_2SO_3 + Na_2SO_4$

    $H_2SO_3 + 2CH_3CSNH_2 = 2CH_3CONH_2 + 3S\downarrow + H_2O$

    $3Na_2SO_3 + K_2Cr_2O_7 + 4H_2SO_4 = 3Na_2SO_4 + K_2SO_4 + Cr_2(SO_4)_3 + 4H_2O$

2. （3）$2MnSO_4 + 5K_2S_2O_8 + 8H_2O = 2KMnO_4 + 4K_2SO_4 + 8H_2SO_4（AgNO_3 作催化剂）$

3. ① $NH_4Cl \xrightarrow{\triangle} NH_3\uparrow + HCl\uparrow$

3. ② $(NH_4)_2SO_4 \xrightarrow{\triangle} NH_3\uparrow + (NH_4)HSO_4$

    $(NH_4)_2Cr_2O_7 \xrightarrow{\triangle} N_2\uparrow + Cr_2O_3 + 4H_2O$

3. ③ $2NaNO_3 \xrightarrow{\triangle} 2NaNO_2 + O_2\uparrow$

    $2Cu(NO_3)_2 \xrightarrow{\triangle} 2CuO + 4NO_2\uparrow + O_2\uparrow$

    $2AgNO_3 \xrightarrow{\triangle} 2Ag + 2NO_2 + O_2\uparrow$

4. （1）$Na_3PO_4 + H_2O \rightleftharpoons Na_2HPO_4 + NaOH$

    $Na_2HPO_4 + H_2O \rightleftharpoons NaH_2PO_4 + NaOH$

    $2NaH_2PO_4 \rightleftharpoons Na_2HPO_4 + H_3PO_4（电离为主）$

    $3AgNO_3 + Na_3PO_4 = Ag_3PO_4\downarrow + 3NaNO_3$

    $3AgNO_3 + Na_2HPO_4 = Ag_3PO_4\downarrow + 2NaNO_3 + HNO_3$

    $3AgNO_3 + NaH_2PO_4 = Ag_3PO_4\downarrow + NaNO_3 + 2HNO_3$

4. （2）$3CaCl_2 + 2Na_3PO_4 = Ca_3(PO_4)_2\downarrow + 6NaCl$

    $CaCl_2 + Na_2HPO_4 = CaHPO_4\downarrow + 2NaCl$

    $CaCl_2 + NaH_2PO_4 = CaHPO_4\downarrow + NaCl + HCl$

4. （3）$2CuSO_4 + Na_4P_2O_7 = [Cu_2(P_2O_7)]\downarrow + 2Na_2SO_4$

    $Cu_2(P_2O_7) + Na_4P_2O_7 = 2Na_2[Cu(P_2O_7)]$

5. (1) $Na_2SiO_3 + 2HCl =\!=\!= H_2SiO_3(胶状) + 2NaCl$

      pH＝5.8 时，凝胶生成的速度最快。浓度越大，凝胶效果越好。

5. (2) $M^{2+} + SiO_3^{2-} =\!=\!= MSiO_3 (M＝Ca、Co、Cu、Ni、Zn、Mn、Fe)$

6. ① $B(OH)_3 + H_2O \rightleftharpoons H[B(OH)_4]$

    $B(OH)_3 + 2HOCH_2CHOHCH_2OH =\!=\!= H[B(OCH_2CHOCH_2OH)_2] + 3H_2O$

6. ② $Na_2B_4O_7 + H_2SO_4 + 5H_2O =\!=\!= Na_2SO_4 + 4B(OH)_3$

6. ③ $Na_2B_4O_7 \cdot 10H_2O \xrightarrow{\triangle} Na_2B_4O_7 + 10H_2O$

6. ④ $2Co(NO_3)_2 \cdot 6H_2O =\!=\!= 2CoO + 4NO_2 + O_2 + 12H_2O$

    $Na_2B_4O_7 + CoO =\!=\!= 2NaBO_2 \cdot Co(BO_2)_2$

    $Na_2B_4O_7 + NiO =\!=\!= 2NaBO_2 \cdot Ni(BO_2)_2$

    $Na_2B_4O_7 + Cr_2O_3 =\!=\!= 6NaBO_2 \cdot 2Cr(BO_2)_3$

    $Na_2B_4O_7 + SrO =\!=\!= 2NaBO_2 \cdot Sr(BO_2)_2$

    $Na_2B_4O_7 + CaO =\!=\!= 2NaBO_2 \cdot Ca(BO_2)_2$

    $Na_2B_4O_7 + CuO =\!=\!= 2NaBO_2 \cdot Cu(BO_2)_2$

## 实验 18　主族金属（碱金属、碱土金属、铝、锡、铅、锑、铋）的性质

1. (1) $2Na + O_2 \xrightarrow{加热} Na_2O_2$

    $Na_2O_2 + 2H_2O =\!=\!= 2NaOH + H_2O_2$

    $5H_2O_2 + 2KMnO_4 + 3H_2SO_4 =\!=\!= 2MnSO_4 + K_2SO_4 + 5O_2\uparrow + 8H_2O$

1. (2) $2M + 2H_2O =\!=\!= 2MOH + H_2\uparrow (M＝Na、K)$

    $Mg + 2H_2O =\!=\!= Mg(OH)_2 + H_2\uparrow$

    $2Al + 3HgCl_2 =\!=\!= 2AlCl_3 + 3Hg\downarrow$

    $Al + Hg =\!=\!= Al(Hg)(汞齐)$

    $4Al(Hg) + 3O_2 =\!=\!= 2Al_2O_3$

    $2Al(Hg) + 6H_2O =\!=\!= 2Al(OH)_3 + 3H_2\uparrow$

2. ① $M^{2+} + 2OH^- =\!=\!= M(OH)_2\downarrow (M＝Mg、Ca、Ba、Sn、Pb)$

    $M^{3+} + 3OH^- =\!=\!= M(OH)_3\downarrow (M＝Al、Sb、Bi)$

    $M(OH)_2 + NaOH =\!=\!= 不反应 (M＝Mg、Ca、Ba)$

    $Bi(OH)_3 + NaOH =\!=\!= 不反应$

    $Sn(OH)_2 + 2NaOH =\!=\!= Na_2[Sn(OH)_4]$

    $Pb(OH)_2 + 2NaOH =\!=\!= Na_2[Pb(OH)_4]$

    $Al(OH)_3 + NaOH =\!=\!= NaAlO_2 + 2H_2O$

    $Sb(OH)_3 + NaOH =\!=\!= NaSbO_2 + 2H_2O$

    $M(OH)_2 + 2HCl =\!=\!= MCl_2 + 2H_2O (M＝Mg、Ca、Sr、Sn)$

    $M(OH)_3 + 3HCl =\!=\!= MCl_3 + 3H_2O (M＝Al、Sb、Bi)$

2. ② $MgCl_2 + 2NH_3 \cdot H_2O =\!=\!= Mg(OH)_2\downarrow + 2NH_4Cl$

    $AlCl_3 + 3NH_3 \cdot H_2O =\!=\!= Al(OH)_3\downarrow + 3NH_4Cl$

    $Mg(OH)_2 + 2NH_4Cl(饱和) =\!=\!= MgCl_2 + 2NH_3 \cdot H_2O$

$$Al(OH)_3 + NH_4Cl(饱和) =\!=\!= 不反应$$

4. (1) $SnCl_2 + CH_3CSNH_2 + H_2O =\!=\!= SnS\downarrow + 2HCl + CH_3CONH_2$

$SnCl_4 + 2CH_3CSNH_2 + 2H_2O =\!=\!= SnS_2\downarrow + 4HCl + 2CH_3CONH_2$

$SnS + 2HCl =\!=\!= SnCl_2 + H_2S\uparrow$

$SnS_2 + HCl =\!=\!= 不反应$

$SnS + (NH_4)_2S =\!=\!= 不反应$

$SnS_2 + (NH_4)_2S =\!=\!= (NH_4)_2SnS_3$

$SnS + (NH_4)_2S_x =\!=\!= (NH_4)_2SnS_{x+1}$

$SnS_2 + (NH_4)_2S_x =\!=\!= 不反应$

4. (2) $Pb(NO_3)_2 + CH_3CSNH_2 + H_2O =\!=\!= PbS\downarrow + 2HNO_3 + CH_3CONH_2$

$2SbCl_3 + 3CH_3CSNH_2 + 3H_2O =\!=\!= Sb_2S_3\downarrow + 6HCl + 3CH_3CONH_2$

$2Bi(NO_3)_3 + 3CH_3CSNH_2 + 3H_2O =\!=\!= Bi_2S_3\downarrow + 6HNO_3 + 3CH_3CONH_2$

$PbS + 4HCl(浓) =\!=\!= H_2[PbCl_4] + H_2S\uparrow$

$Sb_2S_3 + 12HCl(浓) =\!=\!= 3H_2[SbCl_6] + 3H_2S\uparrow$

$Bi_2S_3 + 12HCl(浓) =\!=\!= 3H_2[BiCl_6] + 3H_2S\uparrow$

$PbS + 3NaOH =\!=\!= Na[Pb(OH)_3] + Na_2S$

$Sb_2S_3 + 6NaOH =\!=\!= Na_3[SbS_3] + Na_3SbO_3 + 3H_2O$

$Bi_2S_3 + NaOH =\!=\!= 不反应$

$PbS + S^{2-}/S_x^{2-} =\!=\!= 不反应$

$Bi_2S_3 + S^{2-}/S_x^{2-} =\!=\!= 不反应$

$PbS + 4HNO_3 =\!=\!= Pb(NO_3)_2 + S\downarrow + 2NO_2\uparrow + 2H_2O$

$3Sb_2S_3 + 28HNO_3 + 4H_2O =\!=\!= 6H_2SbO_4 + 9H_2O + 28NO\uparrow$

$Bi_2S_3 + 12HNO_3 =\!=\!= 2Bi(NO_3)_3 + 3S\downarrow + 6NO_2\uparrow + 6H_2O$

4. (3) $Pb(NO_3)_2 + 2HCl(稀) =\!=\!= PbCl_2\downarrow + 2HNO_3$

$2PbCl_2 \xrightarrow{加热} Pb[PbCl_4]$

$PbCl_2 + 2HCl(浓) =\!=\!= H_2[PbCl_4]$

4. (4) $Pb(NO_3)_2 + 2KI =\!=\!= PbI_2\downarrow + 2KNO_3$

$2PbI_2 \xrightarrow{加热} Pb[PbI_4]$

$PbI_2 + 2KI =\!=\!= K_2[PbI_4]$

4. (5) $Pb(NO_3)_2 + K_2CrO_4 =\!=\!= PbCrO_4\downarrow + 2KNO_3$

$2PbCrO_4 + 2HNO_3 =\!=\!= Pb(NO_3)_2 + PbCr_2O_7 + H_2O$

$PbCrO_4 + 3NaOH =\!=\!= Na[Pb(OH)_3] + Na_2CrO_4$

4. (6) $Pb(NO_3)_2 + Na_2SO_4 =\!=\!= PbSO_4\downarrow + 2NaNO_3$

$PbSO_4 + 2NaAc \xrightarrow{微热} Pb(Ac)_2 + Na_2SO_4$

## 实验 19　第一过渡系元素（钒、铬、锰、铁、钴、镍）的性质

1. (1) $2NH_4VO_3 \xrightarrow{\triangle} V_2O_5 + 2NH_3\uparrow + H_2O\uparrow$

$V_2O_5 + H_2SO_4(浓) =\!=\!= (VO_2)_2SO_4 + H_2O$

$$V_2O_5 + 6NaOH =\!=\!= 2Na_3VO_4 + 3H_2O$$

$$V_2O_5 + H_2O =\!=\!= 2HVO_3$$

$$V_2O_5 + 2HCl(浓) \overset{\triangle}{=\!=\!=} 2VOCl_2 + H_2O$$

1.（2）$NH_4VO_3 + 2HCl =\!=\!= VO_2Cl + NH_4Cl + H_2O$

$2VO_2Cl + Zn + 4HCl =\!=\!= 2VOCl_2 + ZnCl_2 + 2H_2O$

$2VOCl_2 + Zn + 4HCl =\!=\!= 2VCl_3 + ZnCl_2 + 2H_2O$

$2VCl_3 + Zn =\!=\!= 2VCl_2 + ZnCl_2$

1.（3）$NH_4VO_3 + 2H_2O_2 + 2HCl =\!=\!= NH_4Cl + V(O_2)_2Cl + 3H_2O$

1.（4）$3NH_4VO_3 + 7HCl =\!=\!= Na_2HV_3O_9 + 7NaCl + 3H_2O$

$2Na_2HV_3O_9 + 4HCl + (3n-3)H_2O =\!=\!= 3V_2O_5 \cdot nH_2O + 4NaCl$

$V_2O_5 \cdot nH_2O + 2HCl =\!=\!= 2VO_2Cl + (n+1)H_2O$

$V_2O_5 + 6HCl =\!=\!= 2VOCl_2 + Cl_2\uparrow + 3H_2O$

$2VO_2Cl + (n+1)H_2O =\!=\!= V_2O_5 \cdot nH_2O + 2HCl$

2.（1）$K_2Cr_2O_7 + 3Na_2SO_3 + 4H_2SO_4 =\!=\!= Cr_2(SO_4)_3 + 3Na_2SO_4 + K_2SO_4 + 4H_2O$

$K_2Cr_2O_7 + 6FeSO_4 + 7H_2SO_4 =\!=\!= Cr_2(SO_4)_3 + 3Fe_2(SO_4)_3 + K_2SO_4 + 7H_2O$

$K_2Cr_2O_7 + 3H_2S + 4H_2SO_4 =\!=\!= 3S\downarrow + Cr_2(SO_4)_3 + K_2SO_4 + 7H_2O$

2.（2）$K_2Cr_2O_7 + 2BaCl_2 + H_2O =\!=\!= 2BaCrO_4\downarrow + 2HCl + 2KCl$

$2BaCrO_4 + 2HCl =\!=\!= BaCr_2O_7 + BaCl_2 + H_2O$

2.（3）$Cr_2(SO_4)_3 + 6NaOH =\!=\!= 2Cr(OH)_3\downarrow + 3Na_2SO_4$

$Cr(OH)_3 + 3HCl =\!=\!= CrCl_3 + 3H_2O$

$Cr(OH)_3 + NaOH =\!=\!= NaCrO_2 + 2H_2O$

2.（4）$2NaCrO_2 + 3H_2O_2 + 2NaOH =\!=\!= 2Na_2CrO_4 + 4H_2O$

2.（5）$K_2Cr_2O_7 + 2Pb(NO_3)_2 + H_2O =\!=\!= 2PbCrO_4\downarrow + 2KNO_3 + 2HNO_3$

$K_2CrO_4 + Pb(NO_3)_2 =\!=\!= PbCrO_4\downarrow + 2KNO_3$

$K_2Cr_2O_7 + 2BaCl_2 + H_2O =\!=\!= 2BaCrO_4\downarrow + 2KCl + 2HCl$

$K_2CrO_4 + BaCl_2 =\!=\!= BaCrO_4\downarrow + 2KCl$

$K_2Cr_2O_7 + 4AgNO_3 + H_2O =\!=\!= 2Ag_2CrO_4\downarrow + 2KNO_3 + 2HNO_3$

$K_2CrO_4 + 2AgNO_3 =\!=\!= Ag_2CrO_4\downarrow + 2KNO_3$

3.（1）$MnSO_4 + 2NaOH =\!=\!= Mn(OH)_2\downarrow + Na_2SO_4$

$Mn(OH)_2 + NaOH =\!=\!= 不反应$

$Mn(OH)_2 + 2HCl =\!=\!= MnCl_2 + 2H_2O$

$Mn(OH)_2 + 2NH_4Cl =\!=\!= MnCl_2 + 2NH_3\uparrow + 2H_2O$

$2Mn(OH)_2 + O_2 =\!=\!= 2MnO(OH)_2$

$MnSO_4 + NaClO + 2NaOH =\!=\!= MnO_2\downarrow + NaCl + Na_2SO_4 + H_2O$

$MnSO_4 + NaClO + H_2O =\!=\!= MnO_2\downarrow + NaCl + H_2SO_4$

$MnSO_4 + H_2S(饱和) =\!=\!= 不反应$

$MnSO_4 + Na_2S =\!=\!= MnS\downarrow + Na_2SO_4$

$MnS + 2HAc =\!=\!= Mn(Ac)_2 + H_2S\uparrow$

3.（2）$2KMnO_4 + 3MnSO_4 + 2H_2O =\!=\!= 5MnO_2\downarrow + K_2SO_4 + 2H_2SO_4$

$$MnO_2 + Na_2SO_3 + H_2SO_4 \xrightarrow{\quad} Na_2SO_4 + MnSO_4 + H_2O$$

$$2MnO_2 + 2H_2SO_4(浓) \xrightarrow{加热} 2MnSO_4 + O_2 \uparrow + H_2O$$

3. （3）$2KMnO_4 + 5Na_2SO_3 + 3H_2SO_4 \xrightarrow{\quad} 2MnSO_4 + 5Na_2SO_4 + K_2SO_4 + 3H_2O$

$2KMnO_4 + 3Na_2SO_3 + H_2O \xrightarrow{\quad} 2MnO_2 \downarrow + 3Na_2SO_4 + 2KOH$

$2KMnO_4 + Na_2SO_3 + 2NaOH \xrightarrow{\quad} 2Na_2MnO_4 + K_2SO_4 + H_2O$

4. ① $2(NH_4)_2Fe(SO_4)_2 + Cl_2 + H_2SO_4 \xrightarrow{\quad} Fe_2(SO_4)_3 + 2NH_4Cl + 2NH_4HSO_4$

$Fe^{3+} + nSCN^- \xrightarrow{\quad} [Fe(SCN)_n]^{3-n} \ (n=1\sim6)$

4. ② $FeSO_4 + 2NaOH \xrightarrow{\quad} Fe(OH)_2 \downarrow + Na_2SO_4$

$4Fe(OH)_2 + O_2 + 2H_2O \xrightarrow{\quad} 4Fe(OH)_3$

4. ③ $CoCl_2 + Cl_2 \xrightarrow{\quad} 不反应$

4. ④ $CoCl_2 + 2NaOH \xrightarrow{\quad} Co(OH)_2 \downarrow + 2NaCl$

$4Co(OH)_2 + O_2 + 2H_2O \xrightarrow{\quad} 4Co(OH)_3$

$2Co(OH)_2 + 2NaOH + Cl_2 \xrightarrow{\quad} 2Co(OH)_3 \downarrow + 2NaCl$

4. ⑤ $NiSO_4 + Cl_2 \xrightarrow{\quad} 不反应$

$NiSO_4 + 2NaOH \xrightarrow{\quad} Ni(OH)_2 \downarrow + Na_2SO_4$

$4Ni(OH)_2 + O_2 \xrightarrow{\quad} 不反应$

$2Ni(OH)_2 + 2NaOH + Cl_2 \xrightarrow{\quad} 2Ni(OH)_3 \downarrow + 2NaCl$

5. $Fe(OH)_3 + 3HCl \xrightarrow{\quad} FeCl_3 + 3H_2O$

$2Co(OH)_3 + 6HCl \xrightarrow{\quad} 2CoCl_2 + Cl_2 \uparrow + 6H_2O$

$2Ni(OH)_3 + 6HCl \xrightarrow{\quad} 2NiCl_2 + Cl_2 \uparrow + 6H_2O$

$2FeCl_3 + 2KI \xrightarrow{\quad} 2FeCl_2 + 2KCl + I_2$

6. $2K_4[Fe(CN)_6] + I_2 + 3(NH_4)_2Fe(SO_4)_2 \xrightarrow{\quad} Fe_3[Fe(CN)_6]_2 \downarrow + 2KI + 3(NH_4)_2SO_4 + 3K_2SO_4$

$(NH_4)_2Fe(SO_4)_2 + KSCN \xrightarrow{\quad} 不反应$

$Fe^{2+} + nSCN^- + nH_2O_2 \xrightarrow{\quad} [Fe(SCN)_n]^{3-n} + 2nOH^- \ (n=1\sim6)$

$4Fe^{3+} + 3[Fe(CN)_6]^{4-} \xrightarrow{\quad} Fe_4[Fe(CN)_6]_3 \downarrow$

$FeCl_3 + 3NH_3 \cdot H_2O \xrightarrow{\quad} Fe(OH)_3 \downarrow + 3NH_4Cl$

$Co^{2+} + SCN^- \xrightarrow{\quad} [Co(SCN)_4]^{2-}$

$Co^{2+} + 2NH_3 \cdot H_2O \xrightarrow{\quad} Co(OH)_2 \downarrow + 2NH_4^+$

$Co(OH)_2 + 6NH_3 \cdot H_2O \xrightarrow{\quad} [Co(NH_3)_6]^{2+} + 2OH^- + 6H_2O$

$4[Co(NH_3)_6]^{2+} + O_2 + 2H_2O \xrightarrow{\quad} 4[Co(NH_3)_6]^{3+} + 4OH^-$

$Ni^{2+} + 2NH_3 \cdot H_2O \xrightarrow{\quad} Ni(OH)_2 \downarrow + 2NH_4^+$

$Ni(OH)_2 + 6NH_3 \cdot H_2O \xrightarrow{\quad} [Ni(NH_3)_6]^{2+} + 2OH^- + 6H_2O$

$[Ni(NH_3)_6]^{2+} + 2OH^- \xrightarrow{\quad} 不反应$

$[Ni(NH_3)_6]^{2+} + 6H^+ \xrightarrow{\quad} Ni^{2+} + 6NH_4^+$

$[Ni(NH_3)_6]^{2+} + 2H_2O \xrightarrow{\triangle} Ni(OH)_2 \downarrow + 4NH_3 \uparrow + 2NH_4^+$

## 实验 20　ds 区金属（铜、银、锌、镉）的性质

1. （1）$M^{2+} + 2OH^- \xrightarrow{\quad} M(OH)_2 \downarrow$　　　　　（M＝Cu、Zn、Cd）

$$M(OH)_2 + 2H^+ \Longrightarrow M^{2+} + 2H_2O \qquad (M=Cu、Zn、Cd)$$

$$Zn(OH)_2 + 2NaOH \Longrightarrow Na_2[Zn(OH)_4]$$

$$Cu(OH)_2 + 2NaOH(>6mol \cdot L^{-1}) \Longrightarrow Na_2[Cu(OH)_4]$$

$$Cd(OH)_2 + 2NaOH(>6mol \cdot L^{-1}) \Longrightarrow Na_2[Cd(OH)_4]$$

1. (2) $2Ag^+ + 2OH^- \Longrightarrow Ag_2O\downarrow + H_2O$

$$Ag_2O + 2HNO_3 \Longrightarrow 2AgNO_3 + H_2O$$

$$Ag_2O + 4NH_3 \cdot H_2O \Longrightarrow 2[Ag(NH_3)_2]OH + 3H_2O$$

2. $CuSO_4 + Na_2S \Longrightarrow CuS\downarrow(黑色) + Na_2SO_4$

$$AgNO_3 + Na_2S \Longrightarrow Ag_2S\downarrow(灰黑色) + 2NaNO_3$$

$$ZnSO_4 + Na_2S \Longrightarrow ZnS\downarrow(白色) + Na_2SO_4$$

$$CdSO_4 + Na_2S \Longrightarrow CdS\downarrow(黄色) + Na_2SO_4$$

$$CuS + 4HNO_3 \Longrightarrow Cu(NO_3)_2 + 2NO_2\uparrow + 2H_2O + S\downarrow$$

$$Ag_2S + 4HNO_3 \Longrightarrow 2AgNO_3 + 2NO_2\uparrow + 2H_2O + S\downarrow$$

$$ZnS + 4HNO_3 \Longrightarrow Zn(NO_3)_2 + 2NO_2\uparrow + 2H_2O + S\downarrow$$

$$CdS + 4HNO_3 \Longrightarrow Cd(NO_3)_2 + 2NO_2\uparrow + 2H_2O + S\downarrow$$

$$ZnS + 2HCl(稀) \Longrightarrow ZnCl_2 + H_2S\uparrow$$

3. $CuSO_4 + 2NH_3 \cdot H_2O \Longrightarrow Cu(OH)_2\downarrow + (NH_4)_2SO_4$

$Cu(OH)_2 + (NH_4)_2SO_4 + 2NH_3 \Longrightarrow [Cu(NH_3)_4]SO_4 + 2H_2O$（氨水当碱用，$NH_3 \cdot H_2O$，否则用 $NH_3$）

$$2AgNO_3 + 2NH_3 \cdot H_2O \Longrightarrow Ag_2O\downarrow + 2NH_4NO_3 + H_2O$$

$$Ag_2O + 2NH_4NO_3 + 2NH_3 \Longrightarrow 2[Ag(NH_3)_2]NO_3 + H_2O$$

$$ZnSO_4 + 2NH_3 \cdot H_2O \Longrightarrow Zn(OH)_2\downarrow + (NH_4)_2SO_4$$

$$Zn(OH)_2 + (NH_4)_2SO_4 + 2NH_3 \Longrightarrow [Zn(NH_3)_4]SO_4 + 2H_2O$$

4. (1) $CuSO_4 + 4NaOH \Longrightarrow Na_2[Cu(OH)_4]$

$$2Na_2[Cu(OH)_4] + C_6H_{12}O_6 \Longrightarrow C_6H_{12}O_7 + Cu_2O\downarrow + 2H_2O + 4NaOH$$

$$Cu_2O + H_2SO_4 \Longrightarrow CuSO_4 + Cu\downarrow + H_2O$$

$$Cu_2O + 4NH_3 \cdot H_2O(浓) \Longrightarrow 2[Cu(NH_3)_2]OH + 3H_2O$$

$$4[Cu(NH_3)_2]OH + O_2 + 8NH_3 \cdot H_2O + 2H_2O \Longrightarrow 4[Cu(NH_3)_4](OH)_2 + 8H_2O$$

4. (2) $CuCl_2 + Cu + 2HCl(浓) \Longrightarrow 2H[CuCl_2]$

$$H[CuCl_2] \Longrightarrow CuCl\downarrow + HCl(加水稀释)$$

$$CuCl + HCl(浓) \Longrightarrow H[CuCl_2]$$

$$4CuCl + 16NH_3 \cdot H_2O + O_2 + 2H_2O \Longrightarrow 4[Cu(NH_3)_4](OH)Cl + 16H_2O$$

4. (3) $2CuSO_4 + 4KI \Longrightarrow 2CuI\downarrow + I_2 + 2K_2SO_4$

$$CuI + KI \Longrightarrow K[CuI_2]$$

$$Na_2SO_3 + I_2 + H_2O \Longrightarrow Na_2SO_4 + 2HI$$

5. $2CuSO_4 + K_4[Fe(CN)_6] \Longrightarrow Cu_2[Fe(CN)_6]\downarrow + 2K_2SO_4$

$$Zn(NO_3)_2 + (C_6H_5)_2N_4H_2CS(双硫腙) \Longrightarrow Zn[SCN_4H(C_6H_5)_2]_2\downarrow + 2HNO_3$$

## 实验 21　离子鉴定和未知物的鉴别

1. $2Al + 6HCl \Longrightarrow 2AlCl_3 + 3H_2\uparrow$

$Zn + 2HCl \rightleftharpoons ZnCl_2 + H_2\uparrow$

$AlCl_3 + 3NH_3 \cdot H_2O \rightleftharpoons Al(OH)_3\downarrow + 3NH_4Cl$（注：过量氨水沉淀不溶解）

$ZnCl_2 + 2NH_3 \cdot H_2O \rightleftharpoons Zn(OH)_2\downarrow + 2NH_4Cl$

$Zn(OH)_2 + 4NH_3 \rightleftharpoons [Zn(NH_3)_4](OH)_2$

2. $CuO + 2HCl \rightleftharpoons CuCl_2 + H_2O$

$Co_2O_3 + 6HCl \rightleftharpoons 2CoCl_2 + Cl_2\uparrow + 3H_2O$

$PbO_2 + 6HCl \rightleftharpoons H_2[PbCl_4] + Cl_2\uparrow + 2H_2O$

$MnO_2 + 4HCl \overset{\triangle}{\rightleftharpoons} MnCl_2 + Cl_2\uparrow + 2H_2O$

3. $2Cr^{3+} + 10OH^- + 3H_2O_2 \rightleftharpoons 2CrO_4^{2-} + 8H_2O$

$CrO_4^{2-} + 2H^+ + 2H_2O_2 \rightleftharpoons CrO_5 + 3H_2O$（戊醇/乙醚）

$2Mn^{2+} + 5NaBiO_3 + 14H^+ \rightleftharpoons 2MnO_4^- + 5Na^+ + 5Bi^{3+} + 7H_2O$

$Co^{2+} + 4SCN^- \rightleftharpoons [Co(SCN)_4]^{2-}$（戊醇/乙醚）

$4Fe^{3+} + 3[Fe(CN)_6]^{4-} \rightleftharpoons Fe_4[Fe(CN)_6]_3\downarrow$

$Ni^{2+} + 2C_4H_6N_2O_2H_2$（丁二酮肟）$+ 2NH_3 \rightleftharpoons Ni(C_4H_6N_2O_2H)_2\downarrow + 2NH_4^+$

4. $Hg(NO_3)_2 + 2KI \rightleftharpoons HgI_2\downarrow$（红色）$+ 2KNO_3$

$HgI_2 + 2KI \rightleftharpoons K_2[HgI_4]$（无色）

$Hg_2(NO_3)_2 + 2KI \rightleftharpoons Hg_2I_2\downarrow$（绿色）$+ 2KNO_3$

$Pb(NO_3)_2 + 2KI \rightleftharpoons PbI_2\downarrow$（金黄色）$+ 2KNO_3$

$Cd(NO_3)_2 + Na_2S \rightleftharpoons CdS\downarrow$（黄色）$+ 2NaNO_3$

$Zn(NO_3)_2 + Na_2S \rightleftharpoons ZnS\downarrow$（白色）$+ 2NaNO_3$

$2Al(NO_3)_3 + 3Na_2S + 6H_2O \rightleftharpoons 2Al(OH)_3\downarrow$（白色）$+ 3H_2S\uparrow + 6NaNO_3$

5. $Na_2S_2O_3 + 2HCl \rightleftharpoons 2NaCl + S\downarrow + SO_2\uparrow + H_2O$（仅当浓度较大时才出现气体）

$Na_2S + 2HCl \rightleftharpoons 2NaCl + H_2S\uparrow$

$Na_2CO_3 + 2HCl \rightleftharpoons 2NaCl + CO_2\uparrow + H_2O$

$Na_2SO_3 + 2HCl \rightleftharpoons 2NaCl + SO_2\uparrow + H_2O$（仅当浓度较大时才出现气体）

$NaHCO_3 + 2HCl \rightleftharpoons NaCl + CO_2\uparrow + H_2O$

$BaCl_2 + Na_2SO_4 \rightleftharpoons BaSO_4\downarrow + 2NaCl$

$NaCl + AgNO_3 \rightleftharpoons AgCl\downarrow + NaNO_3$

$NaBr + AgNO_3 \rightleftharpoons AgBr\downarrow + NaNO_3$

$AgCl + 2NH_3 \rightleftharpoons [Ag(NH_3)_2]Cl$

# 参考文献

[1]  赵新华. 无机化学实验. 4 版. 北京：高等教育出版社，2014.

[2]  牟文生. 无机化学实验. 3 版. 北京：高等教育出版社，2014.

[3]  张长艳. 无机化学实验. 2 版. 北京：化学工业出版社，2013.

[4]  周朵，王敬平. 无机化学实验. 北京：化学工业出版社，2010.

[5]  刘晓燕. 无机化学实验. 北京：科学出版社，2014.

[6]  大连理工大学无机化学教研室. 无机化学. 4 版. 北京：高等教育出版社，2006.

[7]  蔡定建. 无机化学实验. 武汉：华中科技大学出版社，2013.

[8]  刘晓燕. 无机化学实验. 北京：科学出版社，2014.

[9]  王传胜，孙亚光，中石亮. 无机化学实验. 北京：化学工业出版社，2013.

[10]  张琳萍，侯煜，刘燕. 无机化学实验. 2 版. 上海：东华大学出版社，2022.

[11]  宋天佑，程鹏，徐家宁，等. 无机化学. 4 版. 北京：高等教育出版社，2019.

[12]  大连理工大学无机化学教研室. 无机化学实验. 北京：高等教育出版社，2004.

[13]  曹小霞，蒋晓瑜. 三草酸合铁酸钾的合成与表征. 佳木斯大学学报（自然科学版），2012，30（4）：634-637.

[14]  浙江大学. 综合化学实验. 北京：高等教育出版社，2001.

[15]  卫芳芳，王华，徐阳，等. 8-羟基喹啉金属配合物的制备与提纯. 人工晶体学报，2009，38（3）：757-760.

[16]  T Tsuboi, Y Nakai, Y Torii. Photoluminescence of bis（8-hydroxyquinoline）zinc（$Znq_2$）and magnesium（$Mgq_2$）. Cent Eur Phys, 2012, 10（2）：524-528.

[17]  J Yang, Z W Quan, D Y Kong, et al. $Y_2O_3$：$Eu^{3+}$ microspheres：solvothermal synthesis and luminescence properties, Cryst Growth Des, 2007, 7（4）：730-735.

[18]  M Z Wang, L X Xu, G W Chen, et al. Topological luminophor $Y_2O_3$：$Eu^{3+}$ Ag with high electroluminescence performance, ACS Appl Mater Inter, 2019, 11（2）：2328-2335.

[19]  J G Li, X D Li, X D Sun, et al. Monodispersed colloidal spheres for uniform $Y_2O_3$：$Eu^{3+}$ red-phosphor particles and greatly enhanced luminescence by simultaneous $Gd^{3+}$ doping, Phys Chem C, 2008, 112（31）：11707-11716.

[20]  H Zhu, Y X Pan, C D Peng, et al. 4-Bromo-butyric acid-assisted in situ passivation strategy for superstable all-inorganic halide perovskite $CsPbX_3$ quantum dots in polar media. Angew Chem Int Ed, 2022, 61：e202116702（1-7）.

[21]  X Y Yu, L Z Wu, D Yang, et al. Hydrochromic $CsPbBr_3$ nanocrystals for anti-counterfeiting. Angew Chem Int Ed, 2020, 59（34）：14527-14532.

[22]  Y X Huang, Y X Pan, C D Peng, et al. Orange/cyan emissive sensors of $Sb^{3+}$ for probing water via reversible phase transformation in rare-earth-based perovskite crystals. Inorg Chem Front, 2023, 10：991-1000.

[23]  J H Wei, J B Luo, J F Liao, et al. $Te^{4+}$-Doped $Cs_2InCl_5 \cdot H_2O$ single crystals for remote optical thermometry. Sci China Mater, 2022, 65（3）：764-772.

[24]  M Gao, W B Zhang, B C Wu, et al. Acetate-triggered morphology evolution and improved photoluminescence performance of $K_2NaInF_6$：$Mn^{4+}$ crystals for wide applications. J Lumin, 2022, 249：119011.

[25]  Y J Jia, Y X Pan, Y Q Li, et al. Improved moisture resistant and luminescence properties of a novel red phosphor based on dodec-fluoride $K_3RbGe_2F_{12}$：$Mn^{4+}$ through surface modification. Inorg Chem, 2021, 60（1）：231-238.

[26]  F G Chen, W Xu, J Chen, et al. Dysprosium（Ⅲ）metal-organic framework demonstrating ratiometric luminescent detection of pH, magnetism, and proton conduction. Inorg Chem, 2022, 61：5388-5396.

[27]  R Romero, P R Salgado, C Soto, et al. An experimental validated computational method for $pK_a$ determination of substituted 1,2-dihydroxybenzenes. Front Chem, 2018, 6：208.